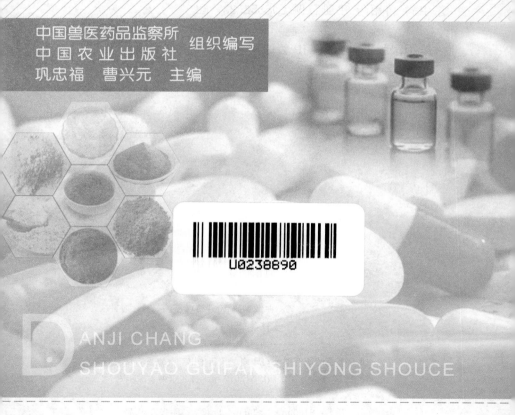

养殖场兽药规范使用手册系列丛书

奶牛场
兽药规范使用手册

中国兽医药品监察所
中国农业出版社　组织编写
巩忠福　曹兴元　主编

U0238890

DANJI CHANG
SHOUYAO GUIFAN SHIYONG SHOUCE

中国农业出版社
北　京

图书在版编目（CIP）数据

奶牛场兽药规范使用手册／中国兽医药品监察所，中国农业出版社组织编写；巩忠福，曹兴元主编．—北京：中国农业出版社，2019.1
（养殖场兽药规范使用手册系列丛书）
ISBN 978 - 7 - 109 - 24586 - 0

Ⅰ．①奶… Ⅱ．①中… ②中… ③巩… ④曹… Ⅲ．①牛病-兽用药-手册 Ⅳ．①S858.23 - 62

中国版本图书馆 CIP 数据核字（2018）第 208834 号

中国农业出版社出版
（北京市朝阳区麦子店街 18 号楼）
（邮政编码 100125）
责任编辑 王森鹤

北京万友印刷有限公司印刷 新华书店北京发行所发行
2019 年 1 月第 1 版 2019 年 1 月北京第 1 次印刷

开本：910mm×1280mm 1/32 印张：10.75
字数：250 千字
定价：32.00 元
（凡本版图书出现印刷、装订错误，请向出版社发行部调换）

丛书编委会

主　编　才学鹏　李　明
副主编　徐士新　刘业兵　曾振灵
委　员（按姓氏笔画排序）
　　　　　巩忠福　刘　伟　刘业兵　刘建柱
　　　　　孙忠超　李　靖　李俊平　陈世军
　　　　　胡功政　姚文生　徐士新　郭　晔
　　　　　黄向阳　曹兴元　崔耀明　舒　刚
　　　　　曾振灵　窦永喜　薛青红　薛家宾

审　定（按姓氏笔画排序）
　　　　　卜仕金　才学鹏　巩忠福　刘业兵
　　　　　李佐刚　肖希龙　陈世军　郝丽华
　　　　　徐士新　陶建平　彭广能　董义春
　　　　　曾振灵

本书编写人员

主　编　巩忠福　曹兴元
副主编　梁先明　李世宏
编　者　（按姓氏笔画排序）

万仁玲　王小慈　王学伟　邢嘉琪
巩忠福　齐雪茹　安洪泽　苏富琴
杨大伟　杨国林　杨京岚　李世宏
李亚菲　陈莎莎　郝利华　徐士新
曹兴元　梁先明　曾振灵　温　芳

　　有效保障食品安全、养殖业安全、公共卫生安全、生物安全和生态环境安全是新时期兽医工作的首要任务。我国是动物养殖大国，也是动物源性食品消费大国。但是我国动物养殖者的文化素质、专业素质参差不齐，部分养殖者为了控制动物疫病，违规使用、滥用兽药，甚至违法使用违禁药物，造成动物产品中兽药残留超标和养殖环境中动物源细菌耐药性，形成严重的公共卫生和生物安全隐患。

　　当前，细菌耐药、兽药残留问题深受百姓关注，党中央国务院非常重视。国家"十三五"规划，明确提出要强化兽药残留超标治理，深入开展兽用抗菌药综合治理工作。2017 年，制定实施《全国遏制动物源细菌耐药行动计划（2017—2020 年）》，明确了今后一个时期的行动目标、主要任务、技术路线和关键措施。随着兽药综合治理工作的推进和养殖业方式转变，我国养殖业兽药的使用已呈现逐步规范、渐近趋好的态势。

　　为进一步规范养殖环节各种兽药的使用，引导养殖场兽医及相关工作人员加深对兽药规范使用知识的了解，中国兽医药品监察所和中国农业出版社组织编写了《养殖场兽药规范使用手册》系列丛书。该丛书站在全局的高度，充分强调兽药规范使用的重要性，理论联系实际，以《中华人民共和国兽药典》等相关规范为基础，介绍兽药使用基础知识、各畜种常见使用药物、疫病诊断及临床用药方法等，同时附录兽药残留限量标准、休药期标准等基础参数，直观生动，易学易懂，具有较强的科学性、实用性和先进性，可为兽医临床用药提供全面、系统的指导，既是先进兽药科学使用的技术指导书，也是一套适用于所有畜牧兽医工作者学习的理论参考书，对落实《全国遏制动物源细菌耐药行动计划（2017—2020年)》将发挥积极作用，具有重要的现实意义。

相信本丛书一定会成为行业欢迎的图书，呈现出它权威、标准、规范和实用特色！

农业农村部副部长

奶牛业的健康、可持续发展，事关"健康中国，强壮民族"战略目标的实现，事关安全乳品供给和奶农增收、农民致富，是我国农业现代化的标志性产业，也是一二三产业协调发展的战略性产业。当前，我国奶牛养殖业规模化程度还不高，养殖条件高低不同，饲养管理水平参差不齐，奶牛乳腺炎、子宫内膜炎、蹄病等常见疾病时有发生。兽药（包括疫苗等）是预防、治疗和诊断动物疫病的特殊商品，其产品质量直接关系到重大动物疫病防控成效、养殖业健康发展和动物源性食品质量安全。

安全、科学合理的规范用药是奶牛场健康发展的重要保证，中国兽医药品监察所、中国农业出版社组织了长期在奶牛生产一线的专家学者编写了《奶牛场兽药规范使用手册》一书。本书从奶牛场用药的基础知识、常用药品、常见疾病、药物残留及合理用药、耐药控制五个方面对奶牛场的安全用药进行介绍，内容上以国家批准使用的兽药为基础，突出"病、药结合"，通俗易懂，可供广大奶牛养殖户、奶牛场员工学习使用，以提高对常见奶牛疾病防治的技术水平，同时也可作为基层兽医工作者、农业院校相关专业师生进行奶牛疾病诊疗、规范用药的参考资料。

由于编写时间紧、编者的水平有限，难免存在疏漏、不足，甚至是错误之处，恳请同行专家和广大读者提出宝贵意见和建议，以便再版时加以修改补充。

编 者
2018 年 8 月

CONTENTS 目 录

第一章

奶牛用药基础知识

第一节 兽药的定义、应用形式及保管

一、兽药的定义与来源

（一）兽药的定义

兽药是指用于预防、治疗、诊断动物疾病，或者有目的地调节动物生理机能的物质。主要包括血清制品、疫苗、诊断制品、微生态制剂、中药材、中成药、化学药品、抗生素、生化药品、放射性药品及外用杀虫剂、消毒剂等。兽药也包括用以促进动物生长、繁殖和提高动物生产效能，促进畜牧业养殖生产的一些物质。动物饲养过程中常用到的饲料添加剂是指为满足某些特殊需要而加入饲料中的微量营养性或非营养性的物质，含有药物成分的饲料添加剂则被称为药物饲料添加剂，亦属于广义兽药的范畴。当药物使用方法不当、用量过大或使用时间过长时，会对动物机体产生毒性，损害动物健康，甚至会导致死亡，药物则变为了毒物。药物和毒物之间并无本质的、绝对的界限，因此，在用药时应明白用药的目的及方法，发挥药物对机体有益的药理作用，避免其有害的毒副作用或不良反应。

（二）兽药的来源

我国兽药使用历史悠久，早在秦汉时期，药学文献《居延汉简》和《流沙坠简》中已有关于兽药处方的记载；汉末三国时期，中国最早的药学著作《神农本草经》中，曾有专用的兽药记录。北魏贾思勰在《齐民要术》中收载了多种兽用方剂。明代李时珍的《本草纲目》中收载了 1 892 种药物，其中兽药有 60 多种；明代万历年间中国的兽医专著《元亨疗马集》中收载的兽药则多达 200 多种、兽用处方400 余个。

这些典籍中收载的兽药大致可分为三个来源：植物、动物和矿物。其中植物类兽药最多，如桔梗科植物桔梗具有宣肺、祛痰、利咽、排脓的功效，多用于治疗动物咳嗽痰多、咽喉肿痛、肺痈等。植物类兽药的入药部位多样，有些品种能够全草入药，有些则仅限于根、茎、叶或花等部位入药。动物类兽药也有较多使用，如鸡内金为鸡的干燥砂囊内壁，具有健胃消食、化石通淋的功效，用于治疗动物的食积不消、呕吐、泄泻、砂石淋等。除了这些植物和动物来源的兽药以外，还有少部分矿物来源的兽药，如石膏，其为硫酸盐类矿物硬石膏族石膏，具有清热泻火和生津止渴的功效，可用于治疗动物外感热病、肺热喘促、胃热贪饮、壮热神昏、狂躁不安等。

随着科学技术的不断发展及化学、物理学、解剖学和生理学等学科的建立，一些化学家开始了从药用植物中提取有效成分的尝试，之后一些生理学家（其中一些成为了药理学的先驱者）应用生理学的方法来观察和评价这些化学成分的药效和毒性，此时近代实验药理学逐渐拉开序幕。随着后续的化合物构效关系的确认及定量药理学概念的提出，现代药理学真正发展起来。而兽医药理学的发展是伴随着药理学的发展进程渐次进行的，在整个进程中，青霉素的发现、磺胺类药物及喹诺酮类药物的合成等具有重大意义。同时这也引出了兽药的另两个重要来源：化学合成及微生物发酵。

化学合成类兽药中磺胺类及（氟）喹诺酮类为典型代表。其中首次合成于 1962 年的萘啶酸为第一代喹诺酮类药物的代表；第二代该类兽药则为合成于 1974 年的氟甲喹；1979 年合成的诺氟沙星是首个第三代该类药物，由于它具有 6-氟-7-哌嗪-4-诺酮环结构，故该类药物从此开始称为氟喹诺酮类药物。目前，我国在兽医临床批准应用的氟喹诺酮类药物有：恩诺沙星、环丙沙星、达氟沙星、二氟沙星、沙拉沙星等。而来源于微生物发酵的兽药则多为一些分子量较大、结构复杂的兽药，如天然青霉素，其是从青霉菌的培养液中分离获得的，含有青霉素 F、青霉素 G、青霉素 X、青霉素 K 和双氢 F 五种组分。

除了前述的五种兽药来源之外，基于生物技术发展起来的兽药逐渐增多。这类药物是通过细胞工程、基因工程等分子生物学技术生产的药物，如重组溶葡萄球菌酶、干扰素、转移因子等。

二、兽药的应用形式

兽药原料药不能直接用于动物疾病的预防或治疗，必须进行加工，制成安全、有效、稳定和便于应用的形式，称为药物剂型。例如粉剂、片剂、注射剂等。药物剂型是一个集体名词，其中任何一个具体品种，例如片剂中的土霉素片、注射剂中的盐酸多西环素注射液等则称为制剂。药物的有效性首先是其本身固有的药理作用，但仅有药理作用而无合理的剂型，必然影响药物疗效的发挥，甚至出现意外。同一种药物可有不同的剂型，但作用和用途就有差别，如硫酸镁粉经口服，具有导泻的作用，而静脉注射硫酸镁注射液则是发挥其抗惊厥的作用。先进、合理的剂型有利于药物的储存、运输和使用，能够提高药物的生物利用度，降低不良反应，发挥最大疗效。

每类剂型的形态相同，其制法特点和效果亦相似，如液体制剂多需溶解，半固体制剂多需融化或研匀，固体制剂多需粉碎及混合。疗效速度以液体制剂为最快、固体较慢，半固体多作外用。按使用方便性，动物常用的药物剂型主要有：

1. 粉剂/散剂　是指粉碎较细的一种或一种以上的药物均匀混合制成的干燥粉末状制剂，如内服使用的白头翁散。随着集约化、规模化养殖业的出现，许多药物（如抗菌药物、抗寄生虫药物、维生素、矿物质、中草药等）通常是制成粉剂（散剂），混入饲料中饲喂动物，用以防治疾病、促进生长、提高饲料转化率等。一些药物因为本身的溶解性较好，还可制成可溶性粉剂经动物饮水投药。为了使药物在饲料中均匀混合，药物添加剂必须先制成预混剂，然后拌入饲料中使用，预混剂就是一种或几种药物与适宜的基质（如碳酸钙、麸皮、玉米粉等）均匀混合制成的散剂。

2. 颗粒剂　是将药物与适宜辅料制成的颗粒状制剂，分为可溶性颗粒剂、混悬性颗粒剂和泡腾性颗粒剂。

3. 溶液剂　指一般可供内服或外用的澄明溶液，溶质为呈分子或离子状态的不挥发性化学药物，其溶媒多为水，如恩诺沙星溶液。还有以醇或油作为溶媒的溶液剂，如地克珠利溶液。内服溶液剂给药方便，生物利用度也较高，且不存在混合不均匀的问题。

4. 片剂　是指一种或一种以上的药物经加压制成的扁平或上下面稍有凸起的圆片状固体剂型，具有质量稳定、称量准确、服用方便等优点。缺点为某些片剂溶出速率及生物利用度差，如土霉素片。

5. 注射剂　也称针剂，是指由药物制成的供注入体内的灭菌水溶液、混悬液、乳状液或供临用前配成溶液的无菌粉末（粉针剂，用前现溶）或浓缩液，需使用注射器从静脉、肌内、皮下等部位注射给药的一种剂型。如盐酸林可霉素注射液、注射用青霉素钠等。注射剂的优点是药效迅速、剂量准确、作用可靠、吸收快。不宜内服的药物，如青霉素、链霉素等也常制成注射剂。缺点是注射给药不方便，且注射时往往引起应激反应，且生产过程要求一定的设备。

三、兽药的贮藏与保管

兽药的稳定性是反映兽药质量的主要指标，不易发生变化的稳定性强，反之亦然。而兽药的稳定性取决于兽药的成分、化学结构及剂型等内在因素，空气、温度、湿度、光线等外界因素同样也会引起兽药发生变化。因此，需认真对待兽药的贮藏和保管工作，定期检查以保证其安全性和可使用性。

（一）影响兽药变质的主要因素

1. 空气 空气中的氧或其他物质释放出的氧，易使药物氧化，引起药物变质，例如维生素 C、氨基比林氧化变色，硫酸亚铁氧化成硫酸铁等；同时空气中的二氧化碳能与碱性药物反应，而使药物变质，如氨茶碱与空气中的二氧化碳反应后析出茶碱并分解变色。

2. 光照 日光直射或散射都能使某些药物分解，维生素 B_2 溶液在光线的作用下，可光解而失效。双氧水遇光分解生成氧和水。

3. 温度 温度过高，会使药物的降解速度加快，造成某些抗生素、维生素 D_3 等多种药物变质失效，或挥发性成分挥发而药效降低；温度过低，易使软膏剂变硬，液体制剂冻结、分层、析出结晶。

4. 湿度 一些药物可吸收潮湿空气中的水分发生潮解、液化、变性或分解而变质，如阿司匹林、青霉素类和硫酸新霉素等因吸潮而分解，但对于某些含结晶水药物（如氨苄西林三水化合物、茶碱水合物）的贮存环境，也并非是愈干燥愈好，空气过于干燥会发生风化，风化后在使用中较难掌握正确剂量。

5. 霉菌 空气中存在霉菌孢子和其他微生物，这些孢子若散落在药物表面，在适宜的条件下，就能形成霉菌引起药物变质。

6. 贮藏时间 理化性质不稳定的药品，易受外界因素的影响，即使贮藏条件适宜，保存合理，但贮存一定时间后，含量（效价）下降或毒性增强。因此，药物的贮藏和使用不要超过有效期。

（二）兽药的一般保管方法

1. 要根据兽药的性质、剂型进行分类保管。一般可按固、水、气、粉或片、液、针等剂型及普通药、剧药、毒药、危险药品等分类，采用不同方法进行保管。剧药与毒药应要专账、专柜、加锁，由专门双人双锁保管，每个兽药必须单独存放，要有明显标记。

2. 一般兽药都应按《中华人民共和国兽药典》（以下简称《兽药典》）或《兽药说明书》中该药所规定的贮藏条件进行贮藏和保存。也可根据其理化特性进行相应的贮藏和保存。

3. 为了避免兽药贮存过久，必须掌握"先进先出，易坏先出""近期（临近有效期）先出"的原则，要合理存放或堆放，定期检查和盘存。

4. 根据兽药特性，采用不同的贮藏方法。

（1）易光解的兽药。如喹诺酮类药物等，应避光保存，包装宜用棕色瓶，或在普通容器外面包上不透明的黑纸，并防止日光照射。

（2）易潮解引湿的兽药。如氢氧化钠等应密封于容器内，干燥保存，注意通风防潮。

（3）易风化兽药。如硫酸钠、咖啡因等，这类药物除密封外，还需置于适宜湿度处保存（一般以相对湿度50%～70%为宜）。

（4）易受温度影响的兽药。要防受热或防冻结，要求"阴凉处保存"的是指不超20℃，如抗生素的保存。"冷放保存"或"冷藏保存"是指2～10℃，如生物制品的保存。

（5）易吸收二氧化碳的兽药。如氯化钙等，需严密包装，置阴凉处保存。

（6）中草药多易吸湿、长霉和被虫蛀，要注意贮存在阴凉、通风、干燥的地方，并注意防潮、防虫害。

（7）生物制品一般需要冷藏，要求 2～8℃贮存的灭活疫苗、诊断液和血清等，应在同样温度下运送，严冬季节要注意采取防冻措施。炎夏季节应采取降温措施。要求低温贮存的疫苗，应按照要求的温度贮存和运输。

兽药的稳定性往往同时受多种因素的影响，有的兽药既需避光，又需防热或防潮，保存时要满足兽药所需的理化条件。

5. 若发现兽药有氧化、分解、变色、沉淀、混浊、异物、发霉、分层、腐败、潮解、异味、生虫等影响兽药质量的现象时，一般均不可应用。

6. 兽药批号、有效期与失效期。批号是生产单位在兽药生产过程中，用来表示同一原料、同一生产工艺、同一批料、同一批次制造的产品，一般用日期与批次用一短线相连来表示，如 20181001 - 01 就表示为 2018 年 10 月 1 日生产的第一批产品。

有效期是指兽药在规定的贮藏条件下能保证其质量的期限。失效期是指兽药超过安全有效范围的日期，兽药超过此日期，必须废弃，如需使用，需经药检部门检验合格，才能按规定延期使用。有效期一般是从兽药的生产日期（有的没有标明生产日期，则可由批号推算）起计数，如某兽药的有效期是两年，生产日期为 2018 年 1 月 1 日，则指其可使用到 2019 年 12 月 31 日。如某兽药失效期标明 2019 年 12 月，则指可使用到 2019 年 11 月 30 日止，到 12 月即失效。

四、兽医处方

兽医处方是兽医临床工作及药剂配置的一项重要书面文件。处方的类型可分为法定处方和诊疗处方，法定处方主要指农业农村部所颁《中华人民共和国兽药典》和《兽药质量标准》等所收载的处方。兽医诊疗处方指经注册的执业兽医在动物诊疗活动中为患病动物开具的，作为患病动物用药凭证的医疗文书。凭兽医处方可购买和使用的兽药即为兽医处方药，而由我国国务院兽医行政管理部门公布的、不需要凭兽医处方就可自行购买并按照说明书即可使用的兽药则称为兽医非处方药。处方开写的正确与否，直接影响治疗效果和患病动物的安全，执业兽医必须依据准确的诊断，认真负责地按照用药的原则，正确、清楚地开写处方。处方中应写明药物的名称、数量、制剂及用量用法等，以保证药品的规格和安全有效。处方还应保存一段时间，以备查考。

（一）处方笺内容

兽医处方笺内容包括前记、正文、后记三部分，要符合以下标准：

1. 前记 对个体动物进行诊疗的，至少包括动物主人姓名或者动物饲养单位名称、档案号、开具日期和动物的种类、性别、体重、年（日）龄。

对群体动物进行诊疗的，至少包括饲养单位名称、档案号、开具日期和动物的种类、数量、年（日）龄。

2. 正文 包括初步诊断情况和 Rp（拉丁文 Recipe "请取"的缩写）。Rp 应当分列兽药名称、规格、数量、用法、用量等内容；对于食品动物还应当注明休药期。

3. 后记 至少包括执业兽医签名或盖章、注册号及发药人签名或盖章。

（二）处方书写要求

兽医处方书写应当符合下列要求。

1. 动物基本信息、临床诊断情况应当填写清晰、完整，并与病历记载一致。

2. 字迹清楚，原则上不得涂改；如需修改，应当在修改处签名或盖章，并注明修改日期。

3. 兽药名称应当以兽药国家标准载明的名称为准，简写或者缩写应当符合国内通用写法，不得自行编制兽药缩写名或者使用代号。

4. 书写兽药规格、数量、用法、用量及休药期要准确、规范。

5. 兽医处方中包含兽用化学药品、生物制品、中成药的，每种兽药应当另起一行。

6. 兽药剂量与数量用阿拉伯数字书写。剂量应当使用法定计量单位：质量以千克（kg）、克（g）、毫克（mg）、微克（μg）、纳克（ng）为单位；容量以升（L）、毫升（mL）为单位；有效量单位以国际单位（IU）、单位（U）为单位。

7. 片剂、丸剂、胶囊剂及单剂量包装的散剂、颗粒剂，分别以片、丸、粒、袋为单位；多剂量包装的散剂、颗粒剂以克或千克为单位；单剂量包装的溶液剂以支、瓶为单位，多剂量包装的溶液剂以毫升或升为单位；软膏及乳膏剂以支、盒为单位；单剂量包装的注射剂以支、瓶为单位，多剂量包装的注射剂以毫升或克或千克为单位，应当注明含量；兽用中药自拟方应当以剂为单位。

8. 开具处方后的空白处应当划一斜线，以示处方完毕。

9. 执业兽医师注册号可采用印刷或盖章方式填写。

（三）处方保存

兽医处方开具后，第一联由从事动物诊疗活动的单位留存，第二联由药房或者兽药经营企业留存，第三联由动物主人或者饲养单位留存。兽医处方由处方开具、兽药核发单位妥善保存两年以上。保存期满后，经所在单位主要负责人批准、登记备案，方可销毁。

兽医处方笺样式

XXXXXXX处方笺

动物主人/饲养单位＿＿＿＿＿＿＿＿＿＿＿＿＿＿＿ 档案号＿＿＿＿＿＿

动物种类＿＿＿＿＿＿＿ 动物性别＿＿＿＿＿＿＿ 体重/数量＿＿＿＿＿

年（日）龄＿＿＿＿＿＿＿ 开具日期＿＿＿＿＿＿＿

诊断：　　　　　Rp:

第一联　从事动物诊疗活动的单位留存

执业兽医师＿＿＿＿＿＿　注册号＿＿＿＿＿＿＿＿　发药人＿＿＿＿＿＿

注："XXXXXXX处方笺"中，"XXXXXXX"为从事动物诊疗活动的单位名称。

第二节　临床合理用药

一、影响药物作用的主要因素

药物的作用是机体与药物相互作用过程的综合表现，许多因素都可能影响或干扰这一过程，改变药物效应。这些因素包括药物、动物及环境三方面。

（一）药物因素

1. 药物剂型和给药途径　药物的剂型和给药途径对药物的吸收、分布、代谢和排泄产生较大影响，从而引起不同的药理效应。一般来讲，药效由高到低的给药途径是：静脉注射＞吸入＞肌内注射＞皮下注射＞口服＞皮肤给药。其中静脉注射由于没有吸收过程，因而产生的药理效应更加显著。口服给药的吸收速率按剂型排序为水溶液＞散剂＞片剂。有的药物给药途径不同产生不同的药理效应，如硫酸镁内服导泻，而静脉注射或肌内注射则有镇静、镇痉等效应。

2. 剂量 药物剂量决定药物和机体组织器官相互作用的浓度，在一定范围内，给药剂量越大，则血药浓度越高，作用越强。有的药物随剂量由小到大，其作用发生质的改变，如生存和致死等。例如，动物内服小剂量人工盐是健胃作用，大剂量则表现为下泻作用。兽医临床用药时，除根据《兽药典》决定用药剂量外，兽医师可以根据动物病情发展的需要适当调整剂量，更好地发挥药物的治疗作用。家禽由于集约化饲养，数量巨大，注射给药要消耗大量人力、物力，也容易引起应激反应，所以药物可用混饲或混饮的群体给药方法。这时必须注意保证每个个体都能获得充足的剂量，又要防止一些个体食入量过多而产生中毒，还要根据不同气候、疾病发生过程及动物食量或饮水量的不同，适当调整药物的浓度。

3. 联合用药 两种或两种以上的药物同时或先后应用时，药物在体内产生相互作用，影响药动学和药效学。

（1）**药动学方面** 包括妨碍药物的吸收、改变胃肠道 pH、形成络合物、影响胃排空和肠蠕动、竞争与血浆蛋白结合、影响药物的代谢和影响药物排泄等。

（2）**药效学方面** 包括：①协同作用，联合用药增强药理效应，如增强作用和相加作用。两药合用的效应大于单药效应的代数和，称增强作用；两药合用的效应等于它们分别作用的代数和，称相加作用。在同时使用多种药物时，治疗作用可出现协同作用；不良反应也可能出现这种情况，如第 1 代头孢菌素的肾毒性可由于合用庆大霉素而增强。②颉颃作用：两药合用的效应小于它们分别作用的总和。

（3）**配伍禁忌** 两种以上药物混合使用可能发生体外的相互作用，出现使药物中和、水解、破坏失效等理化反应，这时可能发生混浊、沉淀、产生气体及变色等外观异常的现象，被称为配伍禁忌。例如，在葡萄糖注射液中加入磺胺嘧啶钠（SD）注射液，可见液体中有微细的 SD 结晶析出，这是 SD 钠在 pH 降低时必然出现的结果。

（二）动物方面的因素

动物的种属、年龄、性别、体重、生理状态、病理因素、个体差异等均影响药物的作用。

1. 种属差异 动物品种和生理特点对药物的药动学和药效学往往有很大的差异。在大多数情况下表现为量的差异，即作用的强弱和维持时间的长短不同，如链霉素在不同的动物中半衰期表现出很大差异。有少数药物表现出质的差异，如吗啡对人、犬等表现出抑制作用，而对马、猫、虎等则表现为兴奋作用。此外，还有少数动物因缺乏某种药物的代谢酶，因而对某些药物特别敏感。

2. 生理因素 不同年龄、性别或生理状态动物对同一药物的反应往往有一定差异，这与机体器官组织的功能状态，尤其与肝脏药物代谢酶系统有着密切的关系。如幼龄动物因为肝脏微粒体酶代谢功能不足和/或肾排泄功能不足，其体内药物的消除半衰期往往要长于成年动物。同理，老龄动物亦有上述现象，一般对药物的反应较成年动物敏感，所以临床用药剂量应适当减少。

3. 病理因素 药物的药理效应一般都是在健康动物试验中观察得到的，动物在病理状态下对药物的反应性存在一定程度的差异。不少药物对疾病动物的作用较显著，甚至要在动物病理状态下才呈现药物的作用，如解热镇痛抗炎药能使发热动物降温，但对正常体温没有影响。大多数药物主要通过与靶细胞受体相结合而产生各种药理效应，在各种病理情况下，药物受体的类型、数目和活性可以发生变化而影响药物的作用。严重的肝、肾功能障碍，可影响药物的生物转化和排泄，对药物动力学产生显著的影响，引起药物蓄积，延长消除半衰期，从而增强药物的作用，严重者可能引发毒性反应。但也有少数药物在肝生物转化后才有作用，如可的松、泼尼松，在肝功能不全的疾病动物中其作用减弱。炎症过程可使动物的生物膜通透性增加，影响药物的转运。严重的寄生虫病、失血性疾病或营养不良的动物，由于血浆蛋白质大大减少，可使高血浆蛋白结合率药物的血中游离药物浓度增加，一方面使药物作用增强，同时也使药物的生物转化和排泄增加，半衰期缩短。

4. 个体差异 产生个体差异的主要原因是动物对药物的吸收、分布、代谢和排泄的差异，其中代谢是最重要的因素。不同个体之间的酶活性可能存在很大的差异，从而造成药物代谢速率上的差异。因此，相同剂量的药物在不同个体中，有效血药浓度、作用强度和作用维持时间可产生很大差异。

个体差异除表现药物作用量的差异外，有的还出现质的差异，个别动物应用某些药物后容易产生变态反应。

（三）饲养管理和环境因素

动物机体的健康状态对药物的效应可以产生直接或间接的影响。动物的健康主要取决于饲养和管理水平。饲养方面要注意饲料营养全面，根据动物不同生长时期的需要合理调配日粮成分，以免出现营养不良或营养过剩。管理方面应考虑动物群体的大小，防止密度过大，房舍的建设要注意通风、采光和动物活动的空间，要为动物的健康生长创造良好的条件。

二、合理用药原则

合理用药原则是指充分发挥药物的疗效和尽量避免或减少可能发生的不良反应。

1. 正确诊断 任何药物合理应用的先决条件是正确的诊断，没有对动物发病过程的认识，药物治疗便是无的放矢，不但没有好处，反而可能延误诊断，耽误疾病的治疗。在明确诊断的基础上，严格掌握药物的适应证，正确选择药物。

2. 用药要有明确的指征　每种疾病都有特定的发病过程和症状，要针对患病动物的具体病情，选用药效可靠、安全、方便给药、价廉易得的药物制剂。反对滥用药物，尤其不能滥用抗菌药物。将肾上腺皮质激素当做一般的解热镇痛或者消炎药使用都属于不合理使用。对不明原因的发热、病毒性感染等随意使用抗生素也属于不合理使用。

3. 熟悉药物在动物的药动学特征　根据药物在动物体的药动学特征，制订科学的给药方案。药物治疗的错误包括选错药物，但更多的是给药方案的错误。执业兽医在给食品动物用药时，要充分利用药动学知识制订给药方案，在取得最佳药效的同时尽量减少毒副作用、避免细菌产生耐药性和导致动物性食品中的兽药残留。良好的执业兽医必须掌握在药效、毒副作用和兽药残留几方面取得平衡的知识和技术。

4. 制订周密的用药计划　根据动物疾病的病理生理学过程和药物的药理作用特点以及它们之间的相互关系，药物的疗效是可以预期的。几乎所有的药物不仅有治疗作用，也存在不良反应，临床用药必须记住疾病的复杂性和治疗的复杂性，对治疗过程做好详细的用药计划，认真观察将出现的药效和不良反应，随时调整用药计划。

5. 合理的联合用药　在确定诊断以后，兽医师的任务就是选择有效、安全的药物进行治疗，一般情况下应避免同时使用多种药物（尤其抗菌药物），因为多种药物治疗极大地增加了药物相互作用的概率，也给患病动物增加了危险。除了具有确实的协同作用的联合用药外，要慎重使用固定剂量的联合用药，因为它使执业兽医失去了根据动物病情需要去调整药物剂量的机会。

明确联合用药的目的，即增强疗效、降低毒副作用、延缓耐药性的发生。①增强疗效，如磺胺类药物与甲氧苄啶、林可霉素与大观霉素联合使用提高抗菌能力、扩大抗菌谱；青霉素类和氨基糖苷类抗生素联合使用，促进氨基糖苷类药物进入细胞，增强杀菌作用；②降低毒性和减少副作用，如磺胺药与碳酸氢钠合用，可减少磺胺药的不良反应；③对付耐药菌，如阿莫西林与克拉维酸合用可治疗耐药金黄色葡萄球菌感染。

6. 正确处理对因治疗与对症治疗的关系　一般用药首先要考虑对因治疗，但也要重视对症治疗，两者巧妙地结合将能取得更好的疗效。中医理论对此有精辟的论述："治病必求其本，急则治其标，缓则治其本"。

7. 避免动物性产品中的兽药残留　食品动物用药后，药物的原形或其代谢产物和有关杂质可能蓄积、残存在动物的组织、器官或食用产品中，这样便造成了兽药在动物性食品中的残留（简称"兽药残留"）。使用兽药必须遵守《兽药典》的有关规定，严格执行休药期（停止给药后到允许食品动物屠宰上市的时间），以保证动物性产品兽药残留不超标。

8. 疫苗免疫注意事项　各养殖场应根据本场所养殖动物种类、品系、疫病流行特点和季节变化，制订相应的疫苗免疫程序。使用疫苗前，应注意：凡包装不合格、批号不清楚、不符合运输要求的生物制品不能使用。严格按照说明书和标签上的各项规定使用生物制品，不得任意改变，并详细记录制品名称、批号、使用方法和剂量等内容。接种活疫苗前1周和接种后10天，不得以任何方式或途径给予任何抗菌药物。各种活疫苗应按照制品规定的稀释液稀释后使用。活疫苗作饮水免疫时，不得使用含消毒剂的水。

三、安全使用常识

兽药使用过程中应切记以下常识：

（1）兽药的合理选择是建立在对疾病的正确诊断基础之上的，动物在发病之后，一定要迅速及时地对疾病进行准确诊断，然后才能准确选择最合适的药物进行治疗。

（2）应严格遵守兽药的标签内使用原则，根据兽药的适应证选择合适的兽药制剂，并严格按照国家规定的用量与用法使用兽药，严禁超量或超疗程使用。

（3）用药过程中应准确做好各项记录，包括选用的药物、给药间隔时间、给药剂量、给药途径和疗程等。对于饮水及混饲给药，还应仔细记录动物的饮水及采食饲料情况。

（4）食品动物用药过程中应严格遵守休药期的规定，严防兽药在动物可食性组织及产品中的残留。

（5）有条件的养殖场可适当开展本场常见致病菌的敏感性调查，筛选出有效的抗菌药物。

（6）平时做好疾病预防工作，及时做好疫苗接种，做好动物舍的清扫及消毒工作。

（7）严格遵循国家及农业农村部等制定的各项规章制度，如严禁使用违禁药物，严禁将人用药品用于动物，严格遵守兽用处方药的使用及管理制度等。

四、兽药质量快速识别

1. 选购兽药时注意事项　养殖场（户）在选购兽药时，需要注意以下几个方面。

（1）如从兽药生产厂采购，应选择持有兽药生产许可证和兽药GMP 合格证的正规兽药厂生产的产品。

（2）如从兽药经营店选购，应选择持有兽医行政管理部门核发的兽药经营许可证和工商部门核发的营业执照的兽药经营单位购买。

（3）如从网络购买，应检查平台是否合法，是否持有兽医行政管理部门核发的兽药经营许可证和工商部门核发的营业执照。

（4）检查兽药产品是否有兽药产品批准文号或进口兽药登记许可证号。兽药产品批准文号有效期为 5 年，过期文号的产品属于假兽药。

（5）检查兽药包装上是否印制了兽药产品的电子身份证——二维码唯一性标识。

（6）选择农业农村部兽药产品质量通报中的合格产品，不选择农业农村部公布的非法兽药企业生产的产品及合法兽药企业确认非本企业生产的涉嫌假兽药产品。

（7）不购买农业农村部淘汰的兽药、规定禁用的药品或尚未批准在奶牛使用的兽药产品。

（8）注意兽药产品的生产日期和使用期限，不要购买和使用过期的兽药产品。

（9）不要购买和使用变质的兽药产品。

（10）选择产品包装、标签、说明书符合国家标准规范的产品。成件的兽药产品应有产品质量合格证，内包装上附有检验合格标识，包装箱内有检验合格证。

（11）参照广告选择兽药时，必须选择有省部级审核的广告批准文号的产品。

2. 选购兽药时应检查的内容　采购兽药时，首先要查看外包装，最为明显的就是二维码。在兽药包装上印制二维码唯一性标识，解决了兽药产品"是谁（的）＋从哪里来＋到哪里去了"的问题，通过网络、手机、识读设备等多种途径查询相关内容，以达到对兽药产品进行标识和追踪溯源，实现全国兽药产品生产出入库可记录、信息可查询、流向可追踪和责任可追查的目的。目前，正规企业生产的每一个兽药产品（瓶/袋）都有二维码，就是兽药产品的电子身份证。采购员、仓库管理员、兽医都可以使用手机、识读设备等扫描，通过网络实现与中央数据库的连接，查询兽药产品相关信息，实现兽药产品可追溯。扫描兽药二维码标识可呈现的信息包括：兽药追溯码、产品名称、批准文号、企业简称、联系电话。

外包装上除了二维码之外，还可以看到商品名称，此外要看是否标有生产许可证和兽药 GMP 证书编号、兽药的通用名称、产品批准文号、产品批号、有效期、生产厂名、详细地址和联系电话，是否有产品使用说明书，说明书上标注的项目是否齐全。兽药的包装、标签及说明书上必须注明以下信息：产品批准文号、注册商标、生产厂家、厂址、生产日期（或批号）、药品名称、有效成分、含量、规格、作用、用途、用法用量、注意事项、有效期等。

再就是观察兽药的外包装是否有破损、变潮、霉变、污染等现象，用瓶包装的兽药产品应检查瓶盖是否密封，封口是否严密，有无松动，有无裂缝甚至药液漏出等现象。同时应检查兽药产品的外观、性状是否有异常，如标准规定的颜色发生变化，粉剂出现不应有的结块，注射液出现絮状物沉淀等。

3. 假劣兽药的快速鉴别　根据《兽药管理条例》的规定，假、劣兽药有以下几种情形。

（1）假兽药　有以下情形之一的，为假兽药：①以非兽药冒充兽药或者以他种兽药冒充此种兽药的；②兽药所含成分的种类、名称与兽药国家标准不符合的。

有以下情形之一的，按假兽药处理：①国务院兽医行政管理部门规定禁止使用的；②依照《兽药管理条例》规定应当经审查批准而未经审查批准即生产、进口的，或者依照《兽药管理条例》规定应当经抽查检验、审查核对而未经抽查检验、审查核对即销售、进口的；③变质的；④被污染的；⑤所标明的适应证或者功能主治超出规定范围的。

（2）劣兽药　有以下情形之一的，为劣兽药：①成分含量不符合兽药国家标准或者不标明有效成分的；②不标明或者更改有效期或超过有效期的；③不标明或者更改产品批号的；④其他不符合兽药国家标准，但不属于假兽药的。

（3）检查鉴别假劣兽药时的注意事项　①查产品批准文号。一是兽药生产企业没有获得批准，其生产的兽药产品必然没有产品批准文号；二是合法兽药生产企业没有取得批准文号或挪用其他产品批准文号，这些均作假兽药处理。②查兽药名称。兽药名称包括法定通用名称（兽药典和国家标准中载明的兽药名称）和商品名。兽药产品标签、说明书、外包装必须印制法定通用名称，有商品名的应同时印制，但商品名与通用名称的大小比例不得超过 2∶1。③查是否属于淘汰的兽药、规定禁用的药品或尚未批准在肉鸡使用的兽药产品。生产、销售淘汰的兽药、规定禁用的药品或尚未批准在肉鸡使用的兽药产品应做假兽药处理。④查兽药的有效期。超过有效期的兽药即可认定为劣兽药。⑤查产品批号。兽药产品的批号一般由年、月、日、批次组成，并一次性或激光打印或印刷，字迹清晰，无涂污修改。任何修改即可认定为劣兽药。⑥查产品规格。核查标签上标示的规格与兽药的实际是否相符，标示装量与实际装量是否相符。⑦查产品质量合格证。兽药包装内应附有产品质量合格证，无合格证的产品不得出厂，经营单位不得销售。

4. 发现假劣兽药后的投诉　为进一步加大兽药违法案件查处工作力度，2006 年 11 月 7 日，农业部通过中国农业信息网、中国兽药信息网和《农民日报》，将各省（自治区、直辖市）兽医行政管理部门兽药违法案件举报电话统一向社会公布（农办医［2006］58 号），并要求各省（自治区、直辖市）兽医行政管理部门采取多种形式，加强宣传，主动接受社会监督，做好举报电话值守，认真受理举报案件，依法查处违法行为，以净化市场，维护合法兽药企业和广大农牧民的权益。

表 1 - 1　全国兽药违法案件举报电话名录

序号	单位名称	举报电话
1	农业农村部兽医局	010 - 59192829 010 - 59191652（传真）
2	北京市农业局 北京市动物卫生监督所	010 - 82078457 010 - 62268093 - 801
3	天津市畜牧局	022 - 28301728
4	河北省畜牧兽医局	0311 - 85888183
5	山西省兽药监察所	0351 - 6264649（传真）
6	内蒙古自治区农牧业厅	0471 - 6262583；6262652
7	辽宁省动物卫生监督管理局	024 - 23448298；23448299
8	吉林省牧业管理局	0431 - 2711103；8906641
9	黑龙江省畜牧兽医局	0451 - 82623708
10	河南省畜牧局	0371 - 65778775
11	湖北省畜牧局	027 - 87272217
12	江西省畜牧兽医局	0791 - 85000985
13	湖南省畜牧水产局	0731 - 8881744
14	福建省农业厅畜牧兽医局	0591 - 87816848
15	安徽省农业委员会畜牧局	0551 - 2650644
16	上海市兽药饲料监督管理所	021 - 52164600
17	山东省畜牧办公室	0531 - 87198085
18	江苏省兽药监察所	025 - 86263243；86263659
19	浙江省畜牧兽医局	12316
20	广东省农业厅畜牧兽医办公室	020 - 37288285
21	广西壮族自治区水产畜牧局	0711 - 2814577
22	海南省畜牧兽医局	0898 - 65338096
23	重庆市农业局	023 - 89016190；89183743
24	云南省畜牧兽医局	0871 - 5749513
25	贵州省畜牧局	0851 - 5287855；5286424
26	四川省畜牧食品局	028 - 85561023
27	陕西省畜牧兽医局	029 - 87335754

（续）

序号	单位名称	举报电话
28	甘肃省农牧厅	0931 - 8834403
29	青海省农牧厅畜牧兽医局	0971 - 6125442
30	宁夏回族自治区兽药饲料监察所	0951 - 5045719
31	新疆维吾尔自治区畜牧兽医局	0991 - 8565454
32	西藏自治区农牧厅办公室	0891 - 6322297

发现假劣兽药后，可以拨打上述电话或亲自到上述部门举报，也可向所在地市、县兽医行政管理部门举报。

第三节 奶牛用药选择

一、奶牛的生物学特点

奶牛是经过高度选育繁殖、以产奶为目的的优良品种。我国奶牛以黑白花奶牛为主，是引用国外荷斯坦公牛与我国各地母牛杂交选育而成的，现已遍布全国。

（一）奶牛消化生理的特点

奶牛有瘤胃、网胃、瓣胃和皱胃四个胃。前三个胃没有腺体，统称前胃，只有皱胃能分泌胃液，具有和单胃动物的胃一样的功能，故又称真胃。瘤胃是个"天然发酵罐"，每克瘤胃内容物中有 500 亿～1 000亿个细菌和 20 万～200 万纤毛虫，是与奶牛相互依赖为生的共生微生物，对饲料营养物质进行消化利用的重要器官。

奶牛是反刍动物。每天吃进大量的粗饲料，一般不经过充分咀嚼就吞咽进入瘤胃，经一段时间以后，把食团逆呕到口腔重新咀嚼，然后再吞咽入瘤胃，此过程称为反刍。在反刍过程中，吞入唾液是瘤胃细菌所必需的养分。唾液属于碱性，可中和胃酸，有利于微生物的活动。

奶牛瘤胃中的纤毛原虫和细菌对奶牛消化食物帮助很大，可以将植物性蛋白质以及部分简单的含氮物转变成细菌蛋白质和纤毛原虫蛋白质，然后被机体吸收。饲料中的纤维素、淀粉和糖在瘤胃中发酵，产生乙酸、丙酸和丁酸等挥发性脂肪酸，经瘤胃吸收进入机体代谢，供应能量，合成脂肪。瘤胃细菌可以合成 10 种必需的氨基酸，还有 B 族维生素和维生素 K 等。

（二）奶牛生殖生理的特点

母牛的生殖器官包括卵巢、输卵管、子宫、阴道和外生殖器官。

1. 卵巢 其作用一是产生卵子并周期性排卵；二是分泌雌激素和孕酮，维持性周期和妊娠。

2. 输卵管 其作用一是承受并运送卵子，促进精子和卵子的结合；二是使精子获能并完成受精。

3. 子宫 由子宫角、子宫体和子宫颈组成，子宫角尖端与输卵管相通，后部汇通于子宫体，子宫体前端与子宫角相通，后部与子宫颈相连，子宫通过子宫颈开口于阴道。子宫颈是经常关闭的，以防异物进入子宫，发情时稍开放，以利于精子进入。

4. 阴道 是母牛的交配器官，也是子宫和尿道的排出管。

母牛在 8~10 月龄开始性成熟，但体成熟要在 18~24 月龄。相邻两次发情的间隔时间称为一个发情周期，通常将两次发情开始的间隔天数作为发情周期。母牛的发情周期一般为 18~23 d，平均为 21 d；发情持续期为 6~36 h，平均 18 h。

奶牛的生殖活动是相当复杂的过程，母牛的发情、卵子发生、卵泡发育、卵子成熟、排卵、妊娠、分娩等，公牛精子发生、性行为等都是生殖激素调节的结果。主要的生殖激素有促性腺激素释放激素（GnRH）、催产素（OXT）、促卵泡素（FSH）、促黄体素（LH）、促乳素（PRL）、雄激素、雌激素、孕酮、促性腺激素和前列腺素等。生殖激素如果出现分泌紊乱，就会导致繁殖的失败，进而影响泌乳。

（三）奶牛泌乳生理的特点

根据奶牛发育及生理，可划分为犊牛、育成牛和成母牛三个阶段：犊牛指出生至 6 月龄以内；育成牛指 6 月龄至产犊前；成母牛又可划分为泌乳牛和干奶牛。

泌乳牛是指从产犊后开始泌乳直到停奶的牛，可分为泌乳早期（分娩至产后 21 d，繁殖器官及身体逐渐恢复）、泌乳盛期（产后 22~100 d，泌乳高峰期）、泌乳中期（101~200 d）和泌乳后期（201 d 至停奶），通常一个泌乳期是按 305 d 计算的。干奶牛是指奶牛经过一个泌乳期的泌乳，妊娠 7 个月后人为停止泌乳，进入为期 2 个月左右的恢复休整期的牛。通常把干奶后期和泌乳早期称为围产期。

一般奶牛平均年产奶量为 4 500~6 000 kg，饲养管理较好的全群年平均产奶量已达到 7 000 kg 甚至 1 万 kg 以上。

奶牛的乳房就相当于一个产奶机器，如果这个机器出了故障或运转不良，就会影响产奶量，增加牛群更替成本。做好乳房保健，保护好乳房对奶牛生产至关重要。

（四）奶牛的正常生理指标

成年牛的正常体温在 38~39.2 ℃，犊牛、兴奋状态或长时间暴露于高温环境的牛体温可达 39.5 ℃ 或更高。发热是机体对抗外来微生物和激发保护性防御机制的手段，不应过早被抗炎或退热药物所掩盖。

成年牛的正常脉搏为 60~80 次/min，犊牛为 72~100 次/min。

成年牛安静时正常的呼吸频率为 18~28 次/min，犊牛为 20~40 次/min。

健康牛瘤胃蠕动 1~3 次/min，瘤胃内容物 pH 为 5.0~8.1，每昼夜反刍 6~8 次，每次 4~50 min，每分钟嗳气 17~20 次。

（五）奶牛的发病规律

统计显示，奶牛以产科病发生最多，占 36%，消化系统病次之，占 32%，呼吸系统病占 18%，犊牛主要是犊牛下痢，占 46%。产科病主要发生于成年牛，其中乳房炎最多，占产科病的 56%，其次为胎衣不下，占 27%。外科病以蹄病最多，占外科病的 93%。

当前影响奶牛生产的主要疾病，即"奶牛三大病"是指乳腺炎、蹄病和不孕症。随着奶牛产奶量的提高，酮病、妊娠毒血症、瘤胃酸中毒等营养代谢病增多，对于高产奶牛而言，危害奶牛的主要疾病应该是"四大病"，即乳腺炎、蹄病、不孕症和营养代谢病。

二、奶牛给药方法

（一）注射给药

注射给药是奶牛用药最常用的给药方法，药物经注射后可迅速到达血液并产生作用。常见的注射方法有肌内注射、静脉注射、皮内注射、皮下注射、气管内注射和关节腔注射等。

1. 肌内注射 是将药液注入肌肉组织的方法。本方法是兽医临床最为常用的注射方法，不宜或不能做静脉注射的，如混悬液，又要求比皮下注射更快发生疗效的，多采用此法。一般选择在肌肉较厚实，离大神经、大血管较远的颈部、臀部等部位注射。水合氯醛、氯化钙和水杨酸钠等强刺激性药物不适宜肌内注射。

2. 静脉注射 分为静脉推注和静脉滴注两种。

静脉推注是用注射器将药液在较短时间内注入静脉的方法，其特点是药液从静脉快速进入血液循环而迅速发生药效。一般多采用颈静脉注射,其部位在颈静脉沟(胸头肌和臂头肌之间)上 1/3 与中 1/3 交界处。需长期或多次给药的,应由远心端向近心端移行进针点。进针后有血液从针头滴出,表明已刺入静脉,若局部肿胀或牛表现疼痛不按,提示针头滑出动脉,应拔出换部位重新注射。根据病情及药物的性质,掌握注入药液的速度,注意观察体征随时调整。对组织有强烈刺激的药物,应防止药液漏出血管外而发生静脉周围炎或坏死。

静脉滴注又称"输液",是应用输液器将大量的药物溶液通过静脉缓慢输入体内的方法。其特点是药液容量较大,维持时间较长。用于静脉滴注的注射剂,应为无热原溶液。

(1)静脉滴注的目的 一是补充血容量,改善微循环,维持血压,如在脱水、出血、休克等时;二是补充水和电解质,调节或维持酸碱平衡,如在脱水、腹泻、呕吐、采食下降或废绝、手术等时;三是补充营养,维持热量,促进机体康复;四是输入药液,达到控制感染、解读、利尿及调节其他机能的目的。静脉滴注的部位与颈静脉注射部位相同,也见在耳静脉滴注的。

(2)静脉滴注的注意事项 一是注意药物配伍禁忌,临床治疗并发症经常需要两种或两种以上药物联合使用,但必须注意药物本身的作用以及不同药物之间的相互作用,否则可能出现降低疗效或对机体产生毒性损害;二是注意保护血管,对血管刺激性较大的药物,应穿刺成功后再加药,输完后在输入一定量的等渗溶液,以保护静脉血管;三是注意渗透压的调节,不能将非滴注用的注射剂做滴注使用;四是严格控制药液的温度和滴注速度,特别是在冬季气温较低时;五是及时观察并处理输液反应。

3. 皮内注射 是将少量药物注射入表皮和真皮之间的注射方法。该方法常用用于结核病的普查(结核菌素的过敏试验)和需要长效发挥作用的驱虫药注射等。取躯体被毛较少、颜色较浅、皮肤较细嫩且易于观察处,一般选颈部皮肤做皮内注射。皮内注射操作的注意事项包括：一是对过敏反应的试验，一般不用碘酒消毒，以免影响观察；二是进针不要深，拔针后不按揉。

4. 皮下注射 是将少量药液注入皮下组织的方法。对于不宜经口给药或需要延缓药物的吸收时间，可采用皮下注射。注射部位一般选颈部皮下或前后肢内侧等躯体皮肤松软处。注射时，针头不宜刺入肌层，应尽量避免应用磺胺类等刺激性过强的药物做皮下注射。

5. 气管内注射 是将药液经气管环直接注入气管内的一种特殊的给药方法，常用于气管、支气管及肺部疾病的治疗。注射部位一般选择第三气管环下部正中。

6. 关节腔注射 是借助注射器将药液注入关节腔的一种临床治疗方法，如应用醋酸可的松注射液关节腔注射治疗关节炎等。

（二）经口给药

经口给药是将药物经口或直接投喂到胃内的一种常见的给药方法。奶牛经口给药的主要方法包括口服、投喂管、饮服和饲喂 4 种方法。

1. 口服 最常用的给药方法之一，是将药物通过盛器投入口腔，再由动物自行咽下进入胃内的一种临床给药方法，适用于大剂量但刺激性不强、适口性较好的药物的投服。操作时，术者一手捏住鼻中隔向上抬起牛头，使牛头与脊背等高，另一手持投药器（专用的灌角或矿泉水瓶）从嘴角插入并轻轻向内、向后顶压，迫使牛张开口腔，将瓶口伸至舌中部，缓缓投入药液。

2. 投喂管 是将药液经胃导管送入胃内的一种给药方法，也用于食道探诊、胃内容物获取。投喂管给药适用于大剂量药液的灌服，特别是刺激性大、适口性差的药物，经投喂管给药最为合适。通常从鼻腔插入胃导管，也可从口腔插入，只是需要开口器。

投胃管前先将胃导管消毒、软化、湿润。将插入端经鼻孔缓缓插入至咽喉部，动物产生吞咽动作时，适时将胃导管插进食道内并继续深插到颈部下 1/3 处。确定胃导管准确无误地插入后，继续将胃导管送入胃内。抬高牛头并保定，将漏斗与胃导管连接，缓缓倒入药液，最后投入少量清水，冲净管内残留的药液。

投喂管给药时应注意：患病动物呼吸困难或有鼻炎、咽炎、喉炎以及高温时忌用胃导管投药；胃导管移动脱出时，应重新插入判断无误后再继续给药；拔出胃导管前应折叠胃导管外端，以防经咽部时药液进入气管（表 1-2），造成异物性肺炎乃至窒息；在投入药液的过程中应密切注意病畜表现，一旦动物出现不安，频繁咳嗽，呼吸急促等症状，应立即停止给药，按异物性肺炎的疗法进行抢救。

表 1-2　胃导管插入食道或器官的鉴别要点（王俊东，刘宗平，2004）

鉴别方法	插入食道内	误入气管内
手感和观察反应	胃导管前端到达咽部时稍有抵抗感，胃导管进入食道，推送胃导管稍有阻力感	推送胃导管无阻力，有时咳嗽，躁动不安
来回抽动胃导管	胃导管前端在食道沟呈现明显的波浪式蠕动	无波动
将胃导管外端放在耳边听	听到不规则的"咕噜"声或水泡声，无气流冲击耳边	随呼吸动作听到有节奏的呼吸声
将胃导管外端浸入水中	无气泡或出现与呼吸无关的哦气泡	随呼吸动作出现规律性水泡
触摸颈沟部	颈沟区一硬的管索状物，抽动胃导管更明显	无
鼻嗅胃导管外端气体	有酸臭气体	无

（三）混合料给药

混合料给药是将药物与奶牛的精料充分混合后饲喂牛只的给药方法，一般适用于大群或小群牛只长期给药，如药物饲料添加剂、围产期营养调控等。

混合料给药时，应根据兽药产品说明书及动物采食量配置混饲药物，保证剂量准确，剂量安全范围窄的药物不适合本方法；另外注意避免重复加入相同药物而形成叠加效应。

（四）局部给药

1. 皮肤涂布　是将药物制成膏剂涂布在牛只患部皮肤上，直接作用于患部的一种给药方法，用于治疗皮肤病或体表创伤。涂布前要清洁局部皮肤，如果局部污染严重，应先进行局部处理。药物应涂布均匀。

2. 喷洒或浇淋　是将液体药物喷洒或浇淋到体表皮肤，以到达治疗目的的给药方法，主要用于外寄生虫病的防治。用药部位一般选择患病部位或脊背。

用药时要求局部清洁，必要时给药部位剪毛，清除污染物；药液应喷洒均匀，沿背中线从肩部向后直到尾根部；用药牛只相对隔离，防止其他牛只舔食而引起中毒。

3. 乳室灌注　是用通乳针、秃针头或其他专用器械将药液注入乳室的给药方法，是治疗乳房炎的常用给药方法。用药部位选择乳头管或乳室。

操作时，挤净乳室内乳汁，用酒精棉球消毒乳头；将乳导管从乳头孔插入乳室，插入深度应适中，避免伤及乳室内黏膜；如有必要，在给药前做适当冲洗，而后缓缓注入药液，拔出乳导管，轻轻捏住乳头孔，并按摩乳房片刻使药液均匀分布。

4. 子宫灌注　是将药液经由阴道、子宫颈送入子宫腔内的给药方法，主要针对子宫内疾病，特别是子宫内膜炎、子宫颈炎、子宫蓄脓等的治疗。用药部位一般选择子宫腔。

操作时，清洁并消毒阴户，防止将粪污等引入子宫内；将输精管或专用的注入器械缓缓经由阴户、阴道、子宫颈插入子宫腔内，注入药液到子宫腔，缓缓拔出注入器械；药物应留置子宫较长时间，注入量一般在 100 mL 左右，不宜过多。

第四节　兽药管理法规与制度

一、兽药管理法规和标准

1. 兽药管理法规　我国第一个《兽药管理条例》（以下简称《条例》）是 1987 年 5 月 21 日由国务院发布的，它标志着我国兽药法制化管理的开始。《条例》自 1987 年发布以来，在 2001 年进行了第一次修订，为适应我国加入 WTO 的形势，2004 年进行了全面修改，并于 2004 年 3 月 24 日经国务院令第 404 号发布并于 2004 年 11 月 1 日起实施。根据《国务院关于修改部分行政法规的决定》，现行《条例》于 2014 年 7 月 29 日再次进行了修订，2016 年 2 月 6 日进行了第三次修订。

为保障《条例》的实施，农业农村部发布的配套规章有：《兽药注册办法》《处方药和非处方药管理办法》《生物制品管理办法》《兽药进口管理办法》《兽药生产管理规范》《兽药经营质量管理规范》《兽药非临床研究质量管理规范》和《兽药临床试验质量管理规范》等。

2. 兽药标准《兽药典》　《条例》第四十五条规定："国家兽药典委员会拟定的、国务院兽医行政管理部门发布的《兽药典》和国务院兽医行政管理部门发布的其他兽药标准为兽药国家标准"。

根据《中华人民共和国标准化法实施条例》，兽药标准属强制性标准。《兽药典》是国家为保证兽药产品质量而制定的具有强制约束力的技术法规，是兽药生产、经营、进出口、使用、检验和监督管理部门共同遵守的法定依据。它不仅对我国的兽药生产具有指导作用，而且是兽药监督管理和兽药使用的技术依据，也是保障动物源性食品安全的基础。《兽药典》先后有 1990 年、2000 年、2005 年、2010 年、2015 年共五版。

农业部第 1960 号公告发布实施了《兽药国家标准》（化学药品卷、中药卷）。化学药品卷收载品种共 219 种；中药卷收载药材、制剂与提取物品种共 124 种。本标准收载的品种主要来自历版《兽药规范》（一、二部）、历版《兽药典》（一、二部）、《兽药质量标准》（2003 年）、《兽药质量标准》（2006 年）及农业部农牧发〔1993〕7 号（蜂用药）等，但未收载在现行版《兽药典》的品种。

二、兽药管理制度

1. 兽药监督管理机构　兽药监督管理主要包括兽药国家标准的发布、兽药监督检查权的行使、假劣兽药的查处、原料药和处方药的管理、上市后兽药不良反应的报告、生产许可证和经营许可证的管理、兽药评审程序及兽医行政管理部门、兽药检验机构及其工作人员的监督等。根据新《条例》的规定，国务院兽医行政管理部门负责全国的兽药监督管理工作。县级以上地方人民政府兽医行政管理部门负责本行政区域内的兽药监督管理工作。

水产养殖动物的兽药使用、兽药残留检测和监督管理以及水产养殖过程中违法用药的行政处罚，由县级以上人民政府渔业行政主管部门及其所属的渔政监督管理机构负责。但水产养殖业的兽药研制、生产、经营、进出口仍然由兽医行政管理部门管理。

2. 兽药注册制度　兽药注册制度，指依照法定程序，对拟上市销售的兽药的安全性、有效性、质量可控性等进行系统评价，并做出是否同意进行兽药临床或残留研究、生产兽药或者进口兽药决定的审批过程，包括对申请变更兽药批准证明文件及其附件中载明内容的审批制度。

兽药注册包括新兽药注册、进口兽药注册、变更注册和进口兽药再注册。境内申请人按照新兽药注册申请办理，境外申请人按照进口兽药注册和再注册申请办理。新兽药注册申请，指未曾在中国境内上市销售的兽药的注册申请。进口兽药注册申请，指在境外生产的兽药在中国上市销售的注册申请。变更注册申请，指新兽药注册、进口兽药注册经批准后，改变、增加或取消原批准事项或内容的注册申请。

3. 标签和说明书要求 对兽药使用者而言，除了《兽药典》规定内容以外，产品的标签和说明书也是正确使用兽药必须遵循的有法定意义的文件。《条例》规定了一般兽药和特殊兽药在包装标签和说明书上的内容。兽药包装必须按照规定印有或者贴有标签并附有说明书，并必须在显著位置注明"兽用"字样，以避免与人用药品混淆。凡在中国境内销售、使用的兽药，其包装标签及所附说明书的文字必须以中文为主，提供兽药信息的标志及文字说明应当字迹清晰易辨，标示清楚醒目，不得有印字脱落或粘贴不牢等现象。

兽药标签和说明书必须经国务院兽医行政管理部门批准才能使用。兽药标签或者说明书必须载明：①兽药的通用名称。即兽药国家标准中收载的兽药名称。通用名称是药品国际非专利名称（INN）的简称，通用名称不能作为商标注册。标签和说明书不得只标注兽药的商品名。按照国务院兽医行政管理部门的有关规定，兽药的通用名称必须用中文显著标示；②兽药的成分及其含量。兽药标签和说明书上应标明兽药的成分和含量，以满足兽医和使用者的知情权；③兽药规格。便于兽医和使用者计算使用剂量；④兽药的生产企业；⑤兽药批准文号（进口兽药注册证号）；⑥产品批号，以便对出现问题的兽药溯源检查；⑦生产日期和有效期。兽药有效期是涉及兽药效能和使用安全的标识，必须按规定在兽药标签和说明书上予以标注；⑧适应证或功能主治、用法、用量、禁忌、不良反应和注意事项等涉及兽药使用须知、保证用药安全有效的事项。

特殊兽药的标签必须印有规定的警示标志。为了便于识别，保证用药安全，对麻醉药品、精神药品、毒性药品、放射性药品、外用药品、非处方兽药，必须在包装、标签的醒目位置和说明书中注明，并印有符合规定的标志。

4. 兽药广告管理　《条例》规定，在全国重点媒体发布兽药广告的，须经国务院兽医行政管理部门审查批准，取得兽药广告审查批准文号。在地方媒体发布兽药广告的，应当经当地省（自治区、直辖市）人民政府兽医行政管理部门审查批准，取得兽药广告审查批准文号。未取得兽药广告审查批准文号的，属于非法兽药广告，不得发布或刊登。

《条例》还规定，兽药广告的内容应当与兽药说明书的内容相一致。兽药的说明书包含有关兽药的安全性、有效性等基本科学信息。主要包括：兽药名称、性状、药理毒理、药物动力学、适应证、用法与用量、不良反应、禁忌症、注意事项、有效期限、批准文号、生产企业等方面的内容。

兽药广告的内容是否真实，对正确地指导养殖者合理用药、安全用药十分重要，直接关系到动物的生命安全和人体健康。因此，兽药广告的内容必须真实、准确、对公众负责，不允许有欺骗、夸大情况。夸大的广告宣传不但会误导经营者和养殖户，而且延误动物疾病的治疗。

三、兽用处方药与非处方药管理制度

兽药是用于预防、治疗、诊断动物疾病或者有目的地调节动物生理机能的特殊商品。合理使用兽药，可以有效防治动物疾病，促进养殖业的健康发展；使用不当、使用过量或违规使用，将会造成动物或动物源性产品质量安全风险。因此，加强兽药监管，实施兽用处方药和非处方药分类管理制度十分必要。同时，将兽药按处方药和非处方药分类管理，有利于促进我国兽药管理模式与国际通行做法接轨。此外，《条例》第四条规定："国家实行兽用处方药和非处方药分类管理制度"，从法律上明确了该管理制度的合法性和必要性。

根据兽药的安全性和使用风险程度，将兽药分为兽用处方药和非处方药。兽用处方药是指凭兽医处方笺才可购买和使用的兽药。兽用非处方药是指不需要兽医处方笺即可自行购买并按照说明书使用的兽药。对安全性和使用风险程度较大的品种，实行处方管理，在执业兽医指导下使用，减少兽药的滥用，促进合理用药，提高动物源性产品质量安全。

根据农业部令2013年第2号，《兽用处方药和非处方药管理办法》（以下简称《办法》）于2014年3月1日起施行。办法涉及目的、分类、管理部门、标识、生产、经营、买卖、处方、使用和罚则等10个方面的条款共18条。《办法》主要确立了以下5种制度：

一是兽药分类管理制度。将兽药分为处方药和非处方药，兽用处方药目录的制定及公布，由农业部负责。

二是兽用处方药和非处方药标识制度。按照《办法》的规定，兽用处方药、非处方药须在标签和说明书上分别标注"兽用处方药""兽用非处方药"字样。

三是兽用处方药经营制度。兽药经营者应当在经营场所显著位置悬挂或者张贴"兽用处方药必须凭兽医处方购买"的提示语，并对兽用处方药、兽用非处方药分区或分柜摆放。兽用处方药不得采用开架自选方式销售。

四是兽医处方权制度。兽用处方药应当凭兽医处方笺方可买卖，兽医处方笺由依法注册的执业兽医按照其注册的执业范围开具。但进出口兽用处方药或者向动物诊疗机构、科研单位、动物疫病预防控制机构等特殊单位销售兽用处方药的，则无需凭处方买卖。同时，《办法》还对执业兽医处方笺的内容和保存作了明确规定。

五是兽用处方药违法行为处罚制度。对违反《办法》有关规定的，明确了适用《兽药管理条例》予以行政处罚的具体条款。

四、不良反应报告制度

不良反应是指在按规定用法与用量正常应用兽药的过程中产生的与用药目的无关或意外的有害反应。不良反应与兽药的应用有因果关系，一般停止使用兽药后即会消失，有的则需要采取一定的处理措施才会消失。

《条例》规定，"国家实行兽药不良反应报告制度。兽药生产企业、经营企业、兽药使用单位和开具处方的兽医人员发现可能与兽药使用有关的严重不良反应，应当立即向所在地人民政府兽医行政管理部门报告"。首次以法律的形式规定了不良反应的报告制度。

有些兽药在申请注册或者进口注册时，由于科学技术发展的限制或者人们认识水平的限制，当时没有发现对环境或者人类有不良影响，在使用一段时间后，该兽药的不良反应才被发现，这时，就应当立即采取有效措施，防止这种不良反应的扩大或者造成更严重的后果。为了保证兽药的安全、可靠，最终保障人体健康，在使用兽药过程中，发现某种兽药有严重的不良反应，兽药生产企业、经营企业、兽药使用单位和开具处方的兽医师有义务向所在地兽医行政主管部门及时报告。

目前，我国尚未建立切实可行的不良反应报告制度，这不利于兽药的安全使用。

奶牛场常用药物

第一节　抗　菌　药

抗菌药分为抗生素和合成抗菌药。抗菌药除抗生素外，还有许多人工合成的药物，在防治动物疾病方面起着重要的作用。合成抗菌药可分为五类：磺胺类、喹噁酮类、喹噁啉类、硝基呋喃类和硝基咪唑类。

一、β-内酰胺类

β-内酰胺类抗生素指化学结构含有β-内酰胺环的一类抗生素。兽医临床常用的药物主要包括青霉素类和头孢菌素类。

青霉素/普鲁卡因青霉素/苄星青霉素

青霉素属杀菌性抗生素，抗菌活性强，其抗菌作用机理主要是能抑制细菌细胞壁黏肽的合成。青霉素为窄谱抗生素，主要对多种革兰氏阳性和少数革兰氏阴性细菌有作用。主要敏感菌有葡萄球菌、链球菌、丹毒杆菌、棒状杆菌、破伤风梭菌、放线菌、炭疽杆菌、螺旋体等。对分支杆菌、支原体、衣原体、立克次体、诺卡菌、真菌和病毒均不敏感。

药物相互作用　（1）与氨基糖苷类呈现协同作用；（2）大环内酯

类、四环素类和酰胺醇类等快效抑菌剂对青霉素的杀菌活性有干扰作用，不宜合用；（3）重金属离子（尤其是铜、锌、汞）、醇类、酸、碘、氧化剂、还原剂、羟基化合物，呈酸性的葡萄糖注射液或盐酸四环素注射液等可破坏青霉素的活性，禁止配伍；（4）胺类与青霉素可形成不溶性盐，可以延缓青霉素的吸收，如普鲁卡因青霉素；（5）与一些药物溶液（如盐酸氯丙嗪、盐酸林可霉素、酒石酸去甲肾上腺素、盐酸土霉素、盐酸四环素、B族维生素及维生素C）不宜混合，否则可产生混浊、絮状物或沉淀。

注射用青霉素钠 本品为青霉素钠的无菌粉末。

【作用与用途】β-内酰胺类抗生素。主要用于革兰氏阳性菌感染，亦用于放线菌及钩端螺旋体等的感染。

【用法与用量】以青霉素钠计。肌内注射：一次量，每1 kg体重，牛1万～2万单位；犊2万～3万单位。每日2～3次，连用2～3 d。

临用前，加灭菌注射用水适量使溶解。

【不良反应】（1）主要是过敏反应，大多数家畜均可发生，但发生率较低。局部反应表现为注射部位水肿、疼痛，全身反应为荨麻疹、皮疹，严重者可引起休克或死亡。（2）对某些动物，可诱导胃肠道的二重感染。

【注意事项】（1）青霉素钠易溶于水，水溶液不稳定，很易水解，水解率随温度升高而加速，因此注射液应在临用前配制。必需保存时，应置冰箱中（2～8 ℃），可保存7 d，在室温只能保存24 h。（2）应了解与其他药物的相互作用和配伍禁忌，以免影响青霉素的药效。（3）大剂量注射可能出现高钠血症。对肾功能减退或心功能不全患畜会产生不良后果。（4）治疗破伤风时宜与破伤风抗毒素合用。

【休药期】牛0 d；弃奶期72 h。

注射用青霉素钾 本品为青霉素钾的结晶性无菌粉末。

【作用与用途】【用法与用量】【不良反应】【注意事项】与【休药期】同注射用青霉素钠。

注射用普鲁卡因青霉素 本品为普鲁卡因青霉素与青霉素钠（钾）钾适宜的悬浮剂与缓冲液制成的无菌粉末。

【作用与用途】同注射用青霉素钠。

【用法与用量】以有效成分计。肌内注射：一次量，每 1 kg 体重，牛 1 万～2 万单位；犊 2 万～3 万单位。每日 1 次，连用 2～3 d。

【不良反应】【注意事项】同注射用青霉素钠。

【休药期】牛 4 d；弃奶期 72 h。

普鲁卡因青霉素注射液 本品为普鲁卡因青霉素的无菌油混悬液，为细微颗粒的混悬油溶液。静置后，细微颗粒下沉，振摇后成均匀的淡黄色混悬液。

【作用与用途】【用法与用量】【不良反应】【注意事项】同注射用普鲁卡因青霉素。

【休药期】牛 10 d；弃奶期 48 h。

注射用苄星青霉素 本品为青霉素的二苄基乙二胺盐加适量的缓冲剂及助悬剂制成的无菌粉末，为白色结晶性粉末。

【作用与用途】β-内酰胺类抗生素。为长效青霉素，用于革兰氏阳性细菌感染。

【用法与用量】以苄星青霉素计。肌内注射：一次量，每 1 kg 体重，牛 2 万～3 万单位。必要时 3～4 d 重复一次。

【不良反应】主要不良反应是过敏反应，大多数家畜均可发生，但发生率较低。局部反应表现为注射部位水肿、疼痛，全身反应为荨麻疹、皮疹，严重者可引起休克或死亡。

【注意事项】（1）本品血药浓度较低，急性感染时应与青霉素钠合用。（2）注射液应在临用前配制。（3）应注意事项与其他药物的相互作用和配伍禁忌，以免影响其药效。

【休药期】牛 4 d；弃奶期 3 d。

氨 苄 西 林

氨苄西林属 β-内酰胺类抗生素，具有广谱抗菌作用。对青霉素酶敏感，故对耐青霉素的金黄色葡萄球菌无效。对革兰氏阴性菌大肠埃希氏菌、变形杆菌、沙门氏菌、嗜血杆菌、布鲁氏菌和巴氏杆菌等有较强的作用，但这些细菌易产生耐药性；铜绿假单胞菌对其不敏感。

药物相互作用 （1）氨苄西林钠与下列药物有配伍禁忌：琥乙红霉素、乳糖酸红霉素、盐酸土霉素、盐酸四环素、盐酸金霉素、硫酸卡那霉素、硫酸庆大霉素、硫酸链霉素、盐酸林可霉素、硫酸多黏菌素 B、氯化钙、葡萄糖酸钙、B 族维生素、维生素 C 等。（2）本品与氨基糖苷类合用，可提高后者在菌体内的浓度，呈现协同作用。（3）大环内酯类、四环素类和酰胺醇类等快效抑菌剂对本品的杀菌作用有干扰作用，不宜合用。

注射用氨苄西林钠 本品为氨苄西林的无菌粉末，为白色或类白色的粉末或结晶性粉末。

【作用与用途】β-内酰胺类抗生素。用于对氨苄西林敏感菌感染。

【用法与用量】以氨苄西林计。肌内注射或静脉注射：一次量，每 1 kg 体重，牛 10～20 mg。每日 2～3 次，连用 2～3 d。

【不良反应】本类药物可出现与剂量无关的过敏反应，表现为皮疹、发烧、嗜酸性细胞增多、白细胞和血小板减少、贫血、淋巴结病或全身性过敏反应。

【注意事项】对青霉素酶敏感，不宜用于耐青霉素的金黄色葡萄球菌感染。

【休药期】牛 6 d；弃奶期 48 h。

注射用氨苄西林钠氯唑西林钠　本品为氨苄西林钠和氯唑西林钠的无菌粉末，为白色或类白色粉末或结晶性粉末。

【作用与用途】β-内酰胺类抗生素。用于敏感菌所致的呼吸道、胃肠道、泌尿道和软组织感染。也可用于化脓性链球菌、肺炎球菌与耐酶金黄色葡萄球菌引起的混合感染。

【用法与用量】以本品计。临用前加适量灭菌注射用水或氯化钠注射液溶解。肌内注射或静脉滴注：一次量，每 1 kg 体重，牛 20 mg。每日 2~3 次，连用 3 d。

【不良反应】个别家畜偶可出现过敏反应，如皮疹、水肿等。

【注意事项】（1）对青霉素过敏的动物禁用。（2）本品溶解后应立即使用。

【休药期】牛 28 d；弃奶期 7 d。

阿　莫　西　林

阿莫西林属 β-内酰胺类抗生素。阿莫西林为半合成广谱青霉素，通过抑制细菌胞壁黏肽合成而发挥杀菌作用。对肺炎链球菌、溶血性链球菌、金黄色葡萄球菌、大肠埃希氏菌、巴氏杆菌、沙门氏菌属、流感嗜血杆菌等具有良好的抗菌活性，可用于治疗对阿莫西林敏感的革兰氏阳性菌和革兰氏阴性菌感染。

药物相互作用　大环内脂类、磺胺类和四环素类抗生素抑制细菌蛋白质合成，与该类抗生素同时使用可降低阿莫西林的杀菌作用。

注射用阿莫西林钠　本品为阿莫西林钠的无菌粉末，为白色或类白色结晶或粉末。

【作用与用途】β-内酰胺类抗生素。主要用于治疗对阿莫西林敏感的革兰氏阳性菌和革兰氏阴性菌感染。

【用法与用量】以阿莫西林计。皮下或肌内注射：一次量，每 1 kg 体重，牛 5~10 mg。每日 2 次，连用 3~5 d。

【不良反应】偶见过敏反应，注射部位有刺激性。

【注意事项】（1）对青霉素耐药的细菌感染不宜应用。（2）对青霉素过敏的动物禁用。

【休药期】牛 14 d。

阿莫西林注射液 本品为微细颗粒的混悬液，静置后微细颗粒下沉，振摇后成均匀的类白色混悬液。

【作用与用途】β-内酰胺类抗生素。用于牛由阿莫西林敏感菌引起的革兰氏阳性菌和革兰氏阴性菌感染。

【用法与用量】以阿莫西林计。肌内注射：一次量，每 1 kg 体重，牛 15 mg。如需要可在 48 h 再注射一次。

【不良反应】本品给药后可能导致过敏现象，偶尔出现严重过敏反应（如过敏性休克）。

【注意事项】（1）对青霉素类过敏的动物禁用。（2）严重肾功能不全的患畜忌用。（3）使用前摇匀。（4）每个注射部位不超过 20 mL。

【休药期】牛 16 d；弃奶期 3 d。

阿莫西林克拉维酸钾注射液 本品为类白色至浅黄色的混悬液。

【作用与用途】β-内酰胺类抗生素。用于牛青霉素敏感菌引起的感染。

【用法与用量】以本品计。肌内或皮下注射：每 20 kg 体重，牛 1 mL。每日 1 次，连用 3~5 d。

【不良反应】注射该产品后可能会引起少数动物的疼痛和局部组织反应。

【注意事项】（1）使用前充分摇匀，注射后轻轻按摩注射部位。（2）进行此产品的注射操作时，避免接触到药物。对青霉素过敏者禁止接触本品。如接触到此产品并出现过敏症状（如皮疹，严重症状有脸部、眼睛或唇肿胀和呼吸困难）时，应该立刻找医生救助。（3）与其他青霉素类产品一样，本品不适用于家兔、豚鼠、仓鼠；在用于其他小的草食动物时，应慎用。(4) 使用完全干燥的针头和注射器，避免水滴污染瓶中剩余的药品。(5) 在首次使用后，剩余的药物应在28 d 内用完；过期未用完药品应弃掉，并按当地环保部门的规定进行。(6) 不要让儿童接触到此产品。

【休药期】 牛 42 d；弃奶期 60 h。

苯 唑 西 林

苯唑西林属 β-内酰胺类抗菌药，其抗菌谱比青霉素窄，但不易被青霉素酶水解，对耐青霉素的产酶金黄色葡萄球菌有效，对不产酶菌株和其他对青霉素敏感的革兰氏阳性菌的杀菌作用不如青霉素。肠球菌对本品耐药。

药物相互作用 (1) 与氨苄西林或庆大霉素合用可增强对细菌的抗菌活性。(2) 大环内酯类、四环素类和酰胺醇类等快效抑菌剂对青霉素类的杀菌活性有干扰作用，不宜合用。(3) 重金属离子（尤其是铜、锌、汞）、醇类、酸、碘、氧化剂、还原剂、羟基化合物，呈酸性的葡萄糖注射液或盐酸四环素注射液等可破坏青霉素的活性，属配伍禁忌。

注射用苯唑西林钠 本品为苯唑西林的无菌粉末，为白色粉末或结晶性粉末。

【作用与用途】 β-内酰胺类抗生素。主要用于败血症、肺炎、乳腺炎、烧伤创面感染等。

【用法与用量】 以苯唑西林计。肌内注射：一次量，每 1 kg 体重，牛 10~15 mg。每日 2~3 次，连用 2~3 d。

【不良反应】 主要的不良反应是过敏反应，但发生率较低。局部反应表现为注射部位水肿、疼痛，全身反应为荨麻疹、皮疹，严重者可引起休克或死亡。

【注意事项】 (1) 苯唑西林钠水溶液不稳定，易水解，水解率随温度升高而加速，因此注射液应在临用前配制；必需保存时，应置冰箱中（2~8℃），可保存 7 d，在室温只能保存 24 h。（2）大剂量注射可能出现高钠血症。对肾功能减退或心功能不全患畜会产生不良后果。

【休药期】牛 14 d；弃奶期 72 h。

头 孢 噻 呋

头孢菌素类抗生素。本品具有广谱杀菌作用，对革兰氏阳性菌和阴性菌（包括产内酰胺酶菌）均有效。敏感菌主要有多杀性巴氏杆菌、溶血性巴氏杆菌、胸膜肺炎放线杆菌、沙门氏菌、大肠埃希氏菌、链球菌、葡萄球菌、嗜血杆菌等，某些铜绿假单胞菌、肠球菌耐药。

盐酸头孢噻呋注射液 本品为微细颗粒的混悬液，静置后微细颗粒下沉，振摇后成均匀的乳白色混悬液。

【作用与用途】β-内酰胺类抗生素。用于治疗奶牛产后子宫炎。用于治疗由坏死性梭杆菌和产黑色素拟杆菌感染引起的奶牛腐蹄病。

【用法与用量】以头孢噻呋计。肌内注射或皮下注射：一次量，每 1 kg 体重，牛 2.2 mg，每日 1 次，连用 5 d。（进口标准）

以头孢噻呋计。肌内注射或皮下注射：一次量，每 1 kg 体重，牛 1.1~2.2 mg，每日 1 次，连用 3 d。（国内标准）

【不良反应】（1）极少数病畜对头孢噻呋过敏。（2）头孢噻呋有一定的肾毒性。（3）可能引起胃肠道菌群紊乱或二重感染。

【注意事项】（1）仅在兽医的指导下使用。（2）使用前充分摇匀。（3）不宜冷冻。（4）发生过敏反应的动物需及时注射肾上腺素进行解救。（5）头孢噻呋主要经肾排泄，肾功能不全病畜需酌情降低给药剂量。（6）置儿童无法触及处。（7）有青霉素和头孢菌素类药物过敏史的工作人员禁止接触本品。（8）每个注射位点的注射容量不超过

15.mL。

【休药期】牛 4 d；弃奶期 12 h。

头孢噻呋晶体注射液 本品为白色至灰褐色的混悬液。

【作用与用途】β-内酰胺类抗生素。用于治疗和预防溶血性巴氏杆菌、多杀性巴氏杆菌和睡眠嗜血杆菌感染引起的牛呼吸系统疾病（肺炎，运输热）。

【用法与用量】以头孢噻呋晶体计。近头部耳背面根部（耳根处）单次皮下注射：每 1 kg 体重，泌乳奶牛 6.6 mg；近头部耳背面根部（耳根处）或耳背长轴中部（指均分为三部分的中部）单次皮下注射：每 1 kg 体重，肉牛或非泌乳奶牛 6.6 mg。

【不良反应】可能会导致注射部位的局部肿胀。

【注意事项】(1) 使用前将药液摇匀。(2) 大部分的动物在 3～5 d 对治疗的药物起反应，如果动物的情况没有改善，需要考虑诊断的准确性。(3) 严禁用于对此药物过敏的动物。(4) 严禁将药物注入动脉，否则会很容易导致小牛的猝死。(5) 当皮下注射退针时，用手指压迫进针处，并且向耳根部方向轻轻按摩。

【休药期】牛 13 d；弃奶期 0 h。

注射用头孢噻呋 本品为头孢噻呋的无菌粉末。

【作用与用途】用于治疗由坏死性梭杆菌和产黑色素拟杆菌感染引起的奶牛腐蹄病。

【用法与用量】以头孢噻呋计。肌内注射或皮下注射：一次量，每 1 kg 体重，牛 1.1～2.2 mg，每日 1 次，连用 3 d。

【休药期】牛 4 d；弃奶期 12 h。

头 孢 喹 肟

头孢喹肟是动物专用的第四代头孢菌素类抗生素。通过抑制细胞壁的合成达到杀菌效果，具有广谱抗菌活性，对 β-内酰胺酶稳定。

体外抑菌试验表明常见的革兰氏阳性和革兰氏阴性菌对头孢喹肟敏感，包括大肠埃希氏菌、柠檬酸杆菌、克雷伯氏菌、巴氏杆菌、变形杆菌、沙门氏菌、黏质沙雷菌、牛嗜血杆菌、化脓放线菌、芽孢杆菌属的细菌、棒状杆菌、金黄色葡萄球菌、链球菌、类杆菌、梭状芽孢杆菌、梭杆菌属的细菌、普雷沃菌、放线杆菌和丹毒杆菌等。

硫酸头孢喹肟注射液 本品为类白色至浅褐色混悬液体；久置分层。

【作用与用途】β-内酰胺类抗生素。主要用于治疗大肠埃希氏菌引起的奶牛乳房炎。

【用法与用量】以头孢喹肟计。肌内注射：每 1 kg 体重，牛 1 mg，每日 1 次，连用 3 d。

【休药期】牛 5 d；弃奶期 1 d。

二、氨基糖苷类

氨基糖苷类是由链霉菌或小单孢菌产生或经半合成制得的一类水溶性的碱性抗生素，属杀菌性抗生素，对需氧革兰氏阴性杆菌作用强，对厌氧菌无效，对革兰氏阳性菌作用较弱，但金黄色葡萄球菌（包括耐药菌株）较敏感。对革兰氏阴性杆菌和阳性球菌存在明显的抗生素后效应。

链霉素/双氢链霉素

链霉素和双青链霉素属于氨基糖苷类抗生素，通过干扰细菌蛋白质合成过程，致使合成异常的蛋白质、阻碍已合成的蛋白质释放。链霉素对结核杆菌和多种革兰氏阴性杆菌，如大肠埃希氏菌、沙门氏菌、布鲁氏菌、巴氏杆菌、志贺氏痢疾杆菌、鼻疽杆菌等有抗菌作用。对金黄色葡萄球菌等多数革兰氏阳性球菌的作用差。链球菌、铜绿假单胞菌和厌氧菌对本品固有耐药。

药物相互作用 （1）与其他具有肾毒性、耳毒性和神经毒性的药物，如两性霉素、其他氨基糖苷类药物、多黏菌素 B 等联合应用时慎重。（2）与作用于髓袢的利尿药（呋塞米）或渗透性利尿药（甘露醇）合用，可使氨基糖苷类药物的耳毒性和肾毒性增强。（3）与全身麻醉药或神经肌肉阻断剂联合应用，可加强神经肌肉传导阻滞。（4）与青霉素类或头孢菌素类合用对铜绿假单胞菌和肠球菌有协同作用，对其他细菌可能有相加作用。

注射用硫酸链霉素 本品为硫酸链霉素的无菌粉末，为白色或类白色的粉末。

【作用与用途】氨基糖苷类抗生素。主要用于治疗敏感的革兰氏阴性菌和结核杆菌感染。

【用法与用量】以链霉素计。肌内注射：一次量，每 1 kg 体重，牛 10～15 mg。每日 2 次，连用 2～3 d。

【不良反应】（1）耳毒性。链霉素最常引起前庭损害，这种损害可随连续给药的药物积累而加重，并呈剂量依赖性。（2）剂量过大导致神经肌肉阻断作用。（3）长期应用可引起肾脏损害。

【注意事项】（1）链霉素与其他氨基糖苷类有交叉过敏现象，对氨基糖苷类过敏的患畜禁用。（2）患畜出现脱水（可致血药浓度增高）或肾功能损害时慎用。（3）用本品治疗泌尿道感染时，肉食动物和杂食动物可同时内服碳酸氢钠使尿液呈碱性，以增强药效。（4）Ca^{2+}、Mg^{2+}、Na^+、NH^{4+} 和 K^+ 等阳离子可抑制本类药物的抗菌活性。（5）与头孢菌素、右旋糖酐、强效利尿药（如呋塞米等）、红霉素等合用，可增强本类药物的耳毒性。（6）骨骼肌松弛药（如氯化琥珀胆碱等）或具有此种作用的药物可加强本类药物的神经肌肉阻滞作用。

【休药期】牛 18 d；弃奶期 72 h。

硫酸双氢链霉素注射液 本品为硫酸双氢链霉素的灭菌水溶液，

为无色或微带黄色的澄明液体。

【作用与用途】抗生素类药。用于革兰氏阴性菌和结核杆菌的感染。

【用法与用量】以双氢链霉素计。肌内注射：一次量，每 1 kg 体重，牛 10 mg。每日 2 次。

【不良反应】（1）双氢链霉素的耳毒性比较强，最常引起前庭损害，这种损害可随连续给药的药物积累而加重，并呈剂量依赖性。（2）神经肌肉阻断作用常由本品剂量过大导致。（3）长期应用可引起肾脏损害。

【注意事项】（1）双氢链霉素与其他氨基糖苷类有交叉过敏现象，对氨基糖苷类过敏的患畜禁用。（2）患畜出现脱水（可致血药浓度增高）或肾功能损害时慎用。（3）用本品治疗泌尿道感染时，肉食动物和杂食动物可同时内服碳酸氢钠使尿液呈碱性，以增强药效。

【休药期】牛 18 d；弃奶期 72 h。

注射用硫酸双氢链霉素 本品为硫酸双氢链霉素的无菌粉末，为白色或类白色粉末。

【作用与用途】【用法与用量】【不良反应】【注意事项】与【休药期】同硫酸双氢链霉素注射液。

卡 那 霉 素

卡那霉素属氨基糖苷类抗生素，其作用机制是干扰细菌蛋白质合成过程，致使合成异常的蛋白质、阻碍已合成的蛋白质释放。抗菌谱与链霉素相似，但作用稍强。对大多数革兰氏阴性杆菌如大肠埃希氏菌、变形杆菌、沙门氏菌和多杀性巴氏杆菌等有强大抗菌作用，对金黄色葡萄球菌和结核杆菌也较敏感。铜绿假单胞菌、革兰氏阳性菌（金黄色葡萄球菌除外）、立克次体、厌氧菌和真菌等对本品耐药。与链霉素相似，敏感菌对卡那霉素易产生耐药。与新霉素存在交叉耐药性，与链霉素存在单向交叉耐药性。大肠埃希氏菌及其他革兰氏阴性菌常出现获得性耐药。

药物相互作用 （1）与青霉素类或头孢菌素类合用有协同作用。（2）在碱性环境中抗菌作用增强，与碱性药物（如碳酸氢钠、氨茶碱等）合用可增强抗菌效力，但毒性也相应增强。当 pH 超过 8.4 时，抗菌作用反而减弱。（3）Ca^{2+}、Mg^{2+}、Na^+、NH_4^+ 和 K^+ 等阳离子可抑制本品的抗菌活性。（4）与头孢菌素、右旋糖酐、强效利尿药（如呋塞米等）、红霉素等合用，可增强本品的耳毒性。（5）骨骼肌松弛药（如氯化琥珀胆碱等）或具有此种作用的药物可加强本类药物的神经肌肉阻滞作用。

硫酸卡那霉素注射液 本品为硫酸卡那霉素的灭菌水溶液，为无色至微黄色或淡黄绿色的澄明液体。

【作用与用途】氨基糖苷类抗生素。用于治疗败血症及泌尿道、呼吸道感染。

【用法与用量】以卡那霉素计。肌内注射：一次量，每 1 kg 体重，牛 10～15 mg。每日 2 次，连用 3～5 d。

【不良反应】（1）卡那霉素与链霉素一样有耳毒性、肾毒性，而且其耳毒性比链霉素、庆大霉素更强。（2）神经肌肉阻断作用常由剂量过大导致。

【注意事项】（1）与其他氨基糖苷类有交叉过敏现象，对氨基糖苷类过敏患畜慎用。（2）患畜出现脱水或者肾功能损害时慎用。（3）治疗泌尿道感染时，同时内服碳酸氢钠可增强药效。（4）Ca^{2+}、Mg^{2+}、Na^+、NH_4^+、K^+ 等阳离子可抑制本品抗菌活性。（5）与头孢菌素、右旋糖酐、强效利尿药、红霉素等合用，可增强本品的耳毒性。（6）急性中毒时可用新斯的明等抗胆碱酯酶药、钙制剂（葡萄糖酸钙）颉颃其肌肉传导阻滞作用。

【休药期】28 d；弃奶期 7 d。

注射用硫酸卡那霉素 本品为硫酸卡那霉素的无菌粉末，为白色或类白色的粉末。

【作用与用途】【用法与用量】【不良反应】与【休药期】同硫酸卡那霉素注射液。

庆 大 霉 素

庆大霉素属氨基糖苷类抗生素，对多种革兰氏阴性菌（大肠埃希氏菌、克雷伯氏菌、变形杆菌、铜绿假单胞菌、巴氏杆菌、沙门氏菌等）和金黄色葡萄球菌（包括产 β-内酰胺酶菌株）均有抗菌作用。多数球菌（化脓链球菌、肺炎球菌、粪链球菌等）、厌氧菌（类杆菌属或梭状芽孢杆菌属）、结核杆菌、立克次体和真菌对本品耐药。

药物相互作用 （1）庆大霉素与四环素、红霉素等合用可能出现颉颃作用。（2）与头孢菌素、右旋糖酐、强效利尿药（如呋塞米等）、红霉素等合用，可增强本品的耳毒性。（3）骨骼肌松弛药（如氯化琥珀胆碱等）或具有此种作用的药物可加强本品的神经肌肉阻滞作用。

硫酸庆大霉素注射液 本品为硫酸庆大霉素的灭菌水溶液，为无色至微黄色或微黄绿色的澄明液体。

【作用与用途】氨基糖苷类抗生素。用于革兰氏阴性和阳性细菌感染。

【用法与用量】以庆大霉素计。肌内注射：一次量，每 1 kg 体重，牛 2～4 mg。每日 2 次，连用 2～3 d。

【不良反应】（1）耳毒性。常引起耳前庭损害，这种损害可随连续给药的药物积累而加重，并呈剂量依赖性。（2）偶见过敏反应。（3）大剂量可引起神经肌肉传导阻断。（4）可导致可逆性肾毒性。

【注意事项】（1）庆大霉素可与 β-内酰胺类抗生素联合治疗严重感染，但在体外混合存在配伍禁忌。（2）本品与青霉素联合，对链球菌具协同作用。（3）有呼吸抑制作用，不宜静脉推注。（4）与四环素、红霉素等合用可能出现颉颃作用。（5）与头孢菌素合用可能使肾毒性增强。

【休药期】 牛 40 d。

三、四环素类

四环素类是由链霉菌产生或经半合成制得的一类碱性广谱抗生素。金霉素、土霉素和四环素最早使用。后经结构改造，获得了多西环素（强力霉素）等半合成品。兽医临床上常用的有四环素、土霉素、金霉素和多西环素等。本类药物的抗菌活性强弱依次为多西环素＞金霉素＞四环素＞土霉素。

土　霉　素

土霉素属于四环素类广谱抗生素，对葡萄球菌、溶血性链球菌、炭疽杆菌、破伤风梭菌和梭状芽孢杆菌等革兰氏阳性菌作用较强，但不如 β-内酰胺类。对大肠埃希氏菌、沙门氏菌、布鲁氏菌和巴氏杆菌等革兰氏阴性菌较敏感，但不如氨基糖苷类和酰胺醇类抗生素。本品对立克次体、衣原体、支原体、螺旋体、放线菌和某些原虫也有抑制作用。

药物相互作用 （1）与强利尿药如呋噻米等同用可使肾功能损害加重。（2）属快速抑菌药，可干扰青霉素类对细菌繁殖期的杀菌作用，宜避免同用。（3）与钙盐、铁盐或含金属离子钙、镁、铝、铋、铁等的药物（包括中草药）同用时可形成不溶性络合物，减少药物的吸收。

土霉素注射液 本品为土霉素与 α-吡咯烷酮等制成的灭菌水溶液，为黄色至浅棕黄色澄明液体。

【作用与用途】 四环素类抗生素。用于某些革兰氏阳性和阴性细菌、立克次体、支原体等感染。

【用法与用量】以土霉素计。肌内注射：一次量，每 1 kg 体重，牛 10～20 mg。

【不良反应】（1）局部刺激作用。盐酸盐水溶液有较强的刺激性，肌内注射可引起注射部位疼痛、炎症和坏死。（2）肠道菌群紊乱。（3）影响牙齿和骨发育。四环素进入机体后与钙结合，随钙沉积于牙齿和骨骼中。还易透过胎盘和进入乳汁，因此孕畜、哺乳畜和小动物禁用。（4）肝、肾损害。对肝、肾细胞有毒效应。四环素类抗生素可引起多种动物的剂量依赖性肾脏机能改变。（5）抗代谢作用。四环素类药物可引起氮血症，而且可因类固醇类药物的存在而加剧，还可引起代谢性酸中毒及电解质失衡。

【注意事项】（1）本品应避光密闭，在凉暗的干燥处保存。忌日光照射。不用金属容器盛药。（2）患畜肝、肾功能严重损害时忌用。

【休药期】牛 28 d；弃奶期 7 d。

长效土霉素注射液　本品为琥珀色澄明液体；有特臭。

【作用与用途】抗生素类药。用于治疗敏感的革兰氏阳性菌和阴性菌、立克次体、支原体等引起的感染性疾病，如巴氏杆菌病、大肠埃希氏菌病、布鲁氏菌病、炭疽、沙门氏菌病等。

【用法与用量】以土霉素计。肌内注射：一次量，每 1 kg 体重，牛 10～20 mg。

【不良反应】在牙齿发育期间及怀孕后期使用可能会引起牙齿变色。

【注意事项】肝、肾功能严重不良的患畜忌用本品。

【休药期】牛 28 d；弃奶期 7 d。

土霉素片　本品为淡黄色片。

【作用与用途】四环素类抗生素。用于敏感的革兰氏阳性菌、革兰氏阴性菌和支原体等感染。

【用法与用量】以土霉素计。内服：一次量，每 1 kg 体重，犊 10～25 mg。每日 2～3 次，连用 3～5 d。

【不良反应】（1）局部刺激性，特别是空腹给药对消化道有一定刺激性。（2）肠道菌群紊乱。（3）影响牙齿和骨发育。进入机体后与钙结合，随钙沉积于牙齿和骨骼中。本类药物还易透过胎盘和进入乳汁，因此孕畜、哺乳畜和小动物禁用。（4）对肝、肾有一定的损害作用。偶尔可见致死性的肾中毒。

【注意事项】（1）肝、肾功能严重不良的患畜禁用本品。（2）孕畜、哺乳畜和小动物禁用。（3）成年反刍动物不宜内服。长期服用可诱发二重感染。（4）避免与乳制品和含钙量较高的饲料同服。

【休药期】牛 7 d；弃奶期 72 h。

注射用盐酸土霉素 本品为盐酸土霉素的无菌粉末，为黄色结晶性粉末。

【作用与用途】四环素类抗生素。用于治疗某些革兰氏阳性菌和革兰氏阴性菌、立克次体、支原体等引起的感染性疾病。

【用法与用量】以土霉素计。静脉注射：一次量，每 1 kg 体重，牛 5～10 mg。每日 2 次，连用 2～3 d。

【不良反应】（1）局部刺激作用。盐酸盐水溶液有较强的刺激性，静脉注射可引起静脉炎和血栓。静脉注射宜用稀溶液，缓慢滴注，以减轻局部反应。（2）肠道菌群紊乱。（3）肝、肾损害。对肝、肾细胞有毒效应，可引起多种动物的剂量依赖性肾脏机能改变。（4）可引起氮血症，而且可因类固醇类药物的存在而加剧，还可引起代谢性酸中毒及电解质失衡。

【注意事项】（1）泌乳期奶牛禁用。（2）肝、肾功能严重不良的患畜禁用。（3）静脉注射宜缓注；不宜肌内注射。

【休药期】牛 8 d；弃奶期 48 h。

四 环 素

四环素属于广谱抗生素，对葡萄球菌、溶血性链球菌、炭疽杆菌、破伤风梭菌和梭状芽孢杆菌等革兰氏阳性菌作用较强。对大肠埃希氏菌、沙门氏菌、布鲁氏菌和巴氏杆菌等革兰氏阴性菌较敏感，但不如氨基糖苷类和酰胺醇类抗生素。本品对立克次体、衣原体、支原体、螺旋体、放线菌和某些原虫也有抑制作用。

药物相互作用 （1）四环素与泰乐菌素等大环丙酯类合用呈协同作用。（2）与多黏菌素合用，由于增强细菌对本类药物的吸收而呈协同作用。（3）能与二、三价阳离子等形成复合物，因而当它们与钙、镁、铝等抗酸药、含铁的药物或牛奶等食物同服时会减少其吸收，造成血药浓度降低。（4）与碳酸氢钠同服时，碳酸氢钠可使胃液 pH 升高，溶解度降低，吸收率下降，肾小管重吸收减少，排泄加快。（5）与利尿药合用可使血尿素氮升高。

四环素片 本品为淡黄色片。

【作用与用途】抗生素类药。用于革兰氏阳性和阴性细菌、立克次体、支原体等感染。

【用法与用量】以四环素计。内服：一次量，每 1 kg 体重，牛 10～20 mg。每日 2～3 次。

【不良反应】（1）有局部刺激作用，内服后可引起呕吐。（2）引起肠道菌群紊乱，轻者出现维生素缺乏症，重者造成二重感染。（3）对牙齿和骨发育影响，四环素进入机体后与钙结合，随钙沉积于牙齿和骨骼中。（4）肝、肾损害，对肝、肾细胞有毒效应。过量四环素可致严重的肝损害，尤其患有肾衰竭的动物。（5）抗代谢作用，可引起氮血症；还可引起代谢性酸中毒及电解质失衡。

【注意事项】成年反刍动物不宜内服。

【休药期】牛 12 d。

注射用盐酸四环素 本品为盐酸四环素加适量的维生素 C 或柠檬酸作为稳定剂的无菌粉末，为黄色混有白色的结晶性粉末。

【作用与用途】四环素类抗生素。主要用于革兰氏阳性菌、阴性菌和支原体感染。

【用法与用量】以盐酸四环素计。静脉注射：一次量，每 1 kg 体重，牛 5～10 mg，每日 2 次，连用 2～3 d。

【不良反应】（1）本品的水溶液有较强的刺激性，静脉注射可引起静脉炎和血栓。（2）肠道菌群紊乱，长期应用可出现维生素缺乏症，重者造成二重感染。（3）影响牙齿和骨发育。四环素进入机体后与钙结合，随钙沉积于牙齿和骨骼中。（4）肝、肾损害。过量四环素可致严重的肝损害和剂量依赖性肾脏机能改变。（5）心血管效应。

【注意事项】易透过胎盘和进入乳汁，因此孕牛、哺乳牛禁用，泌乳牛、羊禁用。肝、肾功能严重不良的忌用本品。

【休药期】牛 8 d；弃奶期 48 h。

多 西 环 素

多西环素属四环素类广谱抗生素，具有广谱抑菌作用，敏感菌包括肺炎球菌、链球菌、部分葡萄球菌、炭疽杆菌、破伤风杆菌、棒状杆菌等革兰氏阳性菌以及大肠埃希氏菌、巴氏杆菌、沙门氏菌、布鲁氏菌和嗜血杆菌、克雷伯氏菌和鼻疽杆菌等革兰氏阴性菌。对立克次体、支原体（如猪肺炎支原体）、螺旋体等也有一定程度的抑制作用。

药物相互作用 （1）与碳酸氢钠同服，可升高胃内 pH，使本品的吸收减少及活性降低。（2）本能与二、三价阳离子等形成复合物，因而当它们与钙、镁、铝等抗酸药、含铁的药物或牛奶等食物同服时会减少其吸收，造成血药浓度降低。（3）与强利尿药如呋噻米等同用可使肾功能损害加重。（4）可干扰青霉素类对细菌繁殖期的杀菌作用，宜避免同用。

盐酸多西环素片 本品为淡黄色片。

【作用与用途】四环素类抗生素。用于革兰氏阳性菌、阴性菌和支原体等的感染。

【用法与用量】以多西环素计。内服：一次量，每 10 kg 体重，犊 3～5 mg。每日 1 次，连用 3～5 d。

【不良反应】（1）本品内服后可引起呕吐。（2）肠道菌群紊乱，长期应用可出现维生素缺乏症，重者造成二重感染。（3）过量应用会导致胃肠功能紊乱，如厌食、呕吐或腹泻等。

【注意事项】（1）孕牛、哺乳牛、泌乳期奶牛禁用。（2）肝、肾功能严重不良的患畜禁用本品。（3）成年反刍动物不宜内服。（4）避免与乳制品和含钙量较高的饲料同服。

【休药期】牛 28 d。

四、大环内酯类

大环内酯类是由链霉菌产生或半合成的一类弱碱性抗生素，具有 14～16 元环内酯结构。动物专用品种有泰乐菌素、替米考星、泰拉霉素等。大环内酯类抗生素的抗菌谱和抗菌活性基本相似，主要对多数革兰氏阳性菌、革兰氏阴性球菌、厌氧菌及军团菌、支原体、衣原体有良好作用。

红 霉 素

红霉素属大环内酯类抗菌药，对革兰氏阳性菌的作用与青霉素相似，但其抗菌谱较青霉素广，敏感的革兰氏阳性菌有金黄色葡萄球菌（包括耐青霉素金黄色葡萄球菌）、肺炎球菌、链球菌、炭疽杆菌、丹毒杆菌、李斯特菌、腐败梭菌、气肿疽梭菌等。敏感的革兰氏阴性菌有流感嗜血杆菌、脑膜炎双球菌、布鲁氏菌、巴氏杆菌等。此外，红霉素对弯曲杆菌、支原体、衣原体、立克次体及钩端螺旋体也有良好作用。常作为青霉素过敏动物的替代药物。红霉素与其他大环内酯类及林可霉素的交叉耐药性也较常见。

药物相互作用 红霉素与其他大环内酯类、林可胺类和氯霉素因作用靶点相同，不宜同时使用。与 β-内酰胺类合用表现为颉颃作用。与青霉素合用对马红球菌（Rhodococcus equi）有协同抑制作用。红霉素有抑制细胞色素氧化酶系统的作用，与某些药物合用时可能抑制其代谢。

注射用乳糖酸红霉素 本品为乳糖酸红霉素的白色或类白色无菌结晶、粉末或无菌冻干品粉末或疏松块状物。

【作用与用途】 大环内酯类抗生素。主要用于治疗耐青霉素葡萄球菌引起的感染性疾病，也可用于治疗其他革兰氏阳性菌及支原体感染。

【用法与用量】 以红霉素计。静脉注射：一次量，每 1 kg 体重，牛 3～5 mg。每日 2 次，连用 2～3 d。

临用前，先用灭菌注射用水溶解（不可用氯化钠注射液），然后用 5% 葡萄糖注射液稀释，浓度不超过 0.1%。

【注意事项】（1）本品局部刺激性较强，不宜作肌内注射。静脉注射的浓度过高或速度过快时，易发生局部疼痛和血栓性静脉炎，故静注速度应缓慢。（2）在 pH 过低的溶液中很快失效，注射溶液的 pH 应维持在 5.5 以上。

【休药期】 牛 14 d；弃奶期 72 h。

替 米 考 星

替米考星属动物专用半合成大环内酯类抗生素。对支原体较强，抗菌作用与泰乐菌素相似，敏感的革兰氏阳性菌有金黄色葡萄球菌（包括耐青霉素金黄色葡萄球菌）、肺炎球菌、链球菌、炭疽杆菌、丹毒杆菌、李斯特菌、腐败梭菌、气肿疽梭菌等。敏感的革兰氏阴性菌有嗜血杆菌、脑膜炎双球菌、巴氏杆菌等。对胸膜肺炎放线杆菌、巴氏杆菌及畜禽支原体的活性比泰乐菌素强。95% 的溶血性巴氏杆菌菌株对替米考星敏感。

药物相互作用 与其他大环内酯类和林可胺类作用靶点相同，不宜同时使用。与 β-内酰胺类合用表现为颉颃作用。

替米考星注射液 本品为替米考星与丙二醇等制成的灭菌溶液，为淡黄色至棕红色澄明液体。

【作用与用途】 大环内酯类抗生素。用于治疗胸膜肺炎放线杆菌、巴氏杆菌及支原体感染。

【用法与用量】 以替米考星计。皮下注射：每 1 kg 体重，牛 10 mg。仅注射 1 次。

【不良反应】 本品对动物的毒性作用主要是心血管系统，可引起心动过速和收缩力减弱。牛一次静脉注射 5 mg/kg 即致死。牛皮下注射 50 mg/kg 可引起心肌毒性，150 mg/kg 可致死。

【注意事项】 （1）泌乳期奶牛和牛犊禁用。（2）本品禁止静脉注射。（3）肌内和皮下注射均可出现局部反应（水肿等），避免与眼接触。（4）注射本品时应密切监测心血管状态。

【休药期】 牛 35 d。

泰 拉 霉 素

泰拉霉素属半合成的大环内脂类抗生素，通过与细菌核糖体 RNA 选择性地结合来抑制必需蛋白质的生物合成。在体外可有效抑制牛溶血性巴氏杆菌、多杀巴氏杆菌、睡眠嗜血杆菌和牛支原体。

药物相互作用 与其他大环内酯类和林可胺类作用靶点相同，不宜同时使用。

泰拉霉素注射液 本品为无色至微黄色澄明液体。

【作用与用途】 抗生素类药。治疗和预防对泰拉霉素敏感的溶血巴氏杆菌、多杀巴氏杆菌、睡眠嗜血杆菌和支原体引起的牛呼吸道疾病。

【用法与用量】皮下注射：一次量，每1 kg 体重，牛 2.5 mg。每个注射部位的给药剂量不超过 7.5 mL。

【不良反应】牛皮下注射本品时，常会引起注射部位出现短暂性的疼痛反应和局部肿胀。

【注意事项】（1）供生产乳品的泌乳期奶牛禁用。预计在 2 个月内分娩的可能生产乳品的怀孕母牛或小母牛禁用本品。（2）建议在疾病的早期进行治疗，在给药后 48 h 内评价治疗效果。如果呼吸道疾病的症状仍然存在或增加，或出现复发，应改变治疗方案。（3）泰拉霉素对眼睛有刺激性，如果眼睛以外接触到本品，请立即用清水冲洗。

【休药期】牛 49 d。

五、酰胺醇类

酰胺醇类又称氯霉素类抗生素，包括氯霉素、甲砜霉素、氟苯尼考等，属广谱抗生素。氯霉素是第一次可用人工全合成的抗生素。氟苯尼考为动物专用抗生素。本类药物属广谱抑菌剂，对革兰氏阴性菌的作用较革兰氏阳性菌强，对肠杆菌尤其伤寒、副伤寒杆菌高度敏感。高浓度时对本品高度敏感的细菌可呈杀菌作用。

甲 砜 霉 素

甲砜霉素属酰胺醇类抗菌药，具有广谱抗菌作用，对革兰氏阴性菌的作用较革兰氏阳性菌强，多数肠杆菌科细菌，包括伤寒杆菌、副伤寒杆菌、大肠埃希氏菌、沙门氏菌对其高度敏感，敏感的革兰氏阴性菌还有巴氏杆菌、布鲁氏菌等。敏感的革兰氏阳性菌有炭疽杆菌、链球菌、棒状杆菌、肺炎球菌、葡萄球菌等。衣原体、钩端螺旋体、立克次体也对本品敏感。甲砜霉素对厌氧菌如破伤风梭菌、放线菌等也有相当作用。但结核杆菌、铜绿假单胞菌、真菌对其不敏感。

药物相互作用 （1）大环内酯类、林可胺类与甲砜霉素的作用靶点相同，均是与细菌核糖体 50S 亚基结合，合用时可产生颉颃作用。（2）与 β-内酰胺类合用时，由于甲砜霉素的快速抑菌作用，可产生颉颃作用。（3）对肝微粒体药物代谢酶有抑制作用，可影响其他药物的代谢，提高血药浓度，增强药效或毒性，如可显著延长戊巴比妥钠的麻醉时间。

甲砜霉素片 本品为白色片。

【作用与用途】 β-内酰胺类抗生素。主要用于革兰氏阳性菌感染，亦用于放线菌及钩端螺旋体等的感染。

【用法与用量】以甲砜霉素计。内服：一次量，每 10 kg 体重，牛 5～10 mg。每日 2 次，连用 2～3 d。

【不良反应】（1）本品有血液系统毒性，虽然不会引起再生障碍性贫血，但其引起的可逆性红细胞生成抑制却比氯霉素更常见。（2）本品有较强的免疫抑制作用，约比氯霉素强 6 倍。（3）长期内服可引起消化机能紊乱，出现维生素缺乏或二重感染症状。（4）有胚胎毒性。（5）对肝微粒体药物代谢酶有抑制作用，可影响其他药物的代谢，提高血药浓度，增强药效或毒性，如可显著延长戊巴比妥钠的麻醉时间。

【注意事项】（1）疫苗接种期或免疫功能严重缺损的动物禁用。（2）妊娠期及哺乳期动物慎用。（3）肾功能不全患畜要减量或延长给药间隔时间。

【休药期】牛 28 d；弃奶期 7 d。

甲砜霉素粉 本品为白色粉末。

【作用与用途】【用法与用量】【不良反应】【注意事项】与【休药期】同甲砜霉素片。

氟 苯 尼 考

抗菌谱与抗菌活性略优于甲砜霉素，对多种革兰氏阳性菌、革兰氏阴性菌及支原体等有较强的抗菌活性。溶血性巴氏杆菌、多杀巴氏杆菌对本品高度敏感，对链球菌、耐甲砜霉素的痢疾志贺氏菌、伤寒沙门氏菌、克雷伯氏菌、大肠埃希氏菌及耐氨苄西林流感嗜血杆菌均敏感。

主要用于牛细菌性疾病，如巴氏杆菌、嗜血杆菌引起的牛呼吸道疾病、牛感染性角膜结膜炎等。

药物相互作用 参见甲砜霉素。

氟苯尼考子宫注入剂

【作用与用途】 酰胺醇类抗生素。用于敏感菌所致的牛子宫内膜炎。

【用法与用量】 以氟苯尼考计。子宫内灌注：一次量，牛 2 g。每3日 1 次，连用 2~4 次。

【不良反应】 过量使用可能引起牛短暂的厌食、饮水减少和腹泻，停药后几日即可恢复。其他参考甲砜霉素片。

【注意事项】 同甲砜霉素片。

【休药期】 牛 28 d。

六、多肽类

多肽类抗生素是一类具有多肽结构的化学物质。兽医临床及动物生产中常用的药物包括杆菌肽、黏菌素、维吉尼霉素、恩拉霉素和那西肽等。

黏 菌 素

黏菌素属多肽类，是一种碱性阳离子表面活性剂，通过与细菌细胞膜内的磷脂相互作用，渗入细菌细胞膜内，破坏其结构，进而引起膜通透性发生变化，导致细菌死亡，产生杀菌作用。黏菌素对需氧菌、大肠埃希氏菌、嗜血杆菌、克雷伯氏菌、巴氏杆菌、铜绿假单胞菌、沙门氏菌、志贺氏菌等革兰氏阴性菌有较强的抗菌作用。革兰氏阳性菌通常不敏感。与多黏菌素 B 之间有完全交叉耐药性，但与其他抗菌药物之间无交叉耐药性。

药物相互作用 （1）与杆菌肽锌 1∶5 配合有协同作用。（2）与肌松药和氨基糖苷类等神经肌肉阻滞剂合用可能引起肌无力和呼吸暂停。（3）与螯合剂（EDTA）和阳离子清洁剂对铜绿假单胞菌有协同作用，常联合用于局部感染的治疗。（4）与可能损伤肾功能的药物合用，可增强其肾毒性。

硫酸黏菌素预混剂

【作用与用途】 多肽类抗生素。主要用于治疗敏感革兰氏阴性菌引起的牛肠道感染。

【用法与用量】 以黏菌素计。混饲：每 1 000 kg 饲料，牛 75～100 g。连用 3～5 d。

【不良反应】 黏菌素类在内服或局部给药时动物能很好耐受，全身应用可引起肾毒性、神经毒性和神经肌肉阻断效应，黏菌素的毒性比多黏菌素 B 小。

【注意事项】 超剂量使用可能引起肾功能损伤。本品经口给药吸收极少，不宜用作全身感染性疾病的治疗。

【休药期】 7 d。

硫酸黏菌素预混剂（发酵）

【作用与用途】【用法与用量】【不良反应】【注意事项】 与 **【休药期】** 同硫酸黏菌素预混剂。

杆 菌 肽 锌

杆菌肽为多肽类抗生素，其抗菌作用机理与青霉素相似，主要抑制细菌细胞壁合成。此外，杆菌肽又与敏感细菌细胞膜结合，损害细菌细胞膜的完整性，导致营养物质与离子外流。杆菌肽锌的抗菌作用机理具有特殊性，因而不与其他抗菌药物产生交叉耐药性。细菌对杆菌肽锌产生耐药性缓慢，产生获得性耐药菌也较少，但金黄葡萄球菌较其他菌易产生耐药性。

药物相互作用 本品与青霉素、链霉素、新霉素、黏菌素等合用有协同作用。

杆菌肽锌预混剂

【作用与用途】 多肽类抗生素。用于促进畜禽生长。

【用法与用量】 以杆菌肽计。混饲：每 1 000 kg 饲料，犊 3 月龄以下 10～100 g，3～6 月龄 4～40 g。

【注意事项】 不宜用于成年动物。

【休药期】 0 d。

七、磺胺类

磺胺类药物具有抗菌谱广、可内服、吸收较快、性质稳定、使用方便等优点。但同时也有抗菌作用较弱、不良反应较多、细菌易产生耐药性、用量大和疗程偏长等缺陷。在发现了甲氧苄啶和二甲氧苄啶等抗菌增效剂后，把磺胺药和抗菌增效剂合用，使抗菌活性大大增强，因此，磺胺类药至今仍为畜禽抗感染治疗中的重要药物之一。

磺胺类药物在使用过程中，因剂量和疗程不足等原因，使细菌对此类药易产生耐药性，尤以葡萄球菌最易产生，大肠埃希氏菌、链球菌等次之。细菌对一种磺胺药产生耐药性后，对其他的磺胺类药也可产生不同程度的交叉耐药性。

磺 胺 嘧 啶

磺胺嘧啶属广谱抗菌药，通过与对氨基苯甲酸竞争二氢叶酸合成酶，从而阻碍敏感菌叶酸的合成而发挥抑菌作用。对磺胺嘧啶较敏感的病原菌有：链球菌、肺炎球菌、沙门氏菌、化脓棒状杆菌、大肠埃希氏菌等；一般敏感的有：葡萄球菌、变形杆菌、巴氏杆菌、产气荚膜杆菌、肺炎杆菌、炭疽杆菌、铜绿假单胞菌等。因剂量和疗程不足等原因，细菌易对磺胺嘧啶产生耐药性，尤以葡萄球菌最易产生，大肠埃希氏菌、链球菌等次之。

药物相互作用 （1）磺胺嘧啶与苄氨嘧啶类（如 TMP）合用，可产生协同作用。（2）某些含对氨基苯酰基的药物如普鲁卡因、丁卡因等在体内可生成对氨基苯甲酸，酵母片中也含有细菌代谢所需要的对氨基苯甲酸，合用可降低本品作用。（3）与噻嗪类或速尿等利尿剂同用，可加重肾毒性。

磺胺嘧啶片 本品为白色至微黄色片；遇光色渐变深。

【作用与用途】磺胺类抗菌药。用于奶牛敏感菌感染，也可用于弓形虫感染。

【用法与用量】以磺胺嘧啶计。内服：一次量，每 1 kg 体重，奶牛首次量 0.14～0.2 g，维持量 0.07～0.1 g。每日 2 次，连用 3～5 d。

【不良反应】磺胺嘧啶或其代谢物可在尿液中产生沉淀，在高剂量给药或低剂量长期给药时更易产生结晶，引起结晶尿、血尿或肾小管堵塞。

【注意事项】（1）易在泌尿道中析出结晶，用药期间应给患畜大量饮水。大剂量、长期应用时宜同时给予等量的碳酸氢钠。（2）肾功能受损时，排泄缓慢，应慎用。（3）可引起肠道菌群失调，长期用药可引起 B 族维生素和维生素 K 的合成和吸收减少，宜补充相应的维生素。（4）在家畜出现过敏反应时，立即停药并给予对症治疗。

【休药期】牛 28 d；弃奶期 7 d。

磺胺嘧啶钠注射液 本品为磺胺嘧啶钠的灭菌水溶液，无色至微黄色，遇光易变质。

【作用与用途】磺胺类抗菌药。用于奶牛敏感菌感染，也可用于弓形虫感染。

【用法与用量】以磺胺嘧啶钠计。静脉注射：一次量，每 1 kg 体重，奶牛 50～100 mg。每日 1～2 次，连用 2～3 d。

【不良反应】（1）磺胺嘧啶或其代谢物可在尿液中产生沉淀，在高剂量给药或低剂量长期给药时更易产生结晶，引起结晶尿、血尿或肾小管堵塞。（2）急性中毒：多发生于静脉注射时，速度过快或剂量过大。主要表现为神经兴奋、共济失调、肌无力、呕吐、昏迷、厌食和腹泻等。还可见到视觉障碍、散瞳。

【注意事项】（1）本品遇酸类可析出结晶，故不宜用 5% 葡萄糖液稀释。（2）长期或大剂量应用易引起结晶尿，用药期间应同时应用碳酸氢钠，并给患畜大量饮水。（3）若出现过敏反应或其他严重不良反应时，立即停药，并给予对症治疗。（4）不可与四环素、卡那霉素、林可霉素等混合注射使用。

【休药期】牛 10 d；弃奶期 3 d。

复方磺胺嘧啶钠注射液 本品为无色至微黄色的澄明液体。

【作用与用途】磺胺类抗菌药。用于奶牛敏感菌感染，也可用于弓形虫感染。

【用法与用量】肌内注射：一次量，每 1 kg 体重，奶牛 0.2～0.3 mL。每日 1～2 次，连用 2～3 d。

【不良反应】急性反应如过敏反应，慢性反应表现为粒细胞减少、血小板减少、肝脏损害、肾脏损害及中枢神经毒性反应。易在尿中沉积，长期或大剂量应用易引起结晶尿。

【注意事项】同磺胺嘧啶钠注射液。

【休药期】牛 12 d；弃奶期 48 h。

磺胺嘧啶银 磺胺嘧啶银属广谱抑菌剂，对大多数革兰氏阳性菌和部分革兰氏阴性菌有效。

【作用与用途】磺胺类抗菌药。局部用于烧伤创面。

【用法与用量】外用：撒布于创面或配成 2% 混悬液湿敷。

【不良反应】局部应用时有一过性疼痛，无其他不良反应。

【注意事项】局部应用本品前，要清创排脓，因为在脓液和坏死组织中含有大量的对氨基苯甲酸，可减弱磺胺嘧啶的作用。

【休药期】无需制定。

磺 胺 噻 唑

磺胺噻唑属广谱抑菌剂，对大多数革兰氏阳性菌和部分革兰氏阴性菌有效。对磺胺噻唑较敏感的病原菌有：链球菌、肺炎球菌、沙门氏菌、化脓棒状杆菌、大肠埃希氏菌等；一般敏感的有：葡萄球菌、变形杆菌、巴氏杆菌、产气荚膜杆菌、肺炎杆菌、炭疽杆菌、铜绿假单胞菌等。

磺胺噻唑在使用过程中，因剂量和疗程不足等原因，使细菌易产生耐药性，尤以葡萄球菌最易产生，大肠埃希氏菌、链球菌等次之。细菌对磺胺噻唑产生耐药性后，对其他的磺胺类药也可产生不同程度的交叉耐药性，但与其他抗菌药之间无交叉耐药现象。

药物相互作用 （1）磺胺噻唑与苄氨嘧啶类（如 TMP）合用，可产生协同作用。（2）某些含对氨基苯甲酰基的药物如普鲁卡因、丁卡因等在体内可生成对氨基苯甲酸，酵母片中也含有细菌代谢所需要的对氨基苯甲酸，合用可降低本品作用。（3）与噻嗪类或速尿等利尿剂同用，可加重肾毒性。

磺胺噻唑片 本品为白色至微黄色片；遇光色渐变深。

【作用与用途】磺胺类抗菌药。用于敏感菌感染。

【用法与用量】以磺胺噻唑计。内服：一次量，每 1 kg 体重，奶牛首次量 0.14～0.2 g，维持量 0.07～0.1 g。每日 1～2 次，连用 2～3 d。

【不良反应】（1）泌尿系统损伤，出现结晶尿、血尿和蛋白尿等。（2）抑制胃肠道菌群，导致消化系统障碍和草食动物的多发性肠炎等。（3）造血机能破坏，出现溶血性贫血、凝血时间延长和毛细血管渗血。（4）幼畜免疫系统抑制、免疫器官出血及萎缩。

【注意事项】磺胺噻唑及其代谢产物乙酰磺胺噻唑的水溶性比原药低，排泄时易在肾小管析出结晶（尤其在酸性尿中），因此应与适量碳酸氢钠同服。

【休药期】牛 28 d；弃奶期 7 d。

磺胺噻唑钠注射液　本品为磺胺噻唑钠的灭菌水溶液，无色至淡黄色，遇光色渐变深。

【作用与用途】磺胺类抗菌药。用于敏感菌感染。

【用法与用量】以磺胺噻唑计。静脉注射：一次量，每 1 kg 体重，奶牛 0.05～0.1 g。每日 1～2 次，连用 2～3 d。

【不良反应】表现为急性和慢性中毒两类。

（1）急性中毒：多发生于静脉注射其钠盐时，速度过快或剂量过大。主要表现为神经兴奋、共济失调、肌无力、呕吐、昏迷、厌食和腹泻等。可见到视觉障碍、散瞳。（2）慢性中毒：主要由于剂量偏大、用药时间过长而引起。主要症状为：①泌尿系统损伤，出现结晶尿、血尿和蛋白尿等；②抑制胃肠道菌群，导致消化系统障碍和草食动物的多发性肠炎等；③造血机能破坏，出现溶血性贫血、凝血时间延长和毛细血管渗血；④幼畜免疫系统抑制、免疫器官出血及萎缩。

【注意事项】（1）本品遇酸类可析出结晶，故不宜用 5％葡萄糖液稀释。（2）长期或大剂量应用易引起结晶尿，应同时应用碳酸氢钠，并给患畜大量饮水。（3）若出现过敏反应或其他严重不良反应时，立即停药，并给予对症治疗。

【休药期】牛 28 d；弃奶期 7 d。

磺胺二甲嘧啶

磺胺二甲嘧啶对革兰氏阳性菌和阴性菌如化脓性链球菌、沙门氏菌和肺炎杆菌等均有良好的抗菌作用。抗菌作用较磺胺嘧啶稍弱，但对球虫和弓形虫有良好的抑制作用。

药物相互作用 （1）与苄氨嘧啶类（如 TMP）合用，可产生协同作用。（2）某些含对氨基苯甲酰基的药物如普鲁卡因、丁卡因等在体内可生成对氨基苯甲酸，酵母片中也含有细菌代谢所需要的对氨基苯甲酸，合用可降低本品作用，因此不宜合用。（3）与噻嗪类或速尿等利尿剂同用，可加重肾毒性。

磺胺二甲嘧啶片 本品为白色至微黄色片。

【作用与用途】 磺胺类抗菌药。用于敏感菌感染，也可用于球虫和弓形虫感染。

【用法与用量】 以磺胺二甲嘧啶计。内服：一次量，每 1 kg 体重，奶牛首次量 0.14～0.2 g，维持量 0.07～0.1 g。每日 1～2 次，连用 3～5 d。

【不良反应】 磺胺或其代谢物可在尿液中产生沉淀，在高剂量和长期给药时更易产生结晶，引起结晶尿、血尿或肾小管堵塞。

【注意事项】 （1）易在泌尿道中析出结晶，应给患畜大量饮水。大剂量、长期应用时宜同时给予等量的碳酸氢钠。（2）肾功能受损时，排泄缓慢，应慎用。（3）可引起肠道菌群失调，长期用药可引起 B 族维生素和维生素 K 的合成和吸收减少，宜补充相应的维生素。（4）在出现过敏反应时，立即停药并给予对症治疗。

【休药期】 牛 10 d；弃奶期 7 d。

磺胺二甲嘧啶钠注射液 本品为磺胺二甲嘧啶钠的灭菌水溶液；本品为无色至微黄色的澄明液体；遇光易变质。

【作用与用途】 磺胺类抗菌药。用于敏感菌感染，也可用于球虫和弓形虫感染。

【用法与用量】以磺胺二甲嘧啶计。静脉注射：一次量，每 1 kg 体重，奶牛 50～100 mg。每日 1～2 次，连用 2～3 d。

【不良反应】（1）磺胺或其代谢物可在尿液中产生沉淀，在高剂量和长期给药时更易产生结晶，引起结晶尿、血尿或肾小管堵塞。（2）本品为强碱性溶液，对组织有强刺激性。

【注意事项】（1）应用磺胺药期间应给患畜大量饮水，以防结晶尿的发生，必要时亦可加服碳酸氢钠等碱性药物。（2）肾功能受损时，排泄缓慢，应慎用。（3）本品遇酸类可析出结晶，故不宜用 5% 葡萄糖液稀释。（4）注意交叉过敏反应。若出现过敏反应或其他严重不良反应时，立即停药，并给予对症治疗。

【休药期】牛 28 d；弃奶期 7 d。

磺胺甲噁唑

磺胺甲噁唑对革兰氏阳性菌和阴性菌如化脓性链球菌、沙门氏菌和肺炎杆菌等均有良好的抗菌作用。抗菌作用较磺胺嘧啶稍弱，但对球虫和弓形虫有良好的抑制作用。

药物相互作用 （1）与苄氨嘧啶类（如 TMP）合用，可产生协同作用。（2）对氨基苯甲酰基的药物如普鲁卡因、丁卡因等在体内可生成对氨基苯甲酸，酵母片中也含有细菌代谢所需要的对氨基苯甲酸，合用可降低本品作用，因此不宜合用。（3）与噻嗪类或速尿等利尿剂同用，可加重肾毒性。（4）与口服抗凝药、苯妥英钠、硫喷妥钠等药物合用时，磺胺药物可置换这些药物与血浆蛋白结合，或抑制其代谢，使药物的作用增强甚至产生毒性反应，因此需调整其剂量。（5）具有肝毒性药物与磺胺药物合用时，可能引起肝毒性发生率增高。故应监测肝功能。

磺胺甲噁唑片 本品为白色片。

【作用与用途】磺胺类抗菌药。用于敏感菌引起的奶牛呼吸道、泌尿道等感染。

【用法与用量】以磺胺甲噁唑计。内服：一次量，每 1 kg 体重，奶牛首次量 50～100 mg，维持量 25～50 mg。每日 2 次，连用 3～5 d。

【不良反应】磺胺或其代谢物可在尿液中产生沉淀，在高剂量和长期给药时更易产生结晶，引起结晶尿、血尿或肾小管堵塞。

【注意事项】（1）易在泌尿道中析出结晶，应给患畜大量饮水。大剂量、长期应用时宜同时给予等量的碳酸氢钠。（2）肾功能受损时，排泄缓慢，应慎用。（3）可引起肠道菌群失调，长期用药可引起 B 族维生素和维生素 K 的合成和吸收减少，宜补充相应的维生素。（4）注意交叉过敏反应。在出现过敏反应时，立即停药并给予对症治疗。

【休药期】牛 28 d；弃奶期 7 d。

复方磺胺甲噁唑片 本品为白色片。

【作用与用途】磺胺类抗菌药。能双重阻断细菌叶酸代谢，增强抗菌效力。用于敏感菌引起的奶牛呼吸道、泌尿道等感染。

【用法与用量】以磺胺甲噁唑计。内服：一次量，每 1 kg 体重，奶牛首次量 50～100 mg，维持量 25～50 mg。每日 2 次，连用 3～5 d。

【不良反应】【注意事项】同磺胺甲噁唑片。

【休药期】牛 28 d；弃奶期 7 d。

复方磺胺甲噁唑粉 本品为白色或类白色粉末。

【作用与用途】磺胺类抗菌药。用于敏感菌引起的奶牛呼吸道、泌尿道等感染。

【用法与用量】以磺胺甲噁唑计。内服：一次量，每 1 kg 体重，奶牛 20～25 mg。每日 2 次，连用 3～5 d。

【不良反应】【注意事项】同磺胺甲噁唑片。

【休药期】牛 28 d；弃奶期 7 d。

复方磺胺甲噁唑注射液 本品为磺胺甲噁唑与甲氧苄啶的灭菌水溶液。为无色至微黄色澄明液体。

【作用与用途】磺胺类抗菌药。用于敏感菌引起的奶牛呼吸道、消化道、泌尿道等感染。

【用法与用量】以磺胺甲噁唑计。肌内注射：一次量，每 1 kg 体重，奶牛 20～25 mg。每日 2 次。

【不良反应】【注意事项】同磺胺甲噁唑片。

【休药期】牛 28 d；弃奶期 7 d。

磺胺对甲氧嘧啶

磺胺对甲氧嘧啶对革兰氏阳性菌和阴性菌如化脓性链球菌、沙门氏菌和肺炎杆菌等均有良好的抗菌作用。抗菌作用较磺胺嘧啶稍弱，但对球虫和弓形虫有良好的抑制作用。

药物相互作用 （1）与苄氨嘧啶类（如 TMP）合用，可产生协同作用。（2）某些含对氨基苯甲酰基的药物如普鲁卡因、丁卡因等在体内可生成对氨基苯甲酸，酵母片中也含有细菌代谢所需要的对氨基苯甲酸，合用可降低本品作用，因此不宜合用。（3）与噻嗪类或速尿等利尿剂同用，可加重肾毒性。

磺胺对甲氧嘧啶二甲氧苄啶片 本品为白色片。

【作用与用途】磺胺类抗菌药。用于奶牛肠道细菌感染，也可用于其他细菌性疾病。

【用法与用量】以磺胺对甲氧嘧啶计。内服：一次量，每 1 kg 体重，奶牛 25～50 mg。每日 2 次，连用 3～5 d。

【不良反应】磺胺对甲氧嘧啶或其代谢物可在尿液中产生沉淀，在高剂量和长期给药时更易产生结晶，引起结晶尿、血尿或肾小管堵塞。

【注意事项】（1）易在泌尿道中析出结晶，应给患畜大量饮水。大剂量、长期应用时宜同时给予等量的碳酸氢钠。（2）肾功能受损时，排泄缓慢，应慎用。（3）可引起肠道菌群失调，长期用药可引起 B 族维生素和维生素 K 的合成和吸收减少，宜补充相应的维生素。（4）注意交叉过敏反应。在出现过敏反应时，立即停药并给予对症治疗。

【休药期】28 d；弃奶期 7 d。

复方磺胺对甲氧嘧啶片 本品为白色片。

【作用与用途】磺胺类抗菌药。能双重阻断细菌叶酸代谢，增强抗菌效力。主用于敏感菌引起的泌尿道、呼吸道及皮肤软组织等感染。

【用法与用量】以磺胺对甲氧嘧啶计。内服：一次量，每 1 kg 体重，奶牛 20～25 mg。每日 2～3 次，连用 3～5 d。

【不良反应】【注意事项】同磺胺对甲氧嘧啶二甲氧苄啶片。

【休药期】牛 28 d；弃奶期 7 d。

复方磺胺对甲氧嘧啶粉 本品为白色或类白色粉末。

【作用与用途】磺胺类抗菌药。主用于敏感菌引起的泌尿道、呼吸道及皮肤软组织等感染，也可用于胃肠道感染和球虫病。

【用法与用量】以磺胺对甲氧嘧啶计。内服：一次量，每 1 kg 体重，奶牛 25～50 mg。每日 2 次，连用 3～5 d。

【不良反应】【注意事项】同磺胺对甲氧嘧啶二甲氧苄啶片。

【休药期】牛 28 d；弃奶期 7 d。

复方磺胺对甲氧嘧啶钠注射液 本品为磺胺对甲氧嘧啶加氢氧化钠适量和甲氧苄啶制成的灭菌水溶液。本品为无色至微黄色的澄明液体。

【作用与用途】磺胺类抗菌药。能双重阻断细菌叶酸代谢，增强抗菌效力。主用于敏感菌引起的泌尿道、呼吸道及皮肤软组织等感染。

【用法与用量】以磺胺对甲氧嘧啶计。肌内注射：一次量，每1 kg体重，奶牛15~20 mg。每日1~2次，连用2~3 d。

【不良反应】同磺胺对甲氧嘧啶二甲氧苄啶片。

【注意事项】（1）本品遇酸类可析出结晶，故不宜用5%葡萄糖液稀释。（2）长期或大剂量应用易引起结晶尿，应同时应用碳酸氢钠，并给患畜大量饮水。（3）若出现过敏反应或其他严重不良反应时，立即停药，并给予对症治疗。

【休药期】牛28 d；弃奶期7 d。

磺胺间甲氧嘧啶

磺胺间甲氧嘧啶属于广谱抗菌药物，是体内外抗菌活性最强的磺胺药，对大多数革兰氏阳性菌和阴性菌都有较强抑制作用，细菌对此药产生耐药性较慢。对革兰氏阳性菌和阴性菌如化脓性链球菌、沙门氏菌和肺炎杆菌等均有良好的抗菌作用。

药物相互作用（1）与苄氨嘧啶类（如 TMP）合用，可产生协同作用。（2）某些含对氨基苯甲酰基的药物如普鲁卡因、丁卡因等在体内可生成对氨基苯甲酸，酵母片中也含有细菌代谢所需要的对氨基苯甲酸，合用可降低本品作用，因此不宜合用。（3）与噻嗪类或速尿等利尿剂同用，可加重肾毒性。

磺胺间甲氧嘧啶钠注射液本品为磺胺间甲氧嘧啶钠的灭菌水溶液。本品为无色至淡黄色澄明液体。

【作用与用途】磺胺类抗菌药。主要用于敏感菌感染。

【用法与用量】以磺胺间甲氧嘧啶计。静脉注射：一次量，每1 kg 体重，奶牛50 mg。每日1~2次，连用2~3 d。

【不良反应】（1）磺胺及其代谢物可在尿液中产生沉淀，在高剂量给药或低剂量长期给药时更易产生结晶，引起结晶尿、血尿或肾小管堵塞。（2）磺胺注射液为强碱性溶液，对组织有强刺激性。

【注意事项】（1）本品遇酸类可析出结晶，故不宜用5%葡萄糖液稀释。（2）长期或大剂量应用易引起结晶尿，应同时应用碳酸氢钠，并给患畜大量饮水。（3）若出现过敏反应或其他严重不良反应时，立即停药，并给予对症治疗。

【休药期】牛28 d；弃奶期7 d。

八、喹诺酮类

喹诺酮类药物是人工合成的具有4-喹诺酮环基本结构的静止期杀菌性抗菌药物，为兽医临床常用的一类抗菌药物，在感染性疾病的治疗中发挥了非常重要的作用。喹诺酮类药物可广泛用于小动物、禽类、家畜，治疗细菌、支原体引起的消化、呼吸、泌尿、生殖等系统和皮肤软组织的感染性疾病。

环 丙 沙 星

环丙沙星属于杀菌性广谱抗菌药物。对大肠埃希氏菌、沙门氏菌、克雷伯氏菌、布鲁氏菌、巴氏杆菌、胸膜肺炎放线杆菌、丹毒杆菌、变形杆菌、黏质沙雷氏菌、化脓性棒状杆菌、败血波特氏菌、金黄色葡萄球菌、支原体、衣原体等均有良好作用，对铜绿假单胞菌和链球菌的作用较弱，对厌氧菌作用微弱。对敏感菌有明显的抗菌后效应。抗菌机制是作用于细菌细胞的 DNA 旋转酶，干扰细菌 DNA 的复制、转录和修复重组，细菌不能正常生长繁殖而死亡。

药物相互作用（1）与氨基糖苷类或广谱青霉素合用，有协同作用。（2）Ca^{2+}、Mg^{2+}、Fe^{3+} 和 Al^{3+} 等金属离子可与本品发生螯合，影响吸收。（3）与茶碱、咖啡因合用时，由于蛋白结合率改变，血浆蛋白结合率降低，血中茶碱、咖啡因的浓度异常升高，甚至出现茶碱中毒症状。（4）有抑制肝药酶作用，可使主要在肝脏中代谢的药物的清除率降低，血药浓度升高。（5）与丙磺舒合用可因竞争同一转运载体而抑制了其在肾小管的排泄，半衰期延长。

盐酸环丙沙星注射液　本品为盐酸环丙沙星与葡萄糖的灭菌水溶液；本品为微黄绿色澄明液体。

【作用与用途】氟喹诺酮类抗菌药。用于细菌和支原体感染。

【用法与用量】以环丙沙星计。静脉注射或肌内注射：一次量，每 1 kg 体重，奶牛 2.5～5 mg。每日 2 次，连用 3 d。

【不良反应】（1）使幼龄动物软骨发生变性，影响骨骼发育并引起跛行及疼痛。（2）消化系统的反应有食欲不振、腹泻等。（3）皮肤反应有红斑、瘙痒、荨麻疹及光敏反应等。

【注意事项】（1）慎用于供繁殖用幼龄种畜。（2）怀孕及泌乳动物禁用。（3）肾功能不全动物慎用。对有严重肾病或肝病的动物需要调节剂量，以免体内药物蓄积。

【休药期】牛 28 d；弃奶期 7 d。

乳酸环丙沙星注射液　本品为乳酸环丙沙星的灭菌水溶液，加油氯化钠调节等渗；本品为几乎无色至黄绿色澄明液体。

【用法与用量】以环丙沙星计。肌内注射：一次量，每 1 kg 体重，奶牛 2.5 mg。每日 2 次，连用 3 d。

静脉注射：奶牛 2 mg。每日 2 次。

【作用与用途】【不良反应】【注意事项】同盐酸环丙沙星注射液。

【休药期】牛 14 d；弃奶期 84 h。

恩 诺 沙 星

恩诺沙星属氟喹诺酮类动物专用的广谱杀菌药。对大肠埃希氏菌、沙门氏菌、克雷伯氏菌、布鲁氏菌、巴氏杆菌、胸膜肺炎放线杆菌、丹毒杆菌、变形杆菌、黏质沙雷氏菌、化脓性棒状杆菌、败血波特氏菌、金黄色葡萄球菌、支原体、衣原体等均有良好作用，对铜绿假单胞菌和链球菌的作用较弱，对厌氧菌作用微弱。对敏感菌有明显的抗菌后效应。本品的抗菌作用机制是抑制细菌 DNA 旋转酶，干扰细菌 DNA 的复制、转录和修复重组，细菌不能正常生长繁殖而死亡。

药物相互作用　（1）本品与氨基糖苷类或广谱青霉素合用，有协同作用。（2）Ca^{2+}、Mg^{2+}、Fe^{3+} 和 Al^{3+} 等金属离子可与本品发生螯合，影响吸收。（3）与茶碱、咖啡因合用时，可使血浆蛋白结合率降低，血中茶碱、咖啡因的浓度异常升高，甚至出现茶碱中毒症状。（4）本品有抑制肝药酶作用，可使主要在肝脏中代谢的药物的清除率降低，血药浓度升高。

【作用与用途】　氟喹诺酮类抗菌药。用于畜禽细菌性疾病和支原体感染。

【用法与用量】　肌内注射：一次量，每 1 kg 体重，牛 0.05 mL。每日 1～2 次，连用 2～3 d。

【不良反应】（1）使幼龄动物软骨发生变性，影响骨骼发育并引起跛行及疼痛。（2）消化系统的反应有呕吐、食欲不振、腹泻等。（3）皮肤反应有红斑、瘙痒、荨麻疹及光敏反应等。

【注意事项】（1）对中枢系统有潜在的兴奋作用，诱导癫痫发作。（2）肾功能不良患畜慎用，可偶发结晶尿。（3）本品耐药菌株呈增多趋势，不应在亚治疗剂量下长期使用。

【休药期】　牛 14 d。

九、其他抗菌药

乙　酰　甲　喹

乙酰甲喹属于喹噁啉类抗菌药物，通过抑制菌体的脱氧核糖核酸（DNA）合成而达到抗菌作用。具有广谱抗菌作用，对多数细菌具有较强的抑制作用，对革兰氏阴性菌强于革兰氏阳性菌。

乙酰甲喹片 本品为黄色片。

【作用与用途】抗菌药。用于细菌性肠炎。

【用法与用量】以乙酰甲喹计。内服：一次量，每 1 kg 体重，牛 5～10 mg。

【不良反应】按规定的用法与用量使用尚未见不良反应。

【注意事项】剂量高于临床治疗量 3～5 倍时，或长时间应用会引起毒性反应，甚至死亡。

【休药期】牛 35 d。

小 檗 碱

盐酸（硫酸）小檗碱属于抗菌药物，具广谱抗菌作用，体外对多种革兰氏阳性菌及革兰氏阴性菌均具抑菌作用，其中对溶血性链球菌、金黄色葡萄球菌、霍乱弧菌、脑膜炎球菌、志贺菌属和伤寒杆菌等作用较强。对流感病毒、阿米巴原虫、钩端螺旋体及某些皮肤真菌也有一定抑制作用。体外试验证实本品能增强白细胞及肝网状内皮系统的吞噬能力。志贺菌属、溶血性链球菌、金黄色葡萄球菌等极易对本品产生耐药性。

盐酸小檗碱片 本品为黄色片。

【作用与用途】抗菌药。用于痢疾杆菌引起的肠道感染。

【用法与用量】以盐酸小檗碱计。内服：牛 2～5 g。

【不良反应】内服偶有呕吐。

【休药期】无需制定。

硫酸小檗碱注射液 本品为硫酸小檗碱的灭菌水溶液；为黄色的澄明液体。

【作用与用途】抗菌药。用于肠道细菌性感染。

【用法与用量】以硫酸小檗碱计。肌内注射：一次量，牛 0.15～0.4 g。

【不良反应】按规定的用法与用量使用尚未见不良反应。

【注意事项】本品不能静脉注射。遇冷析出结晶，用前浸入热水中，用力振摇，溶解成澄明液体并凉至体温时使用。

【休药期】无需制定。

乌 洛 托 品

乌洛托品在酸性溶液中可分解释放出甲醛和氨，呈杀菌作用。内服吸收后大部分以原形随尿排出。在酸性尿中缓慢分解释放出甲醛，并在尿道中呈现杀菌作用。

药物相互作用　应用尿道碱化剂（如碳酸氢钠、噻嗪类利尿药、含有钙和镁的抗酸药）可降低乌洛托品的作用，酸化剂可加速甲醛释放，增强杀菌效果。

最大残留限量　不需要制定残留限量。

乌洛托品注射液　本品为乌洛托品的灭菌水溶液；为无色澄明液体。

【作用与用途】消毒防腐药。用于尿路感染。

【用法与用量】以乌洛托品计。静脉注射：一次量，牛 15～30 g。

【不良反应】对胃肠道有刺激作用，长期应用可出现排尿困难。

【注意事项】宜加服氯化铵，使尿呈酸性。

【休药期】无需制定。

第二节　抗寄生虫药物

抗寄生虫药是指能杀灭寄生虫或抑制其生长繁殖的物质。可分为抗螨虫药、抗原虫药和杀虫药。

一、抗蠕虫药

抗蠕虫药是指对动物寄生蠕虫具有驱除、杀灭或抑制作用的药物。根据寄生于动物体内的蠕虫类别，抗蠕虫药相应地分为抗线虫药、抗吸虫药、抗绦虫药、抗血吸虫药，但这种分类也是相对的。有些药物兼有多种作用，如吡喹酮具有抗绦虫和抗吸虫作用，苯并咪唑类具有抗线虫、抗吸虫和抗绦虫作用。

（一）抗线虫药

动物感染的线虫种类繁多，可以寄生于动物的各种器官和组织。根据抗线虫药的化学结构特点，可将这些药物分为：苯并咪唑类、咪唑并噻唑类、四氢嘧啶类、抗生素类等，其中苯并咪唑类和抗生素类是当前应用最多最广的药物。

阿 苯 达 唑

阿苯达唑为苯并咪唑类，具有广谱驱虫作用。线虫对其敏感，对绦虫、吸虫也有较强作用（但需较大剂量），对血吸虫无效。作用机制主要是与线虫的微管蛋白结合发挥作用。阿苯达唑与微管蛋白结合后，阻止其与微管蛋白进行多聚化组装成微管。微管是许多细胞器的基本结构单位，为有丝分裂、蛋白装配及能量代谢等细胞繁殖过程所必需。阿苯达唑对线虫微管蛋白的亲和力显著高于哺乳动物的微管蛋白，因此对哺乳动物的毒性很小。本品不但对成虫作用强，对未成熟虫体和幼虫也有较强作用，还有杀虫卵作用。

药物相互作用 阿苯达唑与吡喹酮合用可提高前者的血药浓度。

阿苯达唑片 本品为类白色片。

【作用与用途】抗蠕虫药。用于畜禽线虫病、绦虫病和吸虫病。

【用法与用量】以阿苯达唑计。内服：一次量，每 1 kg 体重，牛 10～15 mg。

【不良反应】对妊娠早期动物有致畸和胚胎毒性的作用。

【注意事项】（1）泌乳期禁用。（2）妊娠期前 45 d 内忌用。

【休药期】牛 14 d；弃奶期 60 h。

阿苯达唑粉 本品为白色或类白色粉末。

【作用与用途】【用法与用量】【不良反应】【注意】和【休药期】同阿苯达唑片。

阿苯达唑颗粒 本品为白色颗粒。

【作用与用途】【用法与用量】【不良反应】【注意】和【休药期】同阿苯达唑片。

阿苯达唑混悬液 本品为细微颗粒的混悬液，静置后细微颗粒沉淀，振摇后成均匀的白色或类白色混悬液。

【作用与用途】抗寄生虫药。用于治疗畜禽的线虫病、吸虫病、绦虫病。

【用法与用量】以阿苯达唑计。内服：一次量，每 1 kg 体重，牛 10～15 mg。

【不良反应】动物妊娠早期使用阿苯达唑，可能伴有致畸和胚胎毒性的作用。

【注意事项】(1) 泌乳期禁用。(2) 母畜妊娠前 45 d 内禁用。

【休药期】牛 14 d。

阿苯达唑硝氯酚片 本品为黄色片。

【作用与用途】抗寄生虫药。用于治疗家畜线虫病、吸虫病、绦虫病。

【用法与用量】以阿苯达唑计。内服：一次量，每 1 kg 体重，牛 10～15 mg。

【不良反应】(1) 过量可引起中毒，表现为发热、呼吸困难和出汗等症状。(2) 动物妊娠早期使用，可能伴有致畸和胚胎毒性作用。

【注意事项】(1) 泌乳期禁用。(2) 中毒时可根据症状选用安钠咖、毒毛花苷 K、维生素 C 等对症治疗，但禁用钙剂静脉注射。(3) 家畜妊娠前 45 d 内禁用。

【休药期】牛 28 d。

阿苯达唑伊维菌素片　本品为白色或类白色片。

【作用与用途】驱虫药。用于驱除或杀灭牛线虫、吸虫、绦虫和螨等体内外寄生虫。

【用法与用量】以伊维菌素计。内服：一次量，每 1 kg 体重，牛 0.3 mg。

【注意事项】（1）泌乳期禁用。（2）本品中伊维菌素对鱼、虾有剧毒，残存物、包装品及动物排泄物勿污染水源。

【休药期】牛 35 d。

奥 芬 达 唑

奥芬达唑为芬苯达唑的体内代谢物芬苯达唑亚砜，其作用机制是与线虫的微管蛋白质结合发挥驱虫作用，抗虫谱不如阿苯达唑广，作用略强。与其他大多数苯并咪唑类药物不同，奥芬达唑较易从胃肠道吸收。吸收后的奥芬达唑被代谢成芬苯达唑砜，仍具有抗虫活性。

奥苯达唑片　本品为白色或类白色片。

【作用与用途】抗蠕虫药。主要用于家畜的线虫病和绦虫病。

【用法与用量】以奥芬达唑计。内服：一次量，每 1 kg 体重，牛 5 mg。

【不良反应】具有致畸作用。

【注意事项】泌乳期禁用。

【休药期】牛 7 d。

奥芬达唑颗粒　本品为白色颗粒。

【作用与用途】抗蠕虫药。用于治疗家畜线虫病和绦虫病。

【用法与用量】以奥芬达唑计。内服：一次量，每 1 kg 体重，牛 5～7.5 mg。

【不良反应】由胚胎毒性和致畸作用。

【注意事项】（1）泌乳期禁用。（2）妊娠早期动物慎用。（3）敏感虫体对本品能产生耐药，甚至与其他苯并咪唑类产生交叉耐药。

【休药期】牛 7 d。

芬 苯 达 唑

芬苯达唑为苯并咪唑类抗蠕虫药，其作用机制为与线虫的微管蛋白质结合发挥驱虫作用，抗虫谱不如阿苯达唑广，作用略强。对羊的血矛线虫、奥斯特线虫、毛圆线虫、古柏线虫、细颈线虫、仰口线虫、夏伯特线虫、食道口线虫、毛首线虫及网尾线虫成虫及幼虫均有极佳驱虫效果。此外还能抑制多数胃肠线虫的产卵。

芬苯达唑片 本品为白色或类白色片。

【作用与用途】抗蠕虫药。用于畜禽线虫病和绦虫病。

【用法与用量】以芬苯达唑计。内服：一次量，每 1 kg 体重，牛 5～7.5 mg。

【不良反应】按规定的用法与用量使用，一般不会产生不良反应。由于死亡的寄生虫可释放抗原，可继发产生过敏性反应，特别是在高剂量时。

【注意事项】（1）泌乳期禁用。（2）可能伴有致畸胎和胚胎毒性的作用，妊娠前期忌用。

【休药期】牛 21 d；弃奶期 7 d。

芬苯达唑粉 本品为白色或类白色粉末。

【作用与用途】【用法与用量】【不良反应】和【注意事项】同芬苯达唑片。

【休药期】牛 14 d；弃奶期 5 d。

芬苯达唑伊维菌素片 本品为白色或类白色片。

【作用与用途】抗蠕虫药。用于治疗牛的线虫病、绦虫病和螨病。

【用法与用量】以芬苯达唑计。内服：一次量，每 1 kg 体重，牛 5～7.5 mg。

【注意事项】（1）泌乳期禁用。（2）伊维菌素对虾、鱼及水生生物有剧毒，残留药物的包装及容器切勿污染水源。（3）母畜妊娠前期 45 d 慎用。

【休药期】牛 35 d。

盐 酸 左 旋 咪 唑

本品属咪唑并噻唑类抗线虫药。其驱虫作用机制是兴奋蠕虫的副交感和交感神经节，表现为烟碱样作用；高浓度时，左旋咪唑通过阻断延胡索酸还原和琥珀酸氧化作用，干扰线虫的糖代谢，最终对蠕虫起麻痹作用，使活虫体排出。

本品除具有驱虫活性外，还能明显提高免疫反应，可恢复外周 T 淋巴细胞的细胞介导免疫功能，兴奋单核细胞的吞噬作用，对免疫功能受损的动物作用更明显。

药物相互作用　（1）具有烟碱作用的药物（如噻嘧啶、甲噻嘧啶、乙胺嗪）、胆碱酯酶抑制剂（如有机磷、新斯的明）可增加左旋咪唑的毒性，不宜联用。（2）左旋咪唑可增强布鲁氏菌疫苗等的免疫反应和效果。

盐酸左旋咪唑片　本品为白色片。

【作用与用途】抗蠕虫药。主要用于牛的胃肠道线虫、肺线虫。

【用法与用量】以盐酸左旋咪唑计。内服：一次量，每 1 kg 体重，牛 7.5 mg。

【不良反应】牛用本品可出现副交感神经兴奋症状，口鼻出现泡沫或流涎，兴奋或颤抖，舔唇和摇头等不良反应。症状一般在 2 h 内减退。

【注意事项】（1）泌乳期禁用。（2）极度衰弱或严重肝肾损伤患畜应慎用。疫苗接种、去角或去势等引起应激反应的牛应慎用或推迟使用。(3) 本品中毒时可用阿托品解毒和其他对症治疗。

【休药期】牛2d。

盐酸左旋咪唑粉 本品为白色或类白色粉末。

【作用与用途】【用法与用量】和【休药期】同盐酸左旋咪唑片。

【不良反应】过量可引起副交感神经兴奋症状,流涎、兴奋或颤抖;胃肠道功能紊乱如呕吐、腹泻呼吸困难等。

【注意事项】(1) 泌乳期禁用。(2) 牛在免疫接种、去角、阉割等应激状态下,以及动物季度衰弱或有明显的肝肾损伤时,慎用。

盐酸左旋咪唑注射液 本品为盐酸左旋咪唑的灭菌水溶液,为无色澄明液体。

【作用与用途】抗蠕虫药。主要用于牛的胃肠道线虫、肺线虫。

【用法与用量】以盐酸左旋咪唑计。皮下注射或肌内注射:一次量,每1kg体重,牛7.5mg。

【不良反应】【注意事项】同盐酸左旋咪唑片。

【休药期】牛14d。

哌 嗪

哌嗪对敏感线虫产生箭毒样作用,其作用机制是通过使神经肌肉接头处的神经细胞膜超级化,阻断神经冲动传递,致使寄生虫的肌肉松弛麻痹、固定不动,继而使寄生虫从其寄生部位驱除,致虫体死亡。另外,哌嗪还可抑制虫体琥珀酸的合成,干扰虫体能量代谢。

哌嗪对寄生于动物体内的某些特定线虫有效,如对寄生于所有家畜的蛔虫具有优良的驱虫效果。对弓首蛔虫和狮首线虫有效。

药物相互作用 (1) 与噻嘧啶或甲噻嘧啶产生颉颃作用,不应同时使用。(2) 泻药不宜与哌嗪同用,因为哌嗪在发挥作用前就会被排出。（3）与氯丙嗪合用有可能会诱发癫痫发作。

枸橼酸哌嗪片 本品为白色片。

【作用与用途】 抗蠕虫药。主要用于畜禽蛔虫病，牛食道口线虫病。

【用法与用量】 以枸橼酸哌嗪计。内服：一次量，每 1 kg 体重，牛 0.25 g。

【不良反应】 在推荐剂量时，罕见不良反应。

【休药期】 牛 28 d。

乙 胺 嗪

柠檬酸乙胺嗪对牛网尾线虫的成虫有效，对其幼虫及圆线虫也有较好的驱杀作用。目前有关本品抗丝虫和抗线虫的作用机制还不完全清楚，但可确定的是它以类烟碱的形式作用于寄生虫的神经系统使虫体麻痹瘫痪。

药物相互作用 理论上，本品与其他具有烟碱样作用的药物如噻嘧啶、甲噻嘧啶、左旋咪唑等合用，可使彼此的毒性加强。

柠檬酸乙胺嗪片 本品为白色片。

【作用与用途】 抗丝虫药。亦可用于家畜肺丝虫病。

【用法与用量】 以柠檬酸乙胺嗪计。内服：一次量，每 1 kg 体重，牛 20 mg。

【不良反应】 按推荐剂量使用时，很少发生不良反应。

【休药期】 28 d；弃奶期 7 d。

伊 维 菌 素

伊维菌素主要对体内线虫和体表节肢动物具有良好驱杀作用。其驱虫作用机制在于促进突触前神经元释放 γ-氨基丁酸（GABA），从而打开 GABA 介导的氯离子通道。伊维菌素对无脊椎动物神经和肌肉细胞位于 GABA 介导位点附近的谷氨酸介导的氯离子通道也具有选择性和高亲和力，从而干扰神经肌肉间的信号传递，使虫体松弛麻痹，导致虫体死亡或被排出体外。线虫的抑制性中间神经元和兴奋性运动神经元是其作用部位，而节肢动物的作用部位是神经肌肉接头。对羊的血矛线虫、奥斯特线虫、古柏线虫、毛圆线虫（包括艾氏毛圆线虫）、圆形线虫、仰口线虫、细颈线虫、毛首线虫、食道口线虫、网尾线虫以及绵羊夏伯特线虫成虫、第四期幼虫驱除率 97% ～100%。对节肢动物亦很有效，如蝇蛆、螨和虱等。对嚼虱和绵羊羊蜱蝇疗效稍差。伊维菌素对蜱以及粪便中繁殖的蝇也极有效，药物虽不能立即使蜱死亡，但能影响摄食、蜕皮和产卵，从而降低生殖能力。对血蝇的作用相似。

药物相互作用 与乙胺嗪同时使用，可能产生严重的或致死性脑病。

伊维菌素注射液 本品为伊维菌素与适宜溶剂配制成的无菌溶液，为无色或几乎无色的澄明液体，略黏稠。

【作用与用途】 大环内酯类抗寄生虫药。用于防治家畜线虫病、螨病及其他寄生性昆虫病。

【用法与用量】 以伊维菌素计。皮下注射：一次量，每 1 kg 体重，牛 0.2 mg。

【不良反应】（1）用于治疗牛皮蝇蚴病时，如杀死的幼虫在关键部位，将会引起严重的不良反应。（2）注射时，注射部位有不适或暂时性水肿。

【注意事项】（1）泌乳期禁用。（2）仅限于皮下注射，因肌内注射或静脉注射易引起中毒反应。每个皮下注射点不宜超过 10 mL。（3）含甘油缩甲醛和丙二醇的伊维菌素注射剂，仅适用于牛、羊。（4）伊维菌素对虾、鱼及水生生物有剧毒，残存药物及包装切勿污染水源。（5）与乙胺嗪同时使用，可能产生严重的或致死性脑病。

【休药期】牛 35 d。

阿 维 菌 素

阿维菌素属于抗线虫药，对羊的血矛线虫、奥斯特线虫、古柏线虫、毛圆线虫（包括艾氏毛圆线虫）、圆形线虫、仰口线虫、细颈线虫、毛首线虫、食道口线虫、网尾线虫以及绵羊夏伯特线虫成虫、第四期幼虫驱除率 97%～100%。对节肢动物如蝇蛆和虱等亦很有效。对嚼虱和绵羊羊蜱蝇疗效稍差。对吸虫和绦虫无效。此外，阿维菌素作为杀虫剂，对水产和农业昆虫、螨虫以及火蚁等具有广谱活性。

药物相互作用 与乙胺嗪同时使用，可能产生严重的或致死性脑病。

阿维菌素透皮溶液 本品为无色至微黄色略黏稠的透明液体。

【作用与用途】抗生素类药。用于治疗家畜的线虫病、螨病和寄生性昆虫病。

【用法与用量】浇注或涂擦：一次量，每 1 kg 体重，牛 0.1 mL，由肩部向后沿背中线浇注。

【注意事项】（1）泌乳期禁用。（2）阿维菌素的毒性较强，慎用。对虾、鱼及水生生物有剧毒，残存药物的包装品切勿污染水源。（3）本品性质不稳定，特别对光敏感，可迅速氧化灭活，应注意贮存和使用条件。

【休药期】牛 42 d。

（二）抗绦虫药

抗绦虫药根据其作用可分为杀绦虫药和驱绦虫药。能使绦虫在寄生部位死亡的药物称为杀绦虫药，促使绦虫排出体外的药物称为驱绦虫药。驱绦虫药通常是干扰绦虫的头节吸附于胃肠黏膜，并干扰虫体的蠕动，使其不能保持在胃肠道中。很多天然有机化合物都属于驱绦虫药，能暂时麻痹虫体，需借助催泻作用将虫体排出体外，否则，绦虫可能再次吸附于肠壁。现代合成药物大多具有杀绦虫作用，能在原寄生部位将虫体杀死。

氯 硝 柳 胺

本品是一种杀绦虫药，对绦虫头节和体节作用相同。还具有杀灭丁螺及血吸虫尾蚴、毛蚴作用。

药物相互作用 本品可以与左旋咪唑合用，治疗犊牛的绦虫与线虫混合感染。

氯硝柳胺片 本品为淡黄色片。

【作用与用途】抗蠕虫药。用于动物绦虫病、反刍动物前后盘吸虫感染。

【用法与用量】以氯硝柳胺计。内服：一次量，每 1 kg 体重，牛 40～60 mg。

【注意事项】（1）动物在给药前，应禁食 12 h。（2）本品对鱼类毒性很强。

【休药期】牛 28 d。

（三）抗吸虫药

片形吸虫病是动物特别是家畜最常见的重要吸虫病之一。牛摄入囊蚴后，4 d 内蚴虫从囊中脱出，穿过小肠壁，经腹腔进入肝脏。随后几周内，幼虫在肝组织中穿行、摄食并迅速长大。对肝脏的严重损害及由此导致肝出血，通常在感染后 6～8 周内引起急性片形吸虫病的临床症状，这期间常导致动物死亡。在感染后第 8 周，吸虫开始穿过主胆管，到感染后 10～12 周，虫体在此达到性成熟，此时的虫体对抗吸虫药最敏感。

硝 氯 酚

硝氯酚对某些发育未成熟的片形吸虫有效，但所用剂量需增加，临床上不安全。其抗虫机制为抑制虫体琥珀酸脱氢酶，从而影响片形吸虫的能量代谢而发挥抗吸虫作用。

药物相互作用 （1）硝氯酚配成溶液给牛灌服前，若先灌服浓氯化钠溶液，能反射性使食道沟关闭，使药物直接进入皱胃，可增强驱虫效果。若采用此方法必须适当减少剂量，以免发生不良反应。（2）硝氯酚中毒时，静脉注射钙制剂可增强本品毒性。

硝氯酚伊维菌素片 本品为黄色片。

【作用与用途】驱虫药。用于驱除和杀灭牛的线虫、吸虫和绦虫。

【用法与用量】以硝氯酚计。内服：一次量，每 1 kg 体重，牛 3 mg。

【不良反应】用药以后动物发热、呼吸急促和出汗等症状。

【注意事项】（1）泌乳期禁用。（2）治疗剂量对动物比较安全，过量引起的中毒症状（如发热、呼吸困难、窒息）可根据症状选用可根据症状选用安钠咖、毒毛花苷 K、维生素 C 等对症治疗，但禁用钙剂静脉注射。

【休药期】牛 35 d。

碘 醚 柳 胺

碘醚柳胺对肝片吸虫和大片形吸虫的成虫具有杀灭作用，对未成熟虫体也有很高的活性。

碘醚柳胺的抗吸虫机制是其作为一种质子离子载体，跨细胞膜转运阳离子，最终对虫体线粒体氧化磷酸化过程进行解偶联，减少 ATP 的产生，降低糖原含量，并使琥珀酸积蓄，从而影响虫体的能量代谢过程，使虫体死亡。

药物相互作用 与阿苯达唑合用，治疗羊的肝吸虫病和胃肠道线虫病，并不改变两者的安全指数。

碘醚柳胺混悬液 本品为灰白色混悬液；久置可分为两层，上层为无色液体，下层为灰白色至淡棕色沉淀。

【作用与用途】抗寄生虫药。用于治疗牛肝片吸虫病。

【用法与用量】以碘醚柳胺计。内服：一次量，每 1 kg 体重，牛 7～12 mg。

【注意事项】(1) 泌乳期禁用。(2) 不得超量使用。

【休药期】牛 60 d。

氯 氰 碘 柳 胺

氯氰碘柳胺对牛片形吸虫、捻转血矛线虫以及某些节肢动物均有驱除活性。对前后盘吸虫无效。对多数胃肠道线虫，如血矛线虫、仰口线虫、食道口线虫，驱除率均超过 90%。其抗虫机制是通过增加寄生虫线粒体渗透性，对氧化磷酸化进行解偶联作用，从而发挥驱杀作用。

药物相互作用 氯氰碘柳胺可与苯并咪唑类合用，也可与左旋咪唑合用。

氯氰碘柳胺钠注射液 本品为氯氰碘柳胺钠的丙二醇灭菌水溶液，为淡黄色或黄色的澄明液体。

【作用与用途】抗蠕虫药。主要用于防治牛肝片吸虫和胃肠道线虫病。

【用法与用量】以氯氰碘柳胺计。皮下注射或肌内注射：一次量，每 1 kg 体重，牛 2.5～5 mg。

【不良反应】对局部组织有一定的刺激性。

【休药期】牛 28 d；弃奶期 28 d。

阿维菌素氯氰碘柳胺钠片 本品为淡黄色片。

【作用与用途】抗寄生虫药。用于驱除牛体内线虫、吸虫，驱除螨等体外寄生虫。

【用法与用量】以氯氰碘柳胺计。内服：一次量，每 1 kg 体重，牛 5 mg。

【不良反应】用于治疗牛皮蝇蛆病时，可引起严重不良反应。如在皮蝇季节或皮蝇蛆移行季节，立即治疗，则可避免。

【注意事项】（1）泌乳期禁用。（2）使用本品后，牛的排泄物中含有阿维菌素，对降解厩粪的有益昆虫有潜在损害作用。（3）阿维菌素对虾、鱼及其他水生生物有剧毒，残存药物的包装勿污染水源。

【休药期】牛 35 d。

三 氯 苯 达 唑

三氯苯达唑属于苯并咪唑类药物，专用于抗片形吸虫，对各种日龄的肝片形吸虫均有明显驱杀效果，是较理想的杀肝片形吸虫药。药物吸收后，干扰虫体的微管结构和功能，抑制虫体水解蛋白酶的释放。三氯苯达唑对虫体的作用因浓度而异，如成虫在低浓度（1～3 $\mu g/mL$）药物中 24 h 仍存活，较高浓度（10～25 $\mu g/mL$）中 24 h 则活动明显减弱；25～50 $\mu g/mL$ 高浓度 24 h 全部抑制。但对童虫更敏感。在 10 $\mu g/mL$ 浓度下，24 h 活动全都抑制。

三氯苯达唑片 本品为类白色片。

【作用与用途】苯并咪唑类抗肝片吸虫药。主要用于防治牛肝片吸虫感染。

【用法与用量】以三氯苯达唑计。内服：一次量，每 1 kg 体重，牛 12 mg。治疗急性肝片吸虫病，应在 5 周后重复用药一次。

【注意事项】（1）产奶期禁用。（2）对鱼类毒性较大，残留药物容器切勿污染水源。（3）对药物过敏者，使用时应避免皮肤直接接触和吸入，用药时应戴手套，禁止饮食和吸烟，用药后应洗手。

【休药期】 牛 56 d。

三氯苯达唑颗粒 本品为类白色颗粒。

【作用与用途】【用法与用量】【不良反应】【注意事项】和**【休药期】**同三氯苯达唑片。

（四）抗血吸虫药

家畜血吸虫病是由分体属吸虫（*Schistosoma*）和东毕属吸虫（*Ornithobilharzia*）引起的。在我国流行的日本分体血吸虫病是一种人兽共患寄生虫病。酒石酸锑钾曾是传统应用的特效药，但有毒性大、疗程长、必须静脉注射等缺点，已逐渐被其他药物取代。吡喹酮具有高效、低毒、疗程短、口服有效等特点，是血吸虫病防治的首选药物之一。其他具有抗血吸虫作用的药物主要有硝硫氰胺、硝硫氰醚、没食子酸锑钠、敌百虫等。

吡 喹 酮

吡喹酮具有广谱抗血吸虫和抗绦虫作用。对各种绦虫的成虫具有极高的活性，对幼虫也具有良好的活性；对血吸虫有很好的驱杀作用。吡喹酮对绦虫的准确作用机制尚未确定，可能是其与虫体包膜的磷脂相互作用，结果导致钠、钾与钙离子流出。在体外低浓度的吡喹酮似可损伤绦虫的吸盘功能并兴奋虫体的蠕动，较高浓度药物则可增强绦虫链体（节片链）的收缩（在极高浓度时为不可逆收缩）。此外，吡喹酮可引起绦虫包膜特殊部位形成灶性空泡，继而使虫体裂解。对血吸虫和吸虫，吡喹酮可能由于增加钙离子流进虫体而直接杀死寄生虫，随后形成灶性空泡并被吞噬。

药物相互作用 与阿苯达唑、地塞米松合用时，可降低吡喹酮的血药浓度。

吡喹酮片 本品为白色片。

【作用与用途】抗蠕虫药。主要用于动物血吸虫病，也用于绦虫病和囊尾蚴病。

【用法与用量】以吡喹酮计。内服：一次量，每 1 kg 体重，牛 10～35 mg。

【休药期】牛 28 d。弃奶期 7 d。

吡喹酮粉　本品为白色至浅黄色的颗粒状粉末。

【作用与用途】【用法与用量】【不良反应】【注意事项】和【休药期】同吡喹酮片。

二、抗原虫药

家禽原虫病是由单细胞原生动物所引起的一类寄生虫病，包括球虫病、锥虫病和梨形虫病。抗原虫药可分为抗球虫药、抗锥虫药和抗梨形虫药。

（一）抗球虫药

球虫病是球虫寄生于胆管或肠道上皮细胞的一种原虫病，以消瘦、贫血、下痢、便血为主要临床特征。抗球虫药的种类很多，作用峰期（指药物对球虫发育起作用的主要阶段）各不相同。作用于第一代无性增殖的药物，如氯羟吡啶、离子载体抗生素等，预防性强，但不利于动物形成对球虫的免疫力。作用于第二代裂殖体的药物，如磺胺喹噁啉、磺胺氯吡嗪、尼卡巴嗪、托曲珠利、二硝托胺，既有治疗作用又对动物抗球虫免疫力的形成影响不大。

不论何种抗球虫药，长期反复使用均可诱发明显的耐药性。为了避免或减少耐药性产生，抗球虫药通常采用轮换用药、穿梭用药或联合用药等方式。值得注意的是，不得采用加大剂量的办法以避免耐药性，因为加大剂量不仅会增强毒副作用，而且还影响对球虫免疫力的形成，甚至造成药物在可食性组织残留。

托 曲 珠 利

本品属三嗪酮广谱抗球虫药，其作用机制是干扰球虫细胞核分裂和线粒体，影响虫体的呼吸和代谢功能，使细胞内质网膨大，发生严重空泡化，从而对发育阶段的虫体（滋养体、裂殖体及配子体）有直接杀灭作用。不影响免疫力的产生。

托曲珠利混悬液　本品为白色至微黄色混悬液，静置分层。

【**作用与用途**】抗球虫药。用于预防犊牛球虫病。

【**用法与用量**】以托曲珠利计。内服：一次量，每 1 kg 体重，犊 15 mg。

【**注意事项**】（1）使用前充分摇匀。（2）勿用于体重超过 80 kg 以上的牛和育肥期犊牛。（3）处于儿童不可触及处。（4）本品开盖后请于 3 个月内使用完毕。（5）同栏犊牛建议同时全部用药。（6）对因感染球虫已出现下痢的犊牛，应进行其他辅助性（对症性）治疗。（7）托曲珠利的主要代谢产物为托曲珠利砜，该成分稳定（半衰期＞1 年）而且能溶于土壤中，该成分对植物有毒性。对用药后牛的粪便，应用至少 3 倍重量的未用药牛粪进行稀释后才能排泄到土壤中。

【**休药期**】犊牛 63 d。

（二）抗锥虫药

家畜锥虫病是由寄生于血液和组织细胞间的锥虫引起的一类疾病。防控本类疾病，除应用抗锥虫药消灭虫体外，杀灭蠓及其他吸血昆虫等中间宿主也是一重要的综合防控措施之一。应用本类药物治疗锥虫病时应注意：①剂量要充足，用量不足会导致未被杀死的锥虫逐渐产生耐药性。②防止动物过早使役，以免引起锥虫病复发。③治疗伊氏锥虫病可同时配合使用两种以上药物，或者一年内轮换使用不同药物，以避免产生耐药虫株。

三　氮　脒

三氮脒对家畜的锥虫、梨形虫及边虫（无形体）均有作用。用药后血中浓度高，但持续时间较短，故主要用于治疗，预防效果差。其作用机制是选择性地阻断锥虫动基体的 DNA 合成或复制，并与细胞核产生不可逆性结合，从而使锥虫的动基体消失，并不能分裂繁殖。

注射用三氮脒　本品为三氮脒的无菌粉末，为黄色或橙色结晶性粉末。

【作用与用途】抗原虫药。用于治疗家畜巴贝斯梨形虫病、泰勒梨形虫病、伊氏锥虫病和媾疫锥虫病。

【用法与用量】以三氮脒计。肌内注射：一次量，每 1 kg 体重，牛 3～5 mg。临用前配成 5％～7％溶液。

【不良反应】（1）三氮脒毒性较大，可引起副交感神经兴奋样反应。用药后常出现不安、起卧、频繁排尿、肌肉震颤等反应。过量使用可引起死亡。（2）肌内注射有较强的刺激性。

【注意事项】（1）本品毒性大、安全范围较小。应严格掌握用药剂量，不得超量使用。（2）超量应用可使乳牛产奶量减少。（3）水牛不宜连用，一次即可；其他家畜必要时可连用，但须间隔 24 h。连用不得超过 3 次。（4）局部肌内注射有刺激性，可引起肿胀，应分点深层肌内注射。

【休药期】牛 28 d；弃奶期 7 d。

三、杀虫药

杀虫药系指能杀灭动物体外寄生虫，从而防治由这些外寄生虫所引起的畜禽皮肤病的一类药物。由螨、蜱、虱、蚤、蝇、蚊等节肢动物引起的畜禽外寄生虫病，能直接危害动物机体，夺取营养，损坏皮毛，影响增重，传播疾病，不仅给畜牧业造成极大损失，而且能传播许多人兽共患病，严重地危害人体健康。

二　嗪　农

二嗪农属于有机磷杀虫、杀螨剂，具有触杀、胃毒、熏蒸和较弱的内吸作用。对各种螨类、蝇、虱、蜱均有良好杀灭效果，喷洒后在皮肤、被毛上附着力很强，能维持长期的杀虫作用，一次用药有效期可达 6~8 周。被吸收的药物在 3 d 内从尿和奶中排出体外。

二嗪农溶液　本品为黄色或黄棕色澄明液体。

【作用与用途】杀虫药。用于驱杀牛的体表寄生虫蜱、螨、虱。

【用法与用量】以二嗪农计。药浴。牛，每 1 L 水加二嗪农 600 mg（相当于 60％的二嗪农溶液）。

【注意事项】药浴时必须精确计算药液浓度，动物应全身浸泡 1 min为宜。

【休药期】牛 14 d；弃奶期 72 h。

蝇　毒　磷

蝇毒磷属于有机磷杀虫药，对各种螨类、蝇、虱、蜱均具有良好的杀灭作用。其杀虫机制是抑制虫体胆碱酯酶的活性。蝇毒磷与虫体的胆碱酯酶结合，抑制胆碱酯酶活性，使乙酰胆碱大量蓄积，干扰虫体的神经肌肉兴奋的传递，导致敏感寄生虫麻痹而死亡。

药物相互作用　与其他有机磷化合物以及胆碱酯酶抑制剂具有协同作用，同时应用毒性增强。

蝇毒磷溶液　本品为黄褐色澄清液体。

【作用与用途】杀虫药，用于防治牛皮蝇蛆、蜱、螨、虱和蝇等外寄生虫病。

【用法与用量】以蝇毒磷计。外用：牛，将药液稀释配成 0.02％~0.05％的乳剂。

【不良反应】过量使用动物可产生胆碱能神经兴奋症状。

【注意事项】禁止与其他有机磷化合物以及胆碱酯酶抑制剂合用。

【休药期】牛 28 d。

马 拉 硫 磷

马拉硫磷属于有机磷杀虫药，主要以触杀、胃毒和熏蒸杀灭害虫，无内吸杀虫作用。具有广谱、低毒、使用安全等特点。对蚊、蝇、虱、蜱、螨和臭虫均有杀灭作用。

药物相互作用 与其他有机磷化合物以及胆碱酯酶抑制剂具有协同作用，同时应用毒性增强。

精制马拉硫磷溶液 本品为浅黄色澄清液体。

【作用与用途】杀虫药，用于杀灭体外寄生虫。

【用法与用量】以马拉硫磷计。药浴或喷雾：牛。配成 0.2%～0.3%的水溶液。

【不良反应】过量使用动物可产生胆碱能神经兴奋症状。

【注意事项】（1）本品不能与碱性物质或氧化物质接触。（2）本品对眼睛、皮肤有刺激性；对蜜蜂有剧毒，对鱼类毒性也较大，家畜中毒时可用阿托品解毒。（3）家畜体表用马拉硫磷数小时内应避免日光照射和风吹；必要时间隔 2～3 周可再药浴或喷雾一次。（4）1 月龄以内的动物禁用。

【休药期】牛 28 d。

氰 戊 菊 酯

氰戊菊酯属于拟除虫菊酯类杀虫药。对昆虫以触杀为主，兼有胃毒和驱避作用。氰戊菊酯对家畜的多种体外寄生虫和吸血昆虫如螨、虱、蚤、蜱、蚊、蝇和虻等均有良好的杀灭效果。有害昆虫接触后，药物迅速进入虫体的神经系统，表现为兴奋、抖动，很快转为全身麻痹、瘫痪，最后击倒而死亡。应用氰戊菊酯喷洒家畜体表，螨、虱、蚤等于用药后 10 min 出现中毒，4～12 h 后全部死亡。氰戊菊酯对动物安全，在体内外均能较快地被降解。

氰戊菊酯溶液 本品为淡黄色澄清液体。

【作用与用途】杀虫药。用于驱杀家畜外寄生虫，如蜱、虱、蚤等。

【用法与用量】以氰戊菊酯计。喷雾：加水稀释成 0.02%～0.04%的水溶液。

【注意事项】（1）配制溶液时，水温以 12 ℃为宜，如水温超过 25 ℃会降低药效，水温超过 50 ℃时则失败。（2）避免使用碱性水，并忌与碱性药物合用，以防药液分解失效。（3）本品对蜜蜂、鱼虾、家蚕毒性较强，使用时不要污染河流、池塘、桑园、养殖场所。

【休药期】牛 28 d。

双 甲 脒

双甲脒为广谱杀虫药，对各种螨、蜱、蝇、虱等均有效，主要为接触毒，兼有胃毒和内吸毒作用。双甲脒的杀虫作用在某种程度上与其抑制单胺氧化酶有关，而后者是参与蜱、螨等虫体神经系统胺类神经递质的代谢酶。因双甲脒的作用，吸血节肢昆虫过度兴奋，以致不能吸附动物体表而掉落。本品产生杀虫作用较慢，一般在用药后 24 h 才能使虱、蜱从体表脱落，48 h 可使螨从患部皮肤自行脱落。一次用药可维持药效 6～8 周，保护畜体不再受外寄生虫的侵袭。此外，对大蜂螨和小蜂螨也有较强的杀虫作用。

双甲脒溶液 本品为微黄色澄清液体。

【作用与用途】杀虫药。主用于杀螨，亦用于杀灭蜱、虱等外寄生虫。

【用法与用量】药浴、喷洒或涂擦：配成 0.025%～0.05%的溶液。

【不良反应】对皮肤和黏膜有一定刺激性。

【注意事项】(1)产奶期禁用。(2)对鱼类有剧毒,禁用。勿将药液污染鱼塘、河流。(3)本品对皮肤有刺激性,使用时防止药液沾污皮肤和眼睛。

【休药期】牛 21 d;弃奶期 48 h。

第三节 解热镇痛抗炎类药物

阿 司 匹 林

阿司匹林解热、镇痛效果较好,抗炎、抗风湿作用强。可抑制抗体产生及抗原抗体结合反应,阻止炎性渗出,对急性风湿有特效,抗风湿的疗效确实。较大剂量时还可抑制肾小管对尿酸的重吸收,增加尿酸排泄。主要用于发热、风湿、肌肉和关节疼痛和痛风的治疗。

药物相互作用 (1)其他水杨酸类解热镇痛药、双香豆素类抗凝血药、巴比妥类等与阿司匹林合用时,作用增强,甚至毒性增加。(2)糖皮质激素能刺激胃酸分泌、降低胃及十二指肠黏膜对胃酸的抵抗力,与阿司匹林合用可使胃肠出血加剧。(3)与碱性药物(如碳酸氢钠)合用,将加速阿司匹林的排泄,使疗效降低。但在治疗痛风时,同服等量的碳酸氢钠,可以防止尿酸在肾小管内沉积。

阿司匹林片 本品为白色片。

【作用与用途】解热镇痛药。用于发热性疾患、肌肉痛、关节痛。

【用法与用量】以阿司匹林计。内服:一次量,牛 15~30 g。

【不良反应】(1)本品能抑制凝血酶原合成,连续长期应用可引发出血倾向。(2)对胃肠道有刺激作用,剂量大时易导致食欲不振、恶心、呕吐乃至消化道出血,长期使用可引发胃肠溃疡。

【注意事项】（1）奶牛泌乳期禁用。（2）胃炎、胃溃疡患畜慎用，与碳酸钙同服，可减少对胃的刺激。不宜空腹投药。发生出血倾向时，可用维生素 K 治疗。（3）解热时，动物应多饮水，以利于排汗和降温，否则会因出汗过多而造成水和电解质平衡失调或虚脱。（4）老龄动物、体弱或体温过高患畜，解热时宜用小剂量，以免大量出汗而引起虚脱。（5）动物发生中毒时，可采取洗胃、导泻、内服碳酸氢钠及静注 5%葡萄糖和 0.9%氯化钠等解救。

【休药期】无需制定。

对乙酰氨基酚

对乙酰氨基酚具有解热、镇痛与抗炎作用。解热作用类似阿司匹林，但镇痛和抗炎作用较弱。其抑制丘脑前列腺素合成与释放的作用较强，抑制外周前列腺素合成与释放的作用较弱。对血小板及凝血机制无影响。主要作为中小动物的解热镇痛药，用于发热、肌肉痛、关节痛和风湿症。

对乙酰氨基酚片 本品为白色片。

【作用与用途】解热镇痛药。用于发热、肌肉痛、关节痛和风湿症。

【用法与用量】以对乙酰氨基酚计。内服：一次量，牛 10～20 g。

【不良反应】偶见厌食、呕吐、缺氧、发绀，红细胞溶解、黄疸和肝脏损害等症。

【注意事项】大剂量可引起肝、肾损害，在给药后 12 h 内使用乙酰半胱氨酸或蛋氨酸可以预防肝损害。肝、肾功能不全的患畜及幼畜慎用。

【休药期】无需制定。

对乙酰氨基酚注射液 本品为无色或几乎无色略带黏稠的澄明液体。

【作用与用途】解热镇痛药。用于发热、肌肉痛、关节痛和风湿症。

【用法与用量】以对乙酰氨基酚计。肌内注射：一次量，牛5～10 g。

【不良反应】【注意事项】和【休药期】同对乙酰氨基酚片。

安 乃 近

安乃近内服吸收迅速，作用较快，药效维持3～4 h。解热作用较显著，镇痛作用亦较强，并有一定的消炎和抗风湿作用。对胃肠蠕动无明显影响。

药物相互作用 不能与氯丙嗪合用，以免体温剧降。不能与巴比妥类及保泰松合用，会影响肝微粒体酶活性。

安乃近片 本品为白色或几乎白色片。

【作用与用途】解热镇痛类抗炎药。用于肌肉痛、风湿症、发热性疾患和疝痛等。

【用法与用量】以安乃近计。内服：一次量，牛4～12 g。

【不良反应】长期应用可引起粒细胞减少。

【注意事项】可抑制凝血酶原的合成，加重出血倾向。

【休药期】牛28 d；弃奶期7 d。

安乃近注射液 本品为无色至微黄色的澄明液体。

【作用与用途】解热镇痛类抗炎药。用于肌肉痛、风湿症、发热性疾患和疝痛等。

【用法与用量】以安乃近计。肌内注射：一次量，牛3～10 g。

【不良反应】长期应用可引起粒细胞减少。

【注意事项】不宜于穴位注射，尤其不适于关节部位注射，否则可能引起肌肉萎缩和关节机能障碍。

【休药期】牛28 d；弃奶期7 d。

安 替 比 林

安替比林解热作用迅速，但维持时间较短，并有一定的镇痛、消炎作用，可作为中、小动物的解热镇痛药。局部应用能降低毛细血管的通透性，故可用其 3‰～6‰溶液冲洗患部。另外，还有一定的消炎止血功效。主要用于发热、疼痛性疾病。

由于本品的疗效低、毒性强，目前很少单独使用，只在复方制剂（安痛定注射液）中作为组分的一种成分。

药物相互作用 有碳酸氢钠及水分存在时，可使其变质。

安痛定注射液 本品为无色至淡棕色的澄明液体。

【作用与用途】解热镇痛类抗炎药。用于发热性疾患、关节痛、肌肉痛和风湿症。

【用法与用量】以本品计。肌内注射或皮下注射：一次量，牛20～50 mL。

【不良反应】（1）剂量过大或长期应用，可引起虚脱、高铁血红蛋白血症、缺氧、发绀、粒细胞减少症等。（2）可使药物代谢加速，降低药效。

【注意事项】可引起粒细胞减少症，长期应用时注意定期检查血象。

【休药期】牛 28 d；弃奶期 7 d。

氨 基 比 林

氨基比林解热作用强而持久，为安替比林的 3～4 倍，亦强于对乙酰氨基酚（扑热息痛）。本品还有抗风湿和抗炎作用，可治疗急性风湿性关节炎，疗效与水杨酸类相近。主要用于牛的解热和抗风湿，但镇痛效果较差。

药物相互作用 氨基比林解热作用强而持久，安替比林解热作用迅速，但持续时间较短，并有一定的镇痛、消炎作用。巴比妥的中枢抑制作用随剂量而异，具有镇静、催眠和抗惊厥作用。配成复方制剂，能增强镇痛效果，有利于缓解疼痛症状。

复方氨基比林注射液 无色至淡黄色的澄明液体。

【作用与用途】解热镇痛药。用于牛的解热和抗风湿，但镇痛效果较差。

【用法与用量】以本品计。肌内注射或皮下注射：一次量，牛20～50 mL。

【不良反应】剂量过大或长期应用，可引起高铁血红蛋白血症、缺氧、发绀、粒细胞减少症等。

【注意事项】连续长期应用可引起粒细胞减少症，应定期检查血象。

【休药期】牛 28 d；弃奶期 7 d。

水 杨 酸 钠

水杨酸钠镇痛作用较阿司匹林、非那西汀、氨基比林弱。临床上主要用作抗风湿药。对于风湿性关节炎，用药数小时后关节疼痛显著减轻，肿胀消退，风湿热消退。另外，本品还有促进尿酸排泄的作用，可用于痛风。

【药物相互作用】（1）本品可使血液中凝血酶原的活性降低，故不可与抗凝血药合用。（2）与碳酸氢钠同时内服可减少本品吸收，加速本品排泄。

水杨酸钠注射液 无色至微黄色的澄明液体。

【作用与用途】解热镇痛药。用于风湿症等。

【用法与用量】以水杨酸计。静脉注射：一次量，牛 10～30 g。

【不良反应】 （1）长期大剂量应用，可引起耳聋、肾炎等。

（2）因抑制凝血酶原合成而产生出血倾向。

【注意事项】（1）本品仅供静注，不能漏出血管外。（2）有出血倾向、肾炎及酸中毒的患畜禁用。

【休药期】无需制定。

复方水杨酸钠注射液　无色至淡黄色澄明液体。

【作用与用途】解热镇痛药。用于治疗风湿症、关节痛和肌肉痛等。

【用法与用量】以本品计。静脉注射：一次量，牛 100～200 mL。

【不良反应】【注意事项】和【休药期】同水杨酸钠注射液。

氟尼辛葡甲胺

氟尼辛葡甲胺是一种强效环氧化酶抑制剂，具有镇痛、解热、抗炎和抗风湿作用。镇痛作用是通过抑制外周的前列腺素或其痛觉增敏物质的合成或它们的共同作用，从而阻断痛觉冲动传导所致。外周组织的抗炎作用可能是通过抑制环氧化酶、减少前列腺素前体物质形成，以及抑制其他介质引起局部炎症反应所致。用于家畜及小动物的发热性、炎性疾病，肌肉和软组织疼痛等。注射给药可控制牛呼吸道疾病和内毒素血症所致的高热，内服可治疗肌肉炎症及疼痛。

药物相互作用　（1）勿与其他非甾体类抗炎药同时使用，因为会加重对胃肠道的毒副作用，如溃疡、出血等。（2）因血浆蛋白结合率高，与其他药物联合应用时，氟尼辛葡甲胺可能置换与血浆蛋白结合的其他药物或者自身被其他药物所置换，以致被置换的药物的作用增强，甚至产生毒性。

氟尼辛葡甲胺注射液　本品为无色至微黄色澄明液体。

【作用与用途】解热镇痛抗炎药。用于缓解家畜发热性、炎症性疾患、肌肉痛等症状；用于急性牛乳房炎以及呼吸道炎症的辅助治疗。

【用法与用量】以本品计。静脉注射：每 45 kg 体重，牛 2 mL，缓慢注射，每日 1 次，连用不超过 5 d。

【不良反应】长期大剂量使用本品可能导致出血、动物胃溃疡及肾功能损伤。

【注意事项】（1）消化道溃疡患畜慎用。（2）请勿与其他非甾体类抗炎药（NSAIDs）同时使用。（3）本品快速注射可能引起动物休克，故应缓慢注射。

【休药期】牛 10 d；弃奶期 1 d。

美 洛 昔 康

美洛昔康通过抑制前列腺素的合成发挥作用，主要功能为抗炎、抗渗出、镇痛、解热。美洛昔康抑制白细胞向发炎组织渗入，微弱地抑制胶原蛋白诱导的血小板聚集。另外，美洛昔康还抑制大肠埃希氏菌内毒素诱导的犊牛、泌乳牛血栓素 B_2 的生成，具有抗内毒素作用。

美洛昔康注射液 本品为黄色澄明液体。

【作用与用途】解热镇痛抗炎药。与适宜的抗生素合用，辅助治疗急性呼吸道感染以缓解牛的临床症状；与口服补液合用，辅助治疗腹泻以缓解超过一周龄的小牛与青年非泌乳牛的临床症状；与抗生素合用，辅助治疗急性乳房炎。

【用法与用量】以美洛昔康计。皮下注射或静脉注射：与适宜的抗生素或口服补液合用，一次量，每 1 kg 体重，牛 0.5 mg。

【不良反应】（1）皮下注射后，注射部位偶见轻微的一次性肿胀。（2）有极少数出现过敏反应，应对症治疗。

【注意事项】（1）禁用于肝功能、心功能、或肾功能损伤、出血异常的，或胃肠道溃疡的动物。（2）禁用于对本品过敏的动物。（3）禁用于治疗一周龄以内的牛的腹泻。（4）存在肾中毒的潜在风险，请慎用于严重脱水、血容量减少或低血压等需要注射补液的动物。（5）禁与糖皮质激素、其他非类固醇类消炎药或抗凝血剂合用。（6）对 NSAIDs 过敏的人应该避免接触本品。（7）远离儿童。

【休药期】牛 15 d；弃奶期 5 d。

氢 化 可 的 松

本品具有抗炎、抗过敏、抗毒素、抗休克和影响代谢作用。

药物相互作用 （1）苯巴比妥等肝药酶诱导剂可促进本类药物的代谢，使药效降低。（2）本类药物可使水杨酸盐的消除加快、疗效降低，合用时还易引起消化道溃疡。（3）本品可使内服抗凝血药的疗效降低，两者合用时应适当增加抗凝血药的剂量。（4）噻嗪类利尿药能促进钾排泄，与本品合用时应注意补钾。

氢化可的松注射液 本品为无色的澄明液体。

【作用与用途】肾上腺皮质激素类。用于炎症性、过敏性疾病，牛酮血症等。

【用法与用量】以本品计。静脉注射：一次量，牛 200～500 mg。

【不良反应】（1）诱发或加重感染。（2）诱发或加重溃疡病。（3）骨质疏松、肌肉萎缩、伤口愈合延缓。（4）有较强的水钠潴留和排钾作用。

【注意事项】（1）严重肝功能不良、骨软症、骨折治疗期、创伤修复期、疫苗接种期动物禁用。（2）妊娠后期大剂量使用可引起流产，因此妊娠早期及后期母畜禁用。（3）严格掌握适应证，防止滥用。（4）用于严重急性的细菌性感染应与足量有效的抗菌药合用。（5）大剂量可增加钠的重吸收和钾、钙和磷的排除，长期使用可致水肿、骨质疏松等。（6）长期用药不能突然停药，应逐渐减量，直至停药。

【休药期】无需制定。

醋酸氢化可的松

醋酸氢化可的松为天然短效类皮质激素，多用作静脉注射或供乳室内、关节腔、鞘内等局部注入，肌内注射吸收不良。局部注射吸收缓慢，药效作用持久。主要用于关节炎、腱鞘炎、急慢性挫伤、肌腱劳损。还可用于眼结膜炎、角膜炎等。

药物相互作用 （1）苯巴比妥等肝药酶诱导剂可促进本类药物的代谢，使药效降低。（2）本类药物可使水杨酸盐的消除加快、疗效降低，合用时还易引起消化道溃疡。（3）与强心苷合用，可增加洋地黄毒性及心律紊乱的发生；本品可使内服抗凝血药的疗效降低，两者合用时应适当增加抗凝血药的剂量。（4）与排钾利尿药合用，可致严重低血钾症，并由于水钠潴留而减弱利尿药的排钠利尿效应。

醋酸氢化可的松注射液 为微细颗粒的混悬液。静置后微细颗粒下沉，振摇后成均匀的乳白色混悬液。

【作用与用途】糖皮质激素类。有抗炎、抗过敏和影响糖代谢等作用，用于炎症性、过敏性疾病和牛酮血病等。

【用法与用量】以醋酸氢化可的松计。肌内注射：一次量，牛250～750 mg。滑囊、腱鞘或关节囊内注射：一次量，牛50～250 mg。

【不良反应】（1）有较强的水钠潴留和排钾作用。（2）有较强的免疫抑制作用。（3）妊娠后期大剂量使用可引起流产。（4）大剂量或长期用药易引起肾上腺皮质功能低下。

【注意事项】（1）妊娠早期及后期母畜禁用。（2）禁用于骨质疏松症和疫苗接种期。（3）严重肝功能不良、骨折治疗期、创伤修复期动物禁用。（4）急性细菌性感染时，应与抗菌药配伍使用。（5）长期用药不能突然停药，应逐渐减量，直至停药。

【休药期】0 d。

醋酸氢化可的松滴眼液 为微细颗粒的混悬液，静置后微细颗粒下沉，振摇后成均匀的乳白色混悬液。

【作用与用途】糖皮质激素类药。用于结膜炎、虹膜炎、角膜炎、巩膜炎等。

【用法与用量】滴眼。

【注意事项】（1）角膜溃疡禁用。（2）眼部有细菌感染时应与抗菌药物配伍使用。

【休药期】无需制定。

醋 酸 可 的 松

该药本身无活性，需在体内转化为氢化可的松后起效。皮肤等局部用药无效。肌内注射吸收缓慢，作用持久。

药物相互作用 （1）苯巴比妥等肝药酶诱导剂可促进本类药物的代谢，使药效降低。（2）本类药物可使水杨酸盐的消除加快、疗效降低，合用时还易引起消化道溃疡。（3）与强心苷合用，可增加洋地黄毒性及心律紊乱的发生；本品可使内服抗凝血药的疗效降低，两者合用时应适当增加抗凝血药的剂量。（4）与排钾利尿药合用，可致严重低血钾症，并由于水钠潴留而减弱利尿药的排钠利尿效应。

醋酸可的松注射液 为微细颗粒的混悬液，静置后微细颗粒下沉，振摇后成均匀的乳白色混悬液。

【作用与用途】糖皮质激素类药。有抗炎、抗过敏和影响糖代谢等作用，用于炎症性、过敏性疾病和牛酮血病等。

【用法与用量】以醋酸可的松计。肌内注射：一次量，牛 250～750 mg。滑囊、腱鞘或关节囊内注射：一次量，牛 50～250 mg。

【不良反应】（1）有较强的水钠潴留和排钾作用。（2）有较强的免疫抑制作用。（3）妊娠后期大剂量使用可引起流产。（4）大剂量或长期用药易引起肾上腺皮质功能低下。

【注意事项】（1）妊娠早期及后期母畜禁用。（2）禁用于骨质疏松症和疫苗接种期。（3）严重肝功能不良、骨折治疗期、创伤修复期动物禁用。（4）急性细菌性感染时，应与抗菌药配伍使用。（5）长期用药不能突然停药，应逐渐减量，直至停药。

【休药期】无需制定。

醋 酸 泼 尼 松

本品本身无药理活性，需在体内转化为氢化泼尼松后显效。本品的抗炎作用与糖原异生作用为氢化可的松的 4 倍，而水钠潴留及排钾作用比氢化可的松小。因抗炎、抗过敏作用强，副作用较少，故较常用。能促进蛋白质转变为葡萄糖，减少机体对糖的利用，使血糖和肝糖原增加，出现糖尿。

药物相互作用　（1）苯巴比妥等肝药酶诱导剂可促进本类药物的代谢，使药效降低。（2）本类药物可使水杨酸盐的消除加快、疗效降低，合用时还易引起消化道溃疡。（3）与强心苷合用，可增加洋地黄毒性及心律紊乱的发生；本品可使内服抗凝血药的疗效降低，两者合用时应适当增加抗凝血药的剂量。（4）与排钾利尿药合用，可致严重低血钾症，并由于水钠潴留而减弱利尿药的排钠利尿效应。

醋酸泼尼松片　本品为白色片。

【作用与用途】糖皮质激素类药。有抗炎、抗过敏和影响糖代谢等作用，用于炎症性、过敏性疾病和牛酮血病等。

【用法与用量】以醋酸泼尼松计。内服：一次量，牛 100～300 mg。

【不良反应】（1）有较强的水钠潴留和排钾作用。（2）有较强的免疫抑制作用。（3）妊娠后期大剂量使用可引起流产。（4）大剂量或长期用药易引起肾上腺皮质功能低下。

【注意事项】（1）妊娠早期及后期母畜禁用。（2）禁用于骨质疏松症和疫苗接种期。（3）严重肝功能不良、骨折治疗期、创伤修复期动物禁用。(4) 急性细菌性感染时应与抗菌药物配伍使用。(5) 长期用药不能突然停药，应逐渐减量，直至停药。

【休药期】0 d。

醋 酸 氟 轻 松

为外用糖皮质激素，作用强而副作用小。局部涂敷，对皮肤和黏膜的炎症、瘙痒和皮肤过敏反应等都能迅速显效。

主要用于各种皮肤病，如湿疹、过敏性皮炎和皮肤瘙痒等。

醋酸氟轻松乳膏 本品为白色乳膏。

【作用与用途】糖皮质激素类药。用于过敏性皮炎等。

【用法与用量】外用：涂患处。适量。

【注意事项】局部细菌性感染时应与抗菌药配伍使用。

【休药期】无需制定。

地塞米松磷酸钠

地塞米松的作用与氢化可的松基本相似，但作用较强，显效时间长，副作用较小。抗炎作用与糖原异生作用为氢化可的松的 25 倍，而水钠潴留和排钾的作用比氢化可的松的稍小。对垂体-肾上腺皮质轴的抑制作用较强。本品除上述作用外，还可用于母畜的同期分娩的引产，但可使胎盘滞留率升高，泌乳延迟，子宫恢复到正常状态较晚。

药物相互作用 (1) 苯巴比妥等肝药酶诱导剂可促进本类药物的代谢，使药效降低。(2) 可使水杨酸盐的消除加快、疗效降低，合用时还易引起消化道溃疡。(3) 可使内服抗凝血药的疗效降低，两者合用时应适当增加抗凝血药的剂量。(4) 噻嗪类利尿药能促进钾排泄，合用时应注意补钾。

地塞米松磷酸钠注射液 本品为地塞米松磷酸钠的灭菌水溶液，

为无色澄明液体。

【作用与用途】糖皮质激素类药。有抗炎、抗过敏和影响糖代谢等作用。用于炎症性、过敏性疾病和牛酮血病。

【用法与用量】肌内注射或静脉注射：一日量，牛 5～20 mg。

【不良反应】（1）有较强的水钠潴留和排钾作用。（2）有较强的免疫抑制作用。（3）妊娠后期大剂量使用可引起流产。

【注意事项】（1）妊娠早期及后期母畜禁用。（2）严重肝功能不良、骨软症、骨折治疗期、创伤修复期、疫苗接种期动物禁用。（3）严格掌握作用与用途，防止滥用。（4）对细菌性感染应与抗菌药合用。（5）长期用药不能突然停药，应逐渐减量，直至停药。

【休药期】牛 21 d；弃奶期 3 d。

醋酸地塞米松

抗炎作用与糖原异生作用为氢化可的松的 25 倍，而水钠潴留和排钾的作用仅为氢化可的松的 3/4。对垂体-肾上腺皮质轴的抑制作用较强。

药物相互作用 （1）苯巴比妥等肝药酶诱导剂可促进本类药物的代谢，使药效降低。（2）本类药物可使水杨酸盐的消除加快、疗效降低，合用时还易引起消化道溃疡。（3）与强心苷合用，可增加洋地黄毒性及心律紊乱的发生；本品可使内服抗凝血药的疗效降低，两者合用时应适当增加抗凝血药的剂量。（4）与排钾利尿药合用，可致严重低血钾症，并由于水钠潴留而减弱利尿药的排钠利尿效应。

醋酸地塞米松片 本品为白色片。

【作用与用途】糖皮质激素类药。有抗炎、抗过敏和影响糖代谢等作用，用于炎症性、过敏性疾病和牛酮血病等。

【用法与用量】以醋酸地塞米松计。内服：一次量，牛 5～20 mg。

【不良反应】（1）有较强的水钠潴留和排钾作用。（2）有较强的免疫抑制作用。（3）妊娠后期大剂量使用可引起流产。（4）大剂量或长期用药易引起肾上腺皮质功能低下。

【注意事项】（1）禁用于骨质疏松症和疫苗接种期。（2）急性细菌性感染时应与抗菌药物配伍使用。（3）易引起孕畜早产。

【休药期】 牛 0 d。

第四节　泌尿生殖系统药物

一、利尿药与脱水药

利尿药是一类作用于肾脏，增加电解质和水的排泄，使尿量增加的药物。利尿药通过影响肾小球的滤过、肾小管的重吸收和分泌等功能，特别是影响肾小管的重吸收而实现其利尿作用。临床主要用于治疗各种类型的水肿，急性肾功能衰竭及促进毒物的排出。

脱水药又称渗透性利尿药，是一种非电解质类物质。脱水药在体内不被代谢或代谢较慢，但能迅速提高血浆渗透压，且很容易从肾小球滤过，在肾小管内不被重吸收或吸收很少，从而提高肾小管内渗透压。因此，临床上可以使用足够大的剂量，以显著增加血浆渗透压、肾小球滤过率和肾小管内液量，产生利尿脱水作用。临床主要用于消除脑水肿等局部组织水肿。

呋　塞　米

本品主要作用于肾小管髓袢升支髓质部，抑制其对 Cl^- 和 Na^+ 的重吸收，对升支的皮质部也有作用。其结果是管腔液 Na^+、Cl^- 浓度升高，髓质间液 Na^+、Cl^- 浓度降低，肾小管浓缩功能下降，从而导致水、Na^+、Cl^- 排泄增多。由于 Na^+ 重吸收减少，远曲小管 Na^+ 浓度升高，促进 $Na^+ - K^+$ 和 $Na^+ - H^+$ 交换增加，使 K^+、H^+ 排泄增多。另外，呋塞米还能抑制近曲小管和远曲小管对 Na^+、Cl^- 的重吸收，使远曲小管 $Na^+ - K^+$ 交换加强，促进 K^+ 的排泄。

药物相互作用 （1）与氨基糖苷类抗生素同时应用可增加后者的肾毒性和耳毒性。（2）呋塞米可增强琥珀胆碱的作用。（3）糖皮质激素类药物可降低其利尿效果，并增加电解质紊乱尤其是低血钾症发生机会，从而可能增加洋地黄的毒性。（4）本品能与阿司匹林竞争肾的排泄部位，延长其作用。（5）与茶碱合用可增强茶碱的作用。

呋塞米片 本品为白色片。

【作用与用途】利尿药。用于各种水肿症。

【用法与用量】以呋塞米计。内服：一次量，每 1 kg 体重，牛 2 mg。

【不良反应】（1）可诱发低钠、低钾、低钙血症与低血镁等电解质平衡紊乱，另外，在脱水动物易出现氮血症。（2）还可引起胃肠道功能紊乱、贫血、白细胞减少和衰弱等症状。

【注意事项】（1）无尿患畜禁用，电解质紊乱或肝损害的患畜慎用。（2）长期大量用药可出现低血钾、低血钠、低血钙、低血镁及脱水，应补钾或与保钾性利尿药配伍或交替使用，并定时监测水和电解质平衡状态。（3）应避免与氨基糖苷类抗生素和糖皮质激素合用。

【休药期】无需制定。

呋塞米注射液 本品为无色或几乎无色的澄明液体。

【作用与用途】利尿药。用于各种水肿症。

【用法与用量】以呋塞米计。肌内注射或静脉注射：一次量，每 1 kg 体重，牛 0.5～1 mg。

【不良反应】【注意事项】和【休药期】同呋塞米片。

氢 氯 噻 嗪

本品属中效利尿药，主要作用于髓袢升支皮质部和远曲小管的前段，抑制 Na^+、Cl^- 的重吸收，从而起到排钠利尿作用。由于流入远

曲小管和集合管的 Na^+ 的增加，促进 K^+ - Na^+ 的交换，故 K^+ 的排泄也增加。临床用于治疗肝、心、肾性水肿。也可用于治疗局部组织水肿，如产前浮肿，牛乳房水肿等，以及某些急性中毒加速毒物排出。

药物相互作用 （1）与氨基糖苷类抗生素及头孢菌素（第一、二代）并用，肾毒性、耳毒性增加，尤其是原先存在肾损害时。（2）引起的低钾可增强强心苷的毒性。（3）加强非去极化肌松药的疗效或持续时间。（4）皮质激素类药物可降低本品利尿效果，并增加电解质紊乱，尤其是低血钾症发生机会。（5）非甾体类解热镇痛抗炎药能降低本品利尿作用，可使肾损害机会增加。（6）与碳酸氢钠合用，发生低氯性碱血症概率增加。

氢氯噻嗪片 本品为白色片。

【作用与用途】 利尿药。用于各种水肿。

【用法与用量】 以氢氯噻嗪计。内服：一次量，每 1 kg 体重，牛 1～2 mg。

【不良反应】 （1）大量或长期应用可引起体液和电解质平衡紊乱，导致低钾性碱血症、低氯性碱血症。（2）高尿酸血症、高钙血症。（3）其他不良反应有胃肠道反应（呕吐、腹泻）等。

【注意事项】 （1）严重肝、肾功能障碍、电解质平衡紊乱及高尿酸血症等患畜慎用。（2）宜与氯化钾合用，以免发生低血钾症。

【休药期】 无需制定。

甘　露　醇

本品为高渗性脱水药。静脉注射高渗甘露醇后可提高血浆渗透压，使组织（包括眼、脑、脑脊液）细胞间液水分向血浆转移，产生组织脱水作用，从而可降低颅内压和眼内压。可加速某些毒素的排泄，辅助其他利尿药可以迅速减轻水肿或腹水。

临床用于预防急性肾功能衰竭，降低眼内压和颅内压，加速某些毒素的排泄，以及辅助其他利尿药以迅速减轻水肿或腹水。

甘露醇注射液 本品为无色的澄明液体。

【**作用与用途**】脱水药。用于脑水肿、脑炎的辅助治疗。

【**用法与用量**】以本品计。静脉注射：一次量，牛1 000～2 000 mL。

【**不良反应**】（1）大剂量或长期应用可引起水和电解质平衡紊乱。（2）静脉注射过快可能引起心血管反应，如肺水肿及心动过速等。（3）静脉注射时药物漏出血管可使注射部位水肿，皮肤坏死。

【**注意事项**】（1）严重脱水、肺充血或肺水肿、充血性心力衰竭以及进行性肾功能衰竭患畜禁用。（2）脱水动物在治疗前应适当补液。（3）静脉注射时勿漏出血管外，以免引起局部肿胀和坏死。

【**休药期**】无需制定。

山　梨　醇

本品为甘露醇的同分异构体，作用和应用与甘露醇相似。进入体内后，因部分在肝脏转化为果糖，因此相同浓度的山梨醇脱水效果较甘露醇弱。

山梨醇注射液 本品为无色的澄明液体。

【**作用与用途**】脱水药。用于脑水肿、脑炎的辅助治疗。

【**用法与用量**】以本品计。静脉注射：一次量，牛1 000～2 000 mL。

【**不良反应**】（1）大剂量或长期静脉注射应用可引起水和电解质平衡紊乱。（2）静脉注射过快可引起心血管反应如肺水肿及心动过速等。（3）静脉注射时药物漏出血管可使注射部位水肿，皮肤坏死。

【**注意事项**】（1）严重脱水、肺充血或肺水肿、充血性心力衰竭以及进行性肾功能衰竭患畜禁用。（2）脱水动物在治疗前应适当补液。（3）局部刺激性较大，静脉注射是勿漏出血管外。

【**休药期**】无需制定。

二、生殖系统药物

哺乳动物的生殖系统受神经和体液的双重调节，但通常以体液调节为主。当生殖激素分泌不足或过多时，机体的生殖系统机能将发生紊乱，引发产科疾病或繁殖障碍。性激素及其类似物广泛用于控制动物的发情周期，提高或抑制繁殖能力，调控繁殖进程，治疗内分泌紊乱引起的繁殖障碍及增强抗病能力等。

缩 宫 素

本品能选择性兴奋子宫，加强子宫平滑肌的收缩。其兴奋子宫平滑肌作用因剂量大小、体内激素水平而不同。小剂量能增加妊娠末期子宫肌的节律性收缩，收缩舒张均匀；大剂量则能引起子宫平滑肌强直性收缩，使子宫肌层内的血管受压迫而起止血作用。此外，缩宫素能促进乳腺腺泡和腺导管周围的肌上皮细胞收缩，促进排乳。

缩宫素注射液 本品为无色澄明或几乎澄明的液体。

【作用与用途】子宫收缩药。用于催产、产后子宫出血和胎衣不下等。

【用法与用量】以缩宫素计。皮下注射或肌内注射：一次量，牛30～100 单位。

【注意事项】子宫颈尚未开放、骨盆过狭以及产道阻碍时禁用于催产。

【休药期】无需制定。

垂 体 后 叶

本品含缩宫素和加压素。对子宫的作用与缩宫素相同，其所含加压素有抗利尿和升高血压的作用。

垂体后叶注射液 本品为无色澄明或几乎澄明的液体。

【作用与用途】子宫收缩药。用于催产、产后子宫出血和胎衣不下等。

【用法与用量】以本品计。皮下注射或肌内注射：一次量，牛 3～10 mL。

【注意事项】（1）催产时，若产道异常、胎位不正、子宫颈尚未开放等禁用。（2）用量大时可引起血压升高、少尿及腹痛。

【休药期】无需制定。

马来酸麦角新碱

本品能选择性地作用于子宫平滑肌，作用强而持久。临产前子宫或分娩后子宫最敏感。麦角新碱对子宫体和子宫颈都具兴奋效应，稍大剂量即引起强直收缩，故不适于催产和引产。但由于子宫肌强直性收缩，机械压迫肌纤维中的血管，可阻止出血。

药物相互作用 与缩宫素或其他麦角制剂有协同作用。

马来酸麦角新碱注射液 本品为无色或几乎无色的澄明液体，微显蓝色荧光。

【作用与用途】子宫收缩药。临床上主要用于产后止血、加速胎衣排出及子宫复原。

【用法与用量】以马来酸麦角新碱计。肌内注射或静脉注射：一次量，牛 5～15 mg。

【注意事项】（1）胎儿未娩出前禁用。（2）不宜与缩宫素及其他收缩子宫制剂联用。

【休药期】无需制定。

苯甲酸雌二醇

雌二醇能促进母畜雌性器官和副性征的正常生长和发育。引起子宫颈黏膜细胞增大和分泌增加，阴道黏膜增厚，促进子宫内膜增生和增加子宫平滑肌张力。雌二醇对骨骼系统也有影响，能增加骨骼钙盐沉积，加速骨骺闭合和骨的形成，并有适度促进蛋白质合成，以及增加水、钠潴留的作用。此外，雌二醇还能负反馈调节来自腺垂体前叶的促性腺激素的释放，从而抑制泌乳、排卵以及雄性激素的分泌。

苯甲酸雌二醇注射液 本品为淡黄色的澄明油状液体。

【作用与用途】 性激素类药。用于发情不明显动物的催情及胎衣滞留、死胎排出。

【用法与用量】 以苯甲酸雌二醇计。肌内注射：一次量，牛 5～20 mg。

【不良反应】（1）可引起囊性子宫内膜增生和子宫蓄脓。（2）使牛发情期延长，泌乳减少。治疗后可出现早熟、卵泡囊肿。上述作用多因过量应用所致，调整剂量可减轻或消除这些不良反应。

【注意事项】（1）妊娠早期的动物禁用，以免引起流产或胎儿畸形。（2）可以做治疗用，但不得在动物性食品中检出。

【休药期】 牛 28 d；弃奶期 7 d。

黄 体 酮

在雌激素作用基础上，黄体酮可促进子宫内膜及腺体发育，抑制子宫肌收缩，减弱子宫肌对催产素的反应，起"安胎"作用；通过反馈机制抑制垂体前叶促黄体素的分泌，抑制发情和排卵。另外，与雌激素共同作用，刺激乳腺腺泡发育，为泌乳作准备。

黄体酮注射液 本品为无色至淡黄色的澄明油状液体。

【作用与用途】 性激素类药。用于预防流产。

【用法与用量】 以黄体酮计。肌内注射：一次量，牛 50～100 mg。

【注意事项】（1）奶牛泌乳期禁用。（2）长期应用可使妊娠期延长。

【休药期】牛 30 d。

黄体酮阴道缓释剂

【作用与用途】用于控制青年育成母牛和经产母牛的发情周期，适用于牛的同期发情和胚胎移植，以及治疗产后和泌乳期不发情。

【用法与用量】阴道内放置：一次量，牛 1 个。5～8 d 后取出。

【注意事项】（1）不适用于阴道畸形牛。（2）使用本品时需戴橡胶手套。（3）若动物健康状况差，如疾病或营养缺乏时，可能无反应。（4）勿让儿童接触。

【休药期】无需制定。

绒 促 性 素

本品具有促卵泡素（FSH）和促黄体素（LH）样作用。对母畜可促进黄体生成孕激素并能促进排卵。对未成熟卵泡无作用。对公畜可促进睾丸间质细胞分化和雄激素分泌，促使性器官、副性征的发育、成熟，对解剖学上无异常的动物，绒促性素还可使隐睾患畜的睾丸下降。

注射用绒促性素 本品为白色的冻干块状物或粉末。

【作用与用途】性激素类药。用于性功能障碍、习惯性流产及卵巢囊肿等。

【用法与用量】肌内注射：一次量，牛 1 000～5 000 单位。1 周 2～3 次。

【注意事项】（1）不宜长期应用，以免产生抗体和抑制垂体促性腺功能。（2）本品溶液极不稳定，且不耐热，应在短时间内用完。

【休药期】无需制定。

血 促 性 素

血促性素属于激素类药物，具有促卵泡素（FSH）和促黄体素

（LH）样作用。对母畜，主要表现卵泡雌激素样作用，促进卵泡的发育和成熟，引起母畜发情；也有轻度黄体生成素样作用，促进成熟卵泡排卵甚至超数排卵。对公畜，主要表现黄体生成样作用，能刺激雄激素分泌，提高性兴奋。

注射用血促性素 本品为白色冻干块状物或粉末。

【作用与用途】激素类药。主要用于母畜催情和促进卵泡发育；也用于胚胎移植时的超数排卵。

【用法与用量】皮下注射或肌内注射：一次量，催情，牛 1 000～2 000 单位；超排，母牛 2 000～4 000 单位。

临用前，用灭菌生理盐水 2～5 mL 稀释。

【注意事项】（1）不宜长期应用，以免产生抗体和抑制垂体促性腺功能。（2）本品溶液极不稳定，且不耐热，应在短时间内用完。

【休药期】无需制定。

垂 体 促 卵 泡 素

垂体促卵泡素属于激素类药物，在垂体促黄体素的协同作用下，能促进卵巢卵泡生长发育和雌激素的分泌，引起正常发情。在大剂量连续刺激下，可解除卵巢优势卵泡对其他小卵泡发育的抑制作用，使卵巢形成多个成熟卵泡。能够提高母牛的排卵数量，促进母牛超数排卵，同时提高受精率和胚胎移植率。

注射用垂体促卵泡素 本品为白色或类白色的冻干块状物或粉末。

【作用与用途】激素类药。用于卵巢静止，持久性黄体，卵泡发育停滞等，也用于牛超数排卵。

【用法与用量】临用前以灭菌生理盐水 2～5 mL 稀释。

治疗卵巢静止，持久性黄体，卵泡发育停滞，肌内注射：一次量，奶牛 100～150 单位，隔 2 日 1 次，2～3 次为一疗程。

超排，肌内注射：牛总剂量 450～500 单位，每日 2 次，间隔 12 h，递减法连用 4 d。

【注意事项】（1）用药前，必须检查卵巢变化，并依此修正剂量和用药次数。（2）禁用于促生长，用药前必须检查生殖机能是否正常，正常者才能使用，并根据母畜体重和胎次修正剂量。

【休药期】无需制定。

垂 体 促 黄 体 素

本品属激素类药物。在垂体促卵泡素的协同作用下，能促进卵泡最后成熟，并诱发成熟卵泡和黄体生成。

注射用垂体促黄体素 本品为白色或类白色的冻干块状物或粉末。

【作用与用途】激素类药。用于排卵延迟，卵巢囊肿和习惯性流产等。

【用法与用量】临用前用灭菌生理盐水 2～5 mL 稀释。肌内注射：一次量，牛 100～200 单位。

【注意事项】治疗卵巢囊肿时，剂量应加倍。

【休药期】无需制定。

促黄体素释放激素 A$_2$

促黄体素释放激素 A$_2$ 属于多肽类激素药。能促使动物腺垂体释放促黄体素（LH）和促卵泡素（FSH）。兼具有促黄体素和促卵泡素作用。

注射用促黄体素释放激素 A$_2$ 本品为白色冻干块状物或粉末。

【作用与用途】激素类药。用于治疗奶牛排卵迟滞、卵巢静止、持久黄体、卵巢囊肿及早期妊娠诊断。

【用法与用量】注射用水或生理盐水稀释后使用，现用现配。肌内注射：一次量，奶牛排卵迟滞，输精同时肌内注射 12.5～25 μg；奶牛卵巢静止，25 μg，每日 1 次，可连续 1～3 次，总剂量不超过 75 μg；奶牛持久黄体或卵巢囊肿，25 μg，每日 1 次，可连续注射 1～4次，总剂量不超过 100 μg；奶牛早期妊娠诊断，12.5～25 mg，配种后 5～8 d 注射一次，35 d 内无重复发情判为已妊娠。

【不良反应】使用剂量过大，可能导致催产失败。

【注意事项】（1）使用本品后一般不能再用其他激素。（2）不能减少剂量多次使用，以免引起免疫耐受、性腺萎缩退化等不良反应，降低效果。

【休药期】无需制定。

促黄体素释放激素 A₃

促黄体素释放激素 A₃ 属于激素类药物，为人工合成的多肽激素，为丘脑下部释放的促黄体素释放激素的类似物，兼具有促黄体素和促卵泡素作用。能促使动物腺垂体释放促黄体素（LH）和促卵泡素（FSH），使血浆中 LH 浓度明显升高（FSH 浓度轻度升高）促使卵巢的卵泡成熟而排卵。对雄性动物，可促进精子形成。不但可使垂体合成的激素立即释放，也能够刺激激素合成。

注射用促黄体素释放激素 A₃　本品为白色冻干块状物或粉末。

【作用与用途】激素类药。用于治疗奶牛排卵迟滞、卵巢静止、持久黄体、卵巢囊肿及早期妊娠诊断。

【用法与用量】注射用水或生理盐水稀释后使用，现用现配。

肌内注射：一次量，奶牛 25 μg。

【不良反应】使用剂量过大、可能导致催产失败。

【注意事项】（1）使用本品后一般不能再用其他激素。（2）不能减少剂量多次使用，以免引起免疫耐受、性腺萎缩退化等不良反应，降低效果。

【休药期】无需制定。

戈 那 瑞 林

静脉注射或者肌内注射生理剂量的戈那瑞林引起血浆促黄体素的明显升高和促卵泡素轻度升高，促使雌性动物卵巢的卵细胞成熟排卵或雄性动物的精巢发育及精子形成。

奶牛经肌内注射后，在其注射部位迅速被吸收，在血浆中很快代谢为无活性的片段，经尿排出。

戈那瑞林注射液 本品为无色的澄明液体。

【作用与用途】激素类药。促使动物腺垂体释放促卵泡素和促黄体素，用于治疗奶牛的卵巢机能停止，诱导奶牛同期发情。

【用法与用量】肌内注射。卵巢机能停止的奶牛一经确诊后，即开始 Ovsynch 程序，诱导发情于产后 50 d 左右开始 Ovsynch 程序。

Ovsynch 程序如下：在开始程序当日每头注射戈那瑞林 100～200 μg，第 7 日注射氯前列醇钠 0.5 mg，过 48 h 第二次注射相同剂量的戈那瑞林，再过 18～20 h 后输精。

【注意事项】（1）禁止用于促生长。（2）使用本品后一般不能同时再用其他类激素。（3）儿童不宜触及本品。

【休药期】牛 7 d；弃奶期 12 h。

注射用戈那瑞林 本品为白色或类白色冻干块状物或粉末。

【作用与用途】【用法与用量】【注意事项】和【休药期】同戈那瑞林注射液。

甲基前列腺素 $F_{2\alpha}$

本品属于前列腺素类药物，具有溶解黄体，增强子宫平滑肌张力和收缩力等作用。

甲基前列腺素 $F_{2\alpha}$ 注射液 本品为无色澄明液体。

【作用与用途】前列腺素类药。用于同期发情、同期分娩；也用于治疗持久性黄体、诱导分娩和催排死胎等。

【用法与用量】以 $C_{21}H_{36}O_5$ 的 S 差向异构体计。肌内注射或宫颈内注入：一次量，每 1 kg 体重，牛 2～4 mg。

【不良反应】大剂量应用可产生腹泻、阵痛等不良反应。

【注意事项】（1）妊娠母畜忌用，以免引起流产。（2）治疗持久黄体时用药前应仔细进行直肠检查，以便针对性治疗。

【休药期】牛 1 d。

氨基丁三醇前列腺素 $F_{2\alpha}$

氨基丁三醇前列腺素 $F_{2\alpha}$ 又名地诺前列腺素，也被称为黄体溶解素。本品能溶解黄体，使孕酮产生减少和停止，结果使黄体期缩短，使母畜提早发情和排卵，有利于配种、人工同期受精或胚胎移植。对于卵巢黄体囊肿或永久性黄体，本品均可使黄体萎缩退化，促进发情和排卵。前列腺素 $F_{2\alpha}$ 能兴奋子宫平滑肌，对妊娠和未妊娠的子宫都有作用。妊娠末期的子宫对本品尤为敏感，可使子宫张力增加，子宫颈松弛，适用于催产、引产和人工流产。

氨基丁三醇前列腺素 $F_{2\alpha}$ 注射液 本品为无色澄明液体。

【作用与用途】激素类药。主要用于控制母牛同期发情。

【用法与用量】肌内注射：一次量，牛 25 mg。

【注意事项】（1）避免怀孕妇女接近药液，不可由患气管、支气管或其他呼吸道疾病患者或怀孕妇女对动物注射本品。（2）本品滴在皮肤上，应立即用肥皂和水清洗。（3）患急性或亚急性心血管系统、胃肠道系统、呼吸系统疾病的动物禁用。（4）本品能导致多种动物流产或诱导分娩，注射本品前必须确认妊娠状态。（5）排卵后 5 d 内给药无效。（6）禁止静脉给药。

【休药期】牛 1 d。

氯 前 列 醇

氯前列醇属于激素类药物，具有强大的溶解黄体作用，能迅速引起黄体消退，并抑制其分泌；对子宫平滑肌也具有直接兴奋作用，可引起子宫平滑肌收缩，子宫颈松弛。对性周期正常的动物，治疗后通常在2～5 d内发情。在妊娠10～150 d的怀孕牛，通常在注射用药物后2～3 d出现流产。

氯前列醇注射液 本品为无色澄明液体。

【作用与用途】前列腺素类药。有溶解黄体作用，用于控制母牛同期发情。

【用法与用量】以氯前列醇计。肌内注射：牛 0.3～0.6 mg。宫内注射：牛 0.15～0.3 mg。

【不良反应】在妊娠5个月后应用本品，动物出现难产的风险将增加，且药效下降。

【注意事项】（1）不需要流产的妊娠动物禁用。（2）因药物可诱导流产及急性支气管痉挛，因此妊娠妇女和患有哮喘及其他呼吸道疾病的人员操作时应特别小心，不应接触药物。（3）氯前列醇易通过皮肤吸收，不慎接触后应立即用肥皂和水进行清洗。（4）不能与非甾体类抗炎药同时应用。

【休药期】无需制定。

氯前列醇钠注射液 本品为无色的澄明液体。

【作用与用途】前列腺素类药。有强大溶解黄体和直接兴奋子宫平滑肌作用，主用于控制母牛同期发情。

【用法与用量】以氯前列醇计。肌内注射：一次量，牛 0.2～0.3 mg。

【不良反应】【注意事项】和【休药期】同氯前列醇注射液。

注射用氯前列醇钠 本品为白色冻干块状物。

【作用与用途】前列腺素类药。主用于控制母牛同期发情。

【用法与用量】以氯前列醇钠计。肌内注射：一次量，牛 0.4～0.6 mg，11 d 后再注射一次。

【不良反应】【注意事项】和【休药期】同氯前列醇注射液。

第五节　其他机能调控类药物

一、中枢神经系统药物

尼 可 刹 米

尼可刹米对延髓呼吸中枢具有选择性直接兴奋作用，也可作用于颈动脉窦和主动脉体化学感受器，反射性兴奋呼吸中枢，提高呼吸中枢对缺氧的敏感性，使呼吸加深加快。对大脑皮层、血管运动中枢和脊髓有较弱的兴奋作用。对其他器官无直接兴奋作用。常用于各种原因引起的呼吸中枢抑制，如中枢抑制药中毒，疾病引起的中枢性呼吸抑制，新生仔畜窒息或加速麻醉动物的苏醒等。对阿片类药物中毒所致的呼吸衰竭比戊四氮更有效，对吸入麻醉药中毒作用次之，对巴比妥类药物中毒的解救效果不如戊四氮。

尼可刹米注射液　本品为尼可刹米的灭菌水溶液。

【作用与用途】中枢兴奋药。主要用于解救呼吸中枢抑制。

【用法与用量】以尼可刹米计。静脉、肌内或皮下注射：一次量，牛 2.5～5 g。

【不良反应】本品不良反应少，但剂量过大可引起血压升高、出汗、心律失常，震颤及肌肉强直，过量亦可引起惊厥。

【注意事项】（1）本品静脉注射速度不宜过快。（2）如出现惊厥，应及时静脉注射地西泮或小剂量硫喷妥钠。（3）兴奋作用之后，常出现中枢抑制现象。

【休药期】无需制定。

士 的 宁

士的宁可选择性兴奋脊髓，增强脊髓反射的敏感性，提高骨骼肌的紧张度。对大脑皮层亦有一定的兴奋作用。中毒剂量对中枢神经系统的所有部位都有兴奋作用，使全身骨骼肌同时挛缩，出现典型的强直性惊厥。士的宁的作用机制是通过与甘氨酸受体结合，竞争性地阻断脊髓润绍细胞释放的抑制性神经递质甘氨酸对神经元的抑制，从而引起脊髓兴奋效应。

硝酸士的宁注射液 本品为硝酸士的宁的灭菌水溶液。

【作用与用途】中枢兴奋药。用于脊髓性不全麻痹。

【用法与用量】以硝酸士的宁计。皮下注射：一次量，牛 15～30 mg。

【不良反应】本品毒性大，安全范围小，过量易出现肌肉震颤、脊髓兴奋性惊厥、角弓反张等。

【注意事项】 （1）肝肾功能不全、癫痫及破伤风患畜禁用。（2）孕畜及中枢神经系统兴奋症状的患畜禁用。（3）本品排泄缓慢，长期应用易蓄积中毒，故使用时间不宜太长，反复给药应酌情减量。（4）因过量出现惊厥时应保持动物安静，避免外界刺激，并迅速肌内注射苯巴比妥钠等进行解救。

【休药期】无需制定。

樟 脑 磺 酸 钠

樟脑磺酸钠属于中枢兴奋药。本品注射后通过对局部的刺激可反射性地兴奋呼吸中枢和血管运动中枢，吸收后能直接兴奋延髓呼吸中枢。大剂量也可兴奋大脑皮层。有一定的强心作用，使心肌收缩力增强、输出量增加、血压升高等。

樟脑磺酸钠注射液 本品为樟脑磺酸钠的灭菌水溶液。

【作用与用途】 中枢兴奋药。用于心脏衰弱，呼吸抑制等辅助治疗。

【用法与用量】 以樟脑磺酸钠计。静脉、肌内或皮下注射：一次量，牛 1~2 g。

【注意事项】 （1）如出现结晶，可加温溶解后使用。（2）家畜屠宰前不宜使用。 （3）过量中毒时可静脉注射水合氯醛、硫酸镁和 10%葡糖糖注射液解救。

【休药期】 无需制定。

氯 丙 嗪

氯丙嗪为中枢多巴胺受体阻断剂，具有多种药理活性。氯丙嗪能强化中枢抑制药（如麻醉药、镇痛药与抗惊厥药）的中枢抑制作用；对下丘脑体温调节中枢有抑制作用，能使体温显著降低。另外，氯丙嗪可阻断外周 α 受体，直接扩张血管，解除小动脉和小静脉痉挛，改善微循环，具有抗休克作用。

药物相互作用 （1）苯巴比妥可使氯丙嗪在尿中排泄量增加数倍，但氯丙嗪不能增强前者的抗癫痫作用。（2）抗胆碱药可降低氯丙嗪的血药浓度，而氯丙嗪可加重抗胆碱药物副作用。（3）本品与肾上腺素联用，因氯丙嗪阻断 α 受体可发生严重低血压。（4）与四环素类联用可加重肝损害。（5）与其他中枢抑制药合用可加强抑制作用（包括呼吸抑制），联用时两药均应减量。

盐酸氯丙嗪注射液 本品为盐酸氯丙嗪的灭菌水溶液。

【作用与用途】 镇静药。用于强化麻醉以及使动物安静等。

【用法与用量】 以盐酸氯丙嗪计。肌内注射：一次量，每 1 kg 体重，牛 0.5~1 mg。

【不良反应】 用本品常兴奋不安，易发生意外。

【注意事项】（1）静脉注射前应进行稀释，注射速度宜慢。（2）不可与 pH 5.8 以上的药液配伍，如青霉素钠（钾）、戊巴比妥钠、苯巴比妥钠、氨茶碱和碳酸氢钠等。（3）过量引起的低血压禁用肾上腺素解救，但可选用去甲肾上腺素。（4）有黄疸、肝炎和肾炎的患畜及年老体弱动物慎用。

【休药期】牛 28 d；弃奶期 7 d。

地　西　泮

地西泮为长效苯二氮䓬类药物。具有镇静、抗惊厥、抗癫痫及中枢性肌肉松弛作用。小于镇静剂量的地西泮可明显缓解狂躁不安等症状。较大剂量时可产生镇静、中枢性肌肉松弛作用。能使兴奋不安的动物安静，使有攻击性、狂躁的动物变为驯服，易于接近和管理。此外，还具有较好的抗癫痫作用，对癫痫持续状态疗效显著，但对癫痫小发作效果较差。抗惊厥作用强，能对抗电惊厥、戊四氮与士的宁中毒所引起的惊厥。

药物相互作用（1）能增强吩噻嗪类药物的作用，但易发生呼吸循环意外，故不宜合用。（2）与巴比妥类或其他中枢抑制药合用，有增加中枢抑制的危险。（3）本品能增强其他中枢抑制药的作用，若同时应用应注意调整剂量。（4）可减弱琥珀胆碱的肌肉松弛作用。

地西泮注射液　本品为地西泮的灭菌水溶液。

【作用与用途】镇静药与抗惊厥药。用于肌肉痉挛、癫痫及惊厥等。

【用法与用量】以地西泮计。肌内注射或静脉注射：一次量，每 1 kg 体重，牛 0.5～1 mg。

【注意事项】（1）食品动物禁止用作促生长剂。（2）孕畜忌用。（3）肝肾功能障碍患畜慎用。（4）静脉注射宜缓慢，以防造成心血管和呼吸抑制。（5）本品能增强其他中枢抑制药的作用，若同时应用应注意调整剂量。

【休药期】牛 28 d。

盐 酸 哌 替 啶

盐酸哌替啶作用与吗啡相似，可作为吗啡的良好代用品，但镇痛作用比吗啡弱。与吗啡等效剂量时，对呼吸有相同程度的抑制作用，但作用时间短。对胃肠平滑肌有类似阿托品样作用，强度为阿托品的 1/20～1/10，能解除平滑肌痉挛。在消化道发生痉挛时可同时起镇静和解痉作用。对催吐化学感受区也有兴奋作用，易引起呕吐。

药物相互作用 （1）与阿托品合用，可解除平滑肌痉挛并增加止痛效果。（2）吩噻嗪类药物、镇静催眠药等中枢抑制药可加强阿片类药物的中枢抑制作用。（3）注射液不得与氨茶碱、巴比妥类药钠盐、肝素钠、碘化物、碳酸氢钠、苯妥英钠、磺胺嘧啶、磺胺甲噁唑、甲氧西林混合配伍使用，否则可致混浊。（4）能促使双香豆素、茚满二酮等抗凝药增效，后者用量应按凝血酶原时间而酌减。

盐酸哌替啶注射液　本品为盐酸哌替啶的灭菌水溶液。

【作用与用途】镇痛药。用于缓解创伤性疼痛和某些内脏疾患的剧痛。

【用法与用量】以盐酸哌替啶计。皮下注射或肌内注射：一次量，每 1 kg 体重，牛 2～4 mg。

【不良反应】（1）具有心血管抑制作用，易致血压下降。（2）过量中毒可致呼吸抑制、惊厥、心搏过速、瞳孔散大等。

【注意事项】（1）患有慢性阻塞性肺部疾患、支气管哮喘、肺源性心脏病和严重肝功能减退的患畜禁用。（2）不宜用于妊娠动物、产科手术。（3）对注射部位有较强刺激性。（4）过量中毒时，除用纳络酮对抗呼吸抑制外，须配合使用巴比妥类药物以对抗惊厥。

【休药期】无需制定。

硫 喷 妥 钠

硫喷妥钠属超短效巴比妥类药物，作用快速。静脉注射后动物通常在 30～60 s 意识丧失。由于迅速再分布，大多数动物麻醉持续时间仅 5～10 min。硫喷妥钠的松弛肌肉作用较差，镇痛作用弱。麻醉剂量能明显抑制呼吸，剂量进一步加大可抑制心血管功能。

药物相互作用 （1）与巴比妥硫酸盐和氟烷合用可加剧肾上腺素和去甲肾上腺素的室颤作用。（2）硫喷妥钠可提高中枢抑制剂对中枢神经和呼吸系统的一致作用。 （3）与呋塞米合用会引起或加重低血压。

注射用硫喷妥钠 本品为硫喷妥钠 100 份与无水碳酸钠 6 份混合的无菌粉末。

【作用与用途】巴比妥类药。用于动物的基础麻醉。

【用法与用量】以硫喷妥钠计。静脉注射：一次量，每 1 kg 体重，牛 10～15 mg；临用前，加灭菌注射用水或氯化钠注射液配成 2.5% 溶液。

【不良反应】一过性粒细胞减少症，高血糖、窒息、心搏过速和呼吸性酸中毒。

【注意事项】（1）药液只供静脉注射，对巴比妥类药物有过敏史和心血管疾病患畜禁用。（2）肝、肾功能障碍、重病、衰弱、休克、腹部手术、支气管哮喘（可引起喉头痉挛、支气管水肿）等情况下禁用。（3）因溶液碱性很强，因此静脉注射时不可漏出血管外，否则易引起静脉周围组织炎症；而快速静脉注射会引起明显的血管扩张和高血糖。（4）反刍动物麻醉前注射阿托品，可减少腺体分泌。（5）本品可引起溶血，因此不得使用浓度小于 2% 的注射液。（6）本品过量引起的呼吸与循环抑制，除采用支持性呼吸疗法和心血管支持药物（禁用肾上腺素类药物）外，还可用戊四氮等呼吸中枢兴奋药解救。

【休药期】无需制定。

赛 拉 嗪

赛拉嗪为一种强效 α_2 肾上腺素受体激动剂，具有明显的镇静、镇痛和肌肉松弛作用。赛拉嗪不会引起中枢兴奋，而是引起镇静和中枢抑制，对骨骼肌有松弛作用。赛拉嗪对心血管系统和呼吸系统作用变化不定，多数动物用药后初期血压上升，但随后因减压反射，血压长时间下降、心率减慢、心搏徐缓。另外，该药能减少交感神经兴奋性，增强迷走神经活动，可引起反刍动物唾液过度分泌。对呼吸的作用是出现呼吸频率下降。对子宫平滑肌亦有一定兴奋作用，妊娠家畜慎用。

药物相互作用 （1）与水合氯醛、硫喷妥钠或戊巴比妥钠等中枢神经抑制药合用，可增强抑制效果。（2）本品可增强氯胺酮的镇痛作用，使肌肉松弛，并可颉颃其中枢兴奋反应。（3）与肾上腺素合用可诱发心律失常。

盐酸赛拉嗪注射液 本品为赛拉嗪加盐酸适量制成的灭菌水溶液。

【作用与用途】化学保定药。有镇静、镇痛和骨骼肌松弛作用，主要用于家畜的化学保定和基础麻醉。

【用法与用量】以赛拉嗪计。肌内注射：一次量，每 1 kg 体重，牛 0.1～0.3 mg。

【不良反应】反刍动物对本品敏感，用药后表现唾液分泌增多、瘤胃弛缓、臌胀、逆呕、腹泻、心搏缓慢和运动失调等。

【注意事项】（1）产奶动物禁用。（2）有呼吸抑制、心脏病、肾功能不全等症状的患畜慎用。（3）中毒时，可用 α_2 受体阻断药及阿托品等解救。

【休药期】牛 14 d。

二、外周神经系统药物

甲硫酸新斯的明

新斯的明对骨骼肌的兴奋作用最强，兴奋胃肠道、膀胱和子宫平滑肌的作用较强，兴奋腺体、虹膜和支气管平滑肌及抑制心血管的作用较弱；对中枢作用不明显。

药物相互作用 （1）本品可延长和加强去极化型肌松药氯化琥珀胆碱的肌肉松弛作用。（2）与非去极化性肌松药有颉颃作用。

甲硫酸新斯的明注射液 本品为甲硫酸新斯的明的灭菌水溶液。

【作用与用途】抗胆碱酯酶药。主要用于胃肠弛缓、重症肌无力和胎衣不下等。

【用法与用量】以甲硫酸新斯的明计。肌内注射或皮下注射：一次量，牛 4～20 mg。

【不良反应】治疗剂量副作用较小。过量可引起出汗、心搏过缓、肌肉震颤或肌麻痹。

【注意事项】 （1）机械性肠梗阻或支气管哮喘的患畜禁用。（2）中毒时可用阿托品对抗其对 M 受体的兴奋作用。（3）本品可延长和加强去极化型肌松药氯化琥珀胆碱的肌肉松弛作用；与非去极化性肌松药有颉颃作用。

【休药期】无需制定。

硫 酸 阿 托 品

治疗量的阿托品对过度收缩或痉挛的胃肠平滑肌有极显著的松弛作用，对膀胱逼尿肌次之，对支气管和输尿管平滑肌的作用较弱。另外，还可松弛虹膜括约肌和睫状肌，表现为散瞳、眼内压升高和调节麻痹。唾液腺和汗腺对阿托品极敏感，小剂量能使唾液腺、支气管腺及汗腺（马除外）分泌减少，较大剂量可减少胃液分泌。治疗量阿托品可短暂减慢心率。较大剂量阿托品可解除迷走神经对心脏的抑制，对抗因迷走神经过度兴奋所致的传导阻滞及心律失常。大剂量可加快心率，促进房室传导，并能扩张外周及内脏血管，解除小动脉痉挛，改善微循环；可明显兴奋迷走神经中枢、呼吸中枢、大脑皮层运动区和感觉区。中毒量可引起大脑和脊髓的强烈兴奋。

药物相互作用 （1）阿托品可增强噻嗪类利尿药、拟肾上腺素药物的作用。（2）阿托品可加重双甲脒的某些毒性症状，引起肠蠕动的进一步抑制。

硫酸阿托品注射液 本品为硫酸阿托品的灭菌水溶液。

【作用与用途】 抗胆碱药。具有解除平滑肌痉挛、抑制腺体分泌等作用。主要用于有机磷酸酯类药物中毒、麻醉前给药和颉颃胆碱神经兴奋症状。

【用法与用量】 以硫酸阿托品计。肌内、皮下或静脉注射：一次量，每 1 kg 体重，麻醉前给药，牛 0.02～0.05 mg；解除有机磷酸酯类中毒，牛 0.5～1 mg。

【不良反应】 （1）本品副作用与用药目的有关，其毒性作用往往是使用过大剂量所致。在麻醉前给药或治疗消化道疾病时，易致肠鼓胀、瘤胃鼓胀和便秘等。（2）中毒症状表现为口干、瞳孔扩大、脉搏快而弱、兴奋不安和肌肉震颤等，严重时则出现昏迷、呼吸浅表、运动麻痹等，最终可因惊厥、呼吸抑制及窒息而死亡。

【注意事项】 （1）肠梗阻、尿潴留等患畜禁用。（2）可增强噻嗪类利尿药、拟肾上腺素药物的作用。（3）可加重双甲脒的某些毒性症状，引起肠蠕动的进一步抑制。（4）中毒解救时宜采用对症性支持疗法，极度兴奋时可试用毒扁豆碱、短效巴比妥类、水合氯醛等药物对抗。禁用吩噻嗪类药物如氯丙嗪治疗。

【休药期】 无需制定。

氢溴酸东莨菪碱

东莨菪碱为抗胆碱药,作用与阿托品相似。东莨菪碱抑制腺体分泌作用较阿托品强。本品还具有中枢抑制作用。

氢溴酸东莨菪碱注射液 本品为氢溴酸东莨菪碱的灭菌水溶液。

【作用与用途】抗胆碱药。具有解除平滑肌痉挛、抑制腺体分泌、散大瞳孔等作用。用于动物兴奋不安、胃肠道平滑肌痉挛等。

【用法与用量】以氢溴酸东莨菪碱计。皮下注射:一次量,牛1~3 mg。

【不良反应】胃肠蠕动减弱、腹胀、便秘、尿潴留或心搏过速等。

【注意事项】心律紊乱患畜慎用。

【休药期】无需制定。

重酒石酸去甲肾上腺素

本品主要兴奋 α 受体,对 β 受体的兴奋作用很弱。对皮肤、黏膜血管和肾血管有较强收缩作用,但可扩张冠状血管。兴奋心脏和抑制平滑肌的作用较肾上腺素弱。小剂量滴注升压作用不明显,较大剂量时,收缩压和舒张压均明显升高。

药物相互作用 (1)与洋地黄毒苷同用,因心肌敏感性升高,易致心律失常。(2)与催产素、麦角新碱等合用,可增强血管收缩,导致高血压或外周组织缺血。

重酒石酸去甲肾上腺素注射液 本品为重酒石酸去甲肾上腺素加氯化钠适量使成等渗的灭菌水溶液。

【作用与用途】拟肾上腺素药。具有强烈的收缩血管、升高血压作用。用于外周循环衰竭休克时的早期急救。

【用法与用量】以重酒石酸去甲肾上腺素计。静脉滴注:一次量,牛 8~12 mg;临用前稀释成每 1 mL 中含 4~8 μg 的药液。

【不良反应】（1）静脉滴注时间过长、剂量过高或药液外漏，可引起局部缺血坏死。（2）静脉滴注时间过长或剂量过大，可使肾脏血管剧烈收缩，导致急性肾功能衰竭。

【注意事项】（1）出血性休克禁用，器质性心脏病、少尿、无尿及严重微循环障碍等禁用。（2）因静脉注射后在药物体内迅速被组织摄取，作用仅维持几分钟，故应采用静脉滴注，以维持有效血药浓度。（3）限用于休克早期的应急抢救，并在短时间内小剂量静脉滴注。若长期大剂量应用可导致血管持续地强烈收缩，加重组织缺血、缺氧，使休克的微循环障碍恶化。（4）静脉滴注时严防药液外漏，以免引起局部组织坏死。

【休药期】无需制定。

肾 上 腺 素

肾上腺素对 α 与 β 受体均有很强的兴奋作用，药理作用广泛而复杂。（1）兴奋心脏：通过激动心脏 β_1 受体，提高心肌兴奋性，增强心率和心肌收缩力，增加心输出量。（2）通过激动血管 α 受体，使皮肤、黏膜血管和肾脏血管强烈收缩；通过激动 β_2 受体，使冠状血管和骨骼肌血管扩张。（3）升高血压：对血压的影响与剂量有关，常用剂量下收缩压升高，舒张压不变或下降；大剂量下收缩压和舒张压均升高。（4）松弛支气管平滑肌：通过激动支气管平滑肌 β_2 受体，产生快速而强大的松弛支气管平滑肌的作用。此外，还可抑制肥大细胞释放致炎和致敏性物质，间接缓解支气管平滑肌痉挛，加之其能收缩支气管黏膜血管，降低了毛细血管通透性，从而有助于缓解过敏性疾病的呼吸困难症状。

药物相互作用 （1）碱性药物如氨茶碱、磺胺类的钠盐、青霉素钠（钾）等可使本品失效。（2）某些抗组胺药（如苯海拉明）可增强其作用。（3）酚妥拉明可拮抗本品的升压作用。普萘洛尔可增强其升高血压的作用，并颉颃其兴奋心脏和扩张支气管的作用。(4) 强心苷可使心肌对本品更敏感，合用易出现心律失常。与全麻药如水合氯醛合用时，易发生心室颤动。亦不能与钙剂合用。(5) 与催产素、麦角新碱等合用，可增强血管收缩，导致高血压或外周组织缺血。

盐酸肾上腺素注射液 本品为肾上腺素加盐酸适量，并加氯化钠适量使成等渗的灭菌水溶液。

【作用与用途】拟肾上腺素类药。用于心脏骤停的急救；缓解严重过敏性疾患的症状；亦常与局部麻醉药配伍，以延长局部麻醉持续时间。

【用法与用量】以本品计。皮下注射：一次量，牛 2～5 mL。静脉注射：一次量，牛 1～3 mL。

【不良反应】本品可诱发兴奋、不安、颤抖、呕吐、高血压（过量）、心律失常等。局部重复注射可引起注射部位组织坏死。

【注意事项】(1) 本品如变色即不得使用。(2) 与全麻药如水合氯醛合用时，易发生心室颤动。亦不能与洋地黄、钙剂合用。(3) 器质性心脏疾患、甲状腺机能亢进、外伤性及出血性休克等患畜慎用。

【休药期】无需制定。

盐酸普鲁卡因

短效酯类局麻药。普鲁卡因对皮肤、黏膜穿透力差，故不适于表面麻醉。注射后 1～3 min 呈局麻效应，持续 45～60 min。本品具有扩张血管的作用，加入微量缩血管药物如肾上腺素（用量一般为每 100 mL 药液中加入 0.1%盐酸肾上腺素 0.2～0.5 mL），则局麻时间延长。吸收作用主要是对中枢神经系统和心血管系统的影响，小剂量中枢轻微抑制，大剂量时则兴奋。另外，能降低心脏兴奋性和传导性。

药物相互作用 (1) 本品在体内的代谢产物对氨基苯甲酸，能竞争性地对抗磺胺药的抗菌作用，另一代谢产物二乙氨基乙醇能增强洋地黄的减慢心率和房室传导作用，故不应与磺胺药或洋地黄合用。

（2）与青霉素形成盐可延缓青霉素的吸收。

盐酸普鲁卡因注射液　本品为盐酸普鲁卡因加氯化钠适量使成等渗的灭菌水溶液。

【作用与用途】局部麻醉药。用于浸润麻醉、传导麻醉和封闭疗法。

【用法与用量】以盐酸普鲁卡因计。浸润麻醉、封闭疗法：0.25%～0.5%溶液。传导麻醉：2%～5%溶液，每个注射点，大动物 10～20 mL，小动物 2～5 mL。

【注意事项】（1）剂量过大易出现吸收作用，可引起中枢神经系统先兴奋后抑制的中毒症状，应进行对症治疗。（2）本品应用时常加入 0.1%盐酸肾上腺素注射液，以减少普鲁卡因吸收，延长局麻时间。

【休药期】无需制定。

盐 酸 利 多 卡 因

利多卡因属酰胺类中效局麻药，局麻作用较普鲁卡因强 1～3 倍，穿透力强，作用快，维持时间长（1～2 h）。扩张血管作用不明显，其吸收作用表现为中枢神经抑制。

药物相互作用　（1）与抗肾上腺素药合用，可增强利多卡因药效。（2）与其他抗心律失常药合用可增加本品的心脏毒性。

盐酸利多卡因注射液　本品为盐酸利多卡因的灭菌水溶液。

【作用与用途】局部麻醉药。用于表面麻醉、传导麻醉和浸润麻醉。

【用法与用量】浸润麻醉：配成 0.25%～0.5%溶液。表面麻醉：配成 2%～5%溶液。传导麻醉：配成 2%溶液，每个注射点，牛 8～

12 mL。硬膜外麻醉：配制成2%溶液，牛8～12 mL。

【不良反应】推荐剂量使用有时出现呕吐；过量使用主要有嗜睡、共济失调、肌肉震颤等；大剂量吸收后可引起中枢兴奋如惊厥，甚至发生呼吸抑制。

【注意事项】（1）当本品用于硬膜外麻醉和静脉注射时，不可加肾上腺素。（2）剂量过大易出现吸收作用，可引起中枢抑制、共济失调、肌肉震颤等。

【休药期】无需制定。

三、呼吸系统药物

动物呼吸系统疾病的主要表现是咳嗽、气管和支气管分泌物增多、呼吸困难。该病的病因包括物理化学因素刺激、过敏反应、病毒、细菌（支原体）、真菌和蠕虫感染等。对动物来说，较多的是微生物感染引起的炎性疾病，所以一般首先应进行对因治疗，同时适当使用祛痰、镇咳和平喘药，以缓解症状。

氯 化 铵

本品内服后可刺激胃黏膜迷走神经末梢，反射性引起支气管腺体分泌增加，使稠痰稀释，易于咳出，因而对支气管黏膜的刺激减少，咳嗽也随之缓解。此外，本品被吸收至体内后，有小部分从呼吸道排出，带出水分使痰液变稀而利于咳出。本品为强酸弱碱盐，是一个有效的体液酸化剂，可使尿液酸化，在弱碱性药物中毒时，可加速药物的排泄。主要适用于支气管炎初期。

药物相互作用 （1）本品遇碱或重金属盐类即分解。（2）与磺胺类药物合用，可能使磺胺药在尿道析出结晶，发生泌尿道损害如尿闭、血尿等。

【作用与用途】祛痰药。主要用于支气管炎初期。

【用法与用量】内服：一次量，牛 10～25 g。

【注意事项】（1）肝脏、肾脏功能异常的患畜，内服氯化铵容易引起血氯过高性酸中毒和血氨升高，应慎用或禁用。（2）禁与碱性药物、重金属盐、磺胺药等配伍应用。（3）单胃动物用后有呕吐反应。

【休药期】无需制定。

碘 化 钾

本品内服后部分从呼吸道腺体排出，刺激呼吸道黏膜，使腺体分泌增加，痰液稀释，易于咳出，呈现祛痰作用。

药物相互作用　（1）与甘汞混合后能生成金属汞和碘化汞，使毒性增强。（2）碘化钾溶液遇生物碱可生成沉淀。

碘化钾片　本品为白色片。

【作用与用途】祛痰药。用于慢性支气管炎。

【用法与用量】以碘化钾计。内服：一次量，牛 5～10 g。

【注意事项】（1）碘化钾在酸性溶液中能析出游离碘。（2）肝、肾功能低下患畜慎用。（3）不适于急性支气管炎症。

【休药期】无需制定。

氨 茶 碱

本品对支气管平滑肌有直接松弛作用。其作用机理是抑制磷酸二酯酶，使 cAMP 的水解速度变慢，升高组织中 cAMP/cGMP 比值，抑制组胺和慢反应物质等过敏介质的释放，促进儿茶酚胺释放，使支气管平滑肌松弛，从而解除支气管平滑肌痉挛，缓解支气管黏膜的充血水肿，发挥平喘功效。另外，本品还有较弱的强心和利尿作用。

药物相互作用　（1）与红霉素、四环素、林可霉素等合用时，可降低本品在肝脏的清除率，使血药浓度升高，甚至出现毒性反应。（2）酸性药物可加快其排泄，碱性药物可延缓其排泄。（3）与儿茶酚胺类及其他拟肾上腺素类药合用，会增加心律失常的发生率。

氨茶碱注射液　本品为氨茶碱的灭菌水溶液。

【作用与用途】平喘药。具有松弛支气管平滑肌、缓解气喘症状，以及扩张血管、利尿等作用。

【用法与用量】以氨茶碱计。肌内注射或静脉注射：一次量，牛1～2 g。

【不良反应】可引起中枢系统兴奋。

【注意事项】（1）肝功能低下，心衰患畜慎用。（2）静脉注射或静脉滴注如用量过大、浓度过高或速度过快，都可强烈兴奋心脏和中枢神经，故需稀释后注射并注意掌握速度和剂量。（3）注射液碱性较强，可引起局部红肿、疼痛，应做深部肌内注射。

【休药期】无需制定。

四、消化系统药物

在兽医临床上引起消化系统疾病的病因很多，从发病原因来看可分为原发性和继发性两种。原发性消化系统疾病主要是由于饲料品质不良，饲养管理不善等引起，而继发性消化系统疾病则是以某些疾病如传染病、寄生虫病、中毒性疾病等的并发症形式出现。

无论何种原因引起的消化系统疾病，其治疗原则都是相同的，即在解除病因，改善饲养管理的前提下，合理使用调节消化系统功能的药物才能取得良好的效果。

人 工 矿 泉 盐

人工矿泉盐属于健胃缓泻药，具有多种盐类的综合作用。内服少量时，能轻度刺激消化道黏膜，促进胃肠的分泌和蠕动，从而产生健胃作用。小剂量还有利胆作用，可用于胆道炎、肝炎的辅助治疗。内服大量时，其中的主要成分硫酸钠在肠道中可解离出 Na^+ 和不易被吸收的 SO_2^{2-}，由于渗透压作用，使肠管中保持大量水分，并刺激肠壁增强蠕动，软化粪便，而引起缓泻作用。

【作用与用途】健胃药和缓泻药。用于消化不良、胃肠弛缓、慢性胃肠卡他、早期大肠便秘等。

【用法与用量】内服：健胃，一次量，牛 50～150 g。缓泻，牛 200～400 g。

【注意事项】（1）因本品为弱碱性类药物，禁与酸类健胃药配合使用。（2）内服做泻剂应用时宜大量饮水。

【休药期】无需制定。

胃 蛋 白 酶

本品内服后在胃内可使蛋白质初步分解为蛋白胨，有利于蛋白质的进一步分解吸收。胃蛋白酶在酸性环境中作用强，在 pH 为 1.8 时活性最强。一般 1 g 胃蛋白酶能完全消化 2 000 g 凝固卵蛋白。

药物相互作用（1）与抗酸药（如氢氧化铝）同服，因胃内 pH 升高可使其活力降低。（2）遇鞣酸、没食子酸、重金属盐等可产生沉淀，使酶失去活性。

【作用与用途】助消化药。用于胃液分泌不足及幼畜胃蛋白酶缺乏所致的消化不良。

【用法与用量】内服：一次量，牛 4 000～8 000 单位；犊 1 600～4 000 单位。

【注意事项】（1）当胃液分泌不足引起消化不良时，胃内盐酸也常分泌不足。因此使用本品时应同服稀盐酸。（2）忌与碱性药物、鞣酸、重金属盐等配合使用。（3）温度超过 70 ℃时迅速失效；剧烈搅拌可破坏其活性。

【休药期】无需制定。

干 酵 母

干酵母属于维生素类药物,富含 B 族维生素。每 1 g 酵母含硫胺 0.1~0.2 mg、核黄素 0.04~0.06 mg、烟酸 0.03~0.06 mg,此外,还含有维生素 B_6、维生素 B_{12}、叶酸、肌醇以及转化酶、麦芽糖酶等。这些物质均是体内酶系统的重要组成物质,参与体内糖、蛋白质、脂肪等的代谢和生物转化过程。

药物相互作用 本品含大量对氨基苯甲酸,与磺胺类药合用时可使其抗菌作用减弱。

干酵母片 本品为淡黄色至淡黄棕色片;有酵母的特臭,不应有异臭。

【作用与用途】维生素类药。用于维生素 B_1 缺乏症及消化不良的辅助治疗。

【用法与用量】内服:一次量,牛 120~150 g。

【注意事项】(1)可颉颃磺胺类药的抗菌作用,不宜合用。(2)用量过大可发生轻度下泻。

【休药期】无需制定。

干酵母粉 本品为淡黄色至淡黄棕色的颗粒或粉末;有酵母的特臭,不应有异臭。

【作用与用途】【用法与用量】【注意事项】和【休药期】同干酵母片。

乳 酶 生

本品为乳酸杆菌制剂,每 1 g 乳酶生含乳酸杆菌活菌数不低于 1 000 万个。内服进入肠内后,能分解糖类产生乳酸,使肠内酸度升高，从而抑制腐败性细菌的繁殖，并可防止蛋白质发酵，减少肠内产气。

药物相互作用 （1）抗菌药物可抑制乳酸杆菌，使乳酶生失效。（2）收敛剂、吸附剂、酊剂及乙醇可抑制乳酸杆菌的活性，也会降低其药效。

乳酶生片 本品为白色或类白色片。

【作用与用途】助消化药。用于消化不良，肠内异常发酵和幼畜腹泻。

【用法与用量】内服：一次量，犊 10～30 g。

【注意事项】不宜与抗菌药或吸附药同服。

【休药期】无需制定。

氯　化　钠

静脉注射本品能增加血液中 Na^+、Cl^-，对调节渗透压、维持电解质平衡和神经-肌肉兴奋性起重要作用，可提高瘤胃运动机能，促进蠕动。

浓氯化钠注射液

【作用与用途】胃肠平滑肌兴奋药。用于反刍动物前胃弛缓和马属动物便秘症。

【用法与用量】静脉注射：一次量，每 1 kg 体重，家畜 1 mL。

【不良反应】（1）输注过多、过快，可致水钠潴留，引起水肿，血压升高，心率加快。（2）过量使用可致高钠血症。

【注意事项】（1）肺水肿患畜禁用。脑、肾、心脏功能不全及血浆蛋白过低患畜慎用。（2）本品所含有的氯离子比血浆氯离子浓度高，已发生酸中毒动物，如大量应用，可引起高氯性酸中毒。此时可改用碳酸氢钠和生理盐水。

【休药期】无需制定。

乳 酸

内服有制酵和增加消化液分泌的作用，有助于胃肠道消化。

【作用与用途】 消毒防腐药。用于前胃弛缓。

【用法与用量】 以本品计。内服：一次量，牛 5～25 mL。配成 2%溶液灌服。

【注意事项】 禁与氧化剂、氢碘酸、蛋白质溶液及重金属盐配伍。

【休药期】 无需制定。

鱼 石 脂

鱼石脂有较弱的抑菌作用和温和的刺激作用。内服能防腐和制止发酵，促进胃肠蠕动与气体排出。

【作用与用途】 消毒防腐药。用于胃肠道制酵。

【用法与用量】 内服：一次量，牛 10～30 g，先加倍量乙醇溶解，再用水稀释成 3%～5%溶液。

【注意事项】 禁与酸性药物如稀盐酸、乳酸等混合使用。

【休药期】 无需制定。

二 甲 硅 油

本品表面张力低，内服后能迅速降低瘤胃内泡沫液膜的表面张力，使小气泡破裂，融合成大气泡，随嗳气排出，产生消除泡沫作用。本品消沫作用迅速，用药 5 min 内即产生效果，15～30 min 作用最强。

二甲硅油片 本品为白色或类白色片。

【作用与用途】 消沫药。用于泡沫性臌胀。

【用法与用量】 以二甲硅油计。内服：一次量，牛 3～5 g。

【注意事项】 灌服前后宜灌注少量温水，以减少刺激性。

【休药期】 无需制定。

干 燥 硫 酸 钠

硫酸钠内服后在肠内可解离出 Na^+ 和 SO_4^{2-}，后者不易被肠壁吸收，借助渗透压作用，在肠管中保持大量水分，扩大肠管容积，软化粪便，并刺激肠壁增强其蠕动，而产生泻下作用。临床上小剂量内服可健胃。

【作用与用途】盐类泻药。用于治疗大肠便秘，排除肠内毒物、毒素，或驱虫药的辅助用药。

【用法与用量】内服：一次量，牛 200～500 g。用时配成 3%～4% 水溶液灌服。

【不良反应】剂量过大或连续用药过多可导致脱水、电解质紊乱。

【注意事项】（1）治疗大肠便秘时，硫酸钠的适宜浓度为 4%～6%。（2）因易继发胃扩张，不适用于小肠便秘的治疗。（3）脱水动物、肠炎患畜不宜用本品。（4）注意补液。

【休药期】无需制定。

硫 酸 镁

内服后在肠内可解离出 Mg^{2+} 和 SO_4^{2-}，后者不易被肠壁吸收，借助渗透压作用，在肠道中保持大量水分，扩大肠道容积，软化粪便，并刺激肠壁增强其蠕动，而产生泻下作用。

【作用与用途】盐类泻药。主要用于导泻。

【用法与用量】内服：一次量，牛 300～800 g。用时配成 6%～8% 溶液。

【不良反应】导泻时如服用浓度过高的溶液，可从组织中吸取大量水分而脱水。

【注意事项】（1）在某些情况（如机体脱水、肠炎等）下，镁离子吸收增多会产生毒副作用。（2）因易继发胃扩张，不适用于小肠便秘的治疗。（3）肠炎患畜不宜用本品。

【休药期】无需制定。

液 状 石 蜡

内服后在肠道内不被吸收，也不发生变化，以原形通过肠管，能阻碍肠内水分的吸收，对肠黏膜有润滑作用，并能软化粪块。液状石蜡泻下作用缓和，对肠黏膜无刺激性，比较安全。

【作用与用途】润滑性泻药。主要用于小肠便秘、瘤胃积食、有肠炎的家畜及孕畜的便秘。

【用法与用量】内服：一次量，牛 500～1 500 mL；犊 60～120 mL。

【不良反应】导泻时可致肛门瘙痒。

【注意事项】不宜多次服用，以免影响消化，阻碍脂溶性维生素及钙、磷的吸收。

【休药期】无需制定。

碱 式 硝 酸 铋

本品内服难吸收，小部分在胃肠道内解离出铋离子，与蛋白质结合，产生收敛及保护黏膜作用。大部分次硝酸铋被覆在肠黏膜表面，同时游离的铋离子在肠道内还可与硫化氢结合，形成不溶性硫化铋，覆盖于肠表面，从而对肠黏膜呈机械性保护作用，并可减少硫化氢对肠黏膜的刺激作用。

【作用与用途】止泻药。用于胃肠炎及腹泻等。

【用法与用量】内服：一次量，牛 15～30 g；犊 2～4 g。

【注意事项】（1）对病原菌引起的腹泻，应先用抗菌药控制其感染后再用本品。（2）碱式硝酸铋在肠内溶解后，可形成亚硝酸盐，量大时能被吸收引起中毒。

【休药期】无需制定。

碱 式 碳 酸 铋

本品内服难吸收，小部分在胃肠道内解离出铋离子，与蛋白质结合，产生收敛及保护黏膜作用。碳酸铋被覆在肠黏膜表面，同时游离的铋离子在肠道内还可与硫化氢结合，形成不溶性硫化铋，覆盖于肠表面，从而对肠黏膜呈机械性保护作用，并可减少硫化氢对肠黏膜的刺激作用。

碱式碳酸铋片　本品为白色至微黄色片。

【作用与用途】止泻药。用于胃肠炎及腹泻等。

【用法与用量】内服。一次量，牛 15～30 g；犊 2～4 g。

【休药期】无需制定。

药 用 炭

药用炭颗粒细小，表面积大，吸附能力很强。内服到达肠道后，能与肠道中有害物质或毒素结合，阻止其吸收，从而能减轻对肠壁的刺激，使肠蠕动减弱，呈止泻作用。

【作用与用途】吸附药。用于生物碱等中毒及腹泻、胃肠鼓气等。

【用法与用量】内服：一次量，牛 20～200 g。

【注意事项】（1）能吸附其他药物和影响消化酶活性。（2）用于排除毒物时最好与盐类泻药配合用。

【休药期】无需制定。

氧 化 镁

氧化镁能吸收大量二氧化碳气体，具有吸附、轻泻作用，可用于胃肠鼓气。另外，此药与胃酸作用后，可生成氯化镁。氯化镁在肠道中部分变为碳酸镁，能吸收水分而致轻泻。

药物相互作用 氧化镁与口服抗凝血药合用可减弱抗凝血作用。与四环素类抗生素合用可减少四环素类的吸收而降低抗菌作用。

【作用与用途】吸附药。有吸附、轻泻作用。用于胃肠鼓气。

【用法与用量】内服：一次量，牛 50～100 g。

【休药期】无需制定。

第六节　营养与代谢调控类药物

维 生 素 A

维生素 A 具有促进生长、维持上皮组织如皮肤、结膜、角膜等正常机能的作用，并参与视紫红质的合成，增强视网膜感光力。维生素 A 缺乏时则生长停止，骨骼生长不良，繁殖能力下降，皮肤粗糙、干燥，角膜软化并发生干性眼炎和夜盲症等。

药物相互作用（1）氢氧化铝可使小肠上段胆酸减少，影响维生素 A 的吸收。矿物油、新霉素能干扰维生素 A 和维生素 D 的吸收。（2）维生素 E 可促进维生素 A 吸收，但服用大量维生素 E 时可耗尽体内贮存的维生素 A。（3）大剂量的维生素 A 可以对抗糖皮质激素的抗炎作用。（4）苯巴比妥等肝药酶诱导剂能加速维生素 D 的代谢。（5）与噻嗪类尿剂同时使用，可致高钙血症。

维生素 AD 油 为维生素 A 与维生素 D_2 的灭菌油溶液。

【作用与用途】维生素类药。主要用于维生素 A、维生素 D 缺乏症；局部应用能促进创伤、溃疡愈合。

【用法与用量】内服：一次量，牛 20～60 mL。

【注意事项】（1）用时应注意补充钙剂。（2）维生素 A 易因补充过量而中毒，中毒时应立即停用本品和钙剂。

【休药期】无需制定。

维生素 AD 注射液 为维生素 A 与维生素 D_2 的灭菌水溶液。

【作用与用途】维生素类药。用于维生素 A、维生素 D 缺乏症，如夜盲、角膜软化、皮炎、佝偻病及骨软症等。

【用法与用量】肌内注射：牛 5~10 mL；犊 2~4 mL。

【注意事项】仅供肌内注射，不得超量使用。

【休药期】无需制定。

维 生 素 B₁

维生素 B_1 在体内与焦磷酸结合成二磷酸硫胺（辅羧酶），参与体内糖代谢中丙酮酸、α-酮戊二酸的氧化脱羧反应，为糖类代谢所必需。维生素 B_1 对维持神经组织、心脏及消化系统的正常机能起着重要作用。缺乏时，血中丙酮酸、乳酸增高，并影响机体能量供应；禽及幼年家畜则出现多发性神经炎、心肌功能障碍、消化不良、生长受阻等。

药物相互作用 （1）维生素 B_1 在碱性溶液中易分解，与碱性药物如碳酸氢钠、柠檬酸钠等配伍时，易变质。（2）吡啶硫胺素、氨丙啉可颉颃维生素 B_1 的作用。（3）本品可增强神经肌肉阻断剂的作用。

维生素 B_1 片 本品为白色片。

【作用与用途】维生素类药。主要用于维生素 B_1 缺乏症，如多发性神经炎；也用于胃肠弛缓等。

【用法与用量】以维生素 B_1 计。内服：一次量，牛 100~500 mg。

【注意事项】（1）吡啶硫胺素、氨丙啉与维生素 B_1 有颉颃作用，饲料中此类物质添加过多会引起维生素 B_1 缺乏。（2）与其他 B 族维生素或维生素 C 合用，可对代谢发挥综合疗效。

【休药期】无需制定。

维生素 B_1 注射液 本品为维生素 B_1 的灭菌水溶液。

【作用与用途】维生素类药。主要用于维生素 B_1 缺乏症，如多发性神经炎；也用于胃肠弛缓等。

【用法与用量】以维生素 B_1 计。皮下注射或肌内注射：一次量，牛 100～500 mg。

【不良反应】注射时偶见过敏反应，甚至休克。

【注意事项】（1）吡啶硫胺素、氨丙啉与维生素 B_1 有颉颃作用，饲料中此类物质添加过多会引起维生素 B_1 缺乏。（2）与其他 B 族维生素或维生素 C 合用，可对代谢发挥综合疗效。

【休药期】无需制定。

复合维生素 B 注射液 本品为维生素 B_1、维生素 B_2、维生素 B_6 等制成的灭菌水溶液。

【作用与用途】维生素类药。用于防治 B 族维生素缺乏所致的多发性神经炎、消化障碍、癞皮病和口腔炎等。

【用法与用量】肌内注射：牛 10～20 mL。

【休药期】无需制定。

复合维生素 B 溶液 本品为维生素 B_1、维生素 B_2、维生素 B_6 等制成的水溶液。

【作用与用途】维生素类药。用于防治 B 族维生素缺乏所致的多发性神经炎、消化障碍、癞皮病和口腔炎等。

【用法与用量】内服：每日量，牛 30～70 mL。

【休药期】无需制定。

维 生 素 B_2

维生素 B_2 是体内黄素酶类辅基的组成部分。黄素酶在生物氧化还原中发挥递氢作用，参与体内碳水化合物、氨基酸和脂肪的代谢，并对中枢神经系统的营养、毛细血管功能具有重要影响。维生素 B_2 缺乏时会影响生物氧化，使代谢发生障碍。犊牛可表现为口角、嘴唇破裂，食欲不振、脱毛、腹泻等。

药物相互作用 本品能使氨苄西林、黏菌素、链霉素、红霉素和四环素等的抗菌活性下降。

维生素 B_2 片 本品为黄色至橙黄色片。

【作用与用途】 维生素类药。主要用于维生素 B_2 缺乏症，如口炎、皮炎和角膜炎等。

【用法与用量】 以维生素 B_2 计。内服：一次量，牛 100～150 mg。

【注意事项】 动物内服本品后，尿液呈黄色。

【休药期】 无需制定。

维生素 B_2 注射液 本品为维生素 B_2 的灭菌水溶液。

【作用与用途】 维生素类药。主要用于维生素 B_2 缺乏症，如口炎、皮炎和角膜炎等。

【用法与用量】 以维生素 B_2 计。皮下注射或肌内注射：一次量，牛 100～150 mg。

【注意事项】 动物使用本品后，尿液呈黄色。

【休药期】 无需制定。

维 生 素 B_6

维生素 B_6 是吡哆醇、吡哆醛和吡哆胺的总称，它们在动物体内有着相似的生物学作用。维生素 B_6 缺乏症在成年反刍动物不常见，但犊缺乏时可出现厌食、腹泻、呕吐、生长不良、视觉受损、小红细胞低色素性贫血，以及因外周神经脱髓鞘而出现神经功能紊乱。

药物相互作用 与维生素 B_{12} 合用，可促进维生素 B_{12} 的吸收。

维生素 B_6 片 本品为白色片。

【作用与用途】 维生素类药。用于皮炎和周围神经炎等。

【用法与用量】 以维生素 B_6 计。内服：一次量，牛 3～5 g。

【注意事项】 与维生素 B_{12} 合用，可促进维生素 B_{12} 的吸收。

【休药期】无需制定。

维生素 B$_6$ 注射液 本品为维生素 B$_6$ 的灭菌水溶液。

【作用与用途】【注意事项】和【休药期】同维生素 B$_6$ 片。

【用法与用量】以维生素 B$_6$ 计。皮下、肌内或静脉注射：一次量，牛 3～5 g。

维 生 素 B$_{12}$

维生素 B$_{12}$ 为合成核苷酸的重要辅酶成分，参与体内甲基转移及叶酸代谢，促进 5-甲基四氢叶酸转变为四氢叶酸。缺乏时，可致叶酸缺乏，并由此导致 DNA 合成障碍，影响红细胞的发育与成熟。本品还促使甲基丙二酸转变为琥珀酸，参与三羧酸循环。此作用关系到神经髓鞘脂类的合成及维持有鞘神经纤维功能的完整。维生素 B$_{12}$ 缺乏症的神经损害可能与此有关。

维生素 B$_{12}$ 注射液 本品为维生素 B$_{12}$ 的灭菌水溶液。

【作用与用途】维生素类药。用于维生素 B$_{12}$ 缺乏所致的贫血、幼畜生长迟缓等。

【用法与用量】以维生素 B$_{12}$ 计。肌内注射：一次量，牛 1～2 mg。

【不良反应】肌内注射偶可引起皮疹、瘙痒、腹泻以及过敏性哮喘。

【注意事项】在防治巨幼红细胞贫血症时，本品与叶酸配合应用可取得更好的效果。

【休药期】无需制定。

维 生 素 C

维生素 C 在体内和脱氢维生素 C 形成可逆的氧化还原系统，此系统在生物氧化还原反应和细胞呼吸中起重要作用。维生素 C 参与氨基酸代谢及神经递质、胶原蛋白和组织细胞间质的合成，可降低毛细血管通透性，具有促进铁在肠内吸收，增强机体对感染的抵抗力，以及增强肝脏解毒能力等作用。

药物相互作用 （1）与水杨酸类和巴比妥合用能增加维生素 C 的排泄。（2）与维生素 K_3、维生素 B_2、碱性药物和铁离子等溶液配伍，可降低药效，不宜配伍。（3）可破坏饲料中的维生素 B_{12}，并与饲料中的铜、锌离子发生络合，阻断其吸收。

维生素 C 注射液 本品为维生素 C 的灭菌水溶液，为无色至微黄色的澄明液体。

【作用与用途】维生素类药。主要用于维生素 C 缺乏症，发热，慢性消耗性疾病等。

【用法与用量】以维生素 C 计。肌内注射或静脉注射：一次量，牛 $2\sim4\ g$。

【不良反应】给予高剂量时，尿酸盐、草酸盐或胱氨酸结晶形成的风险增加。

【注意事项】（1）与水杨酸类和巴比妥合用能增加维生素 C 的排泄。（2）与维生素 K_3 维生素 B_2、碱性药物和铁离子等溶液配伍，可影响药效，不宜配伍。（3）大剂量应用时可酸化尿液，使某些有机碱类药物排泄增加。（4）对氨基糖苷类、β-内酰胺类、四环素类等多种抗生素具有不同程度的灭活作用，因此不宜与这些抗生素混合注射。

【休药期】无需制定。

维 生 素 D_2

维生素 D_2 属于调节组织代谢药。维生素 D_2 对钙、磷代谢及幼畜骨骼生长有重要影响，主要生理功能是促进钙和磷在小肠内正常吸收。维生素 D_2 的代谢活性物质能调节肾小管对钙的重吸收，维持循环血液中钙的水平，并促进骨骼的正常发育。

药物相互作用 （1）长期大量服用液状石蜡、新霉素可减少维生素 D 的吸收。（2）苯巴比妥等药酶诱导剂能加速维生素 D 的代谢。

维生素 D_2 胶性钙注射液 本品为维生素 D_2 与有机钙剂的灭菌胶状混悬液。

【作用与用途】维生素类药。适用于各种因维生素 D 缺乏所引起的钙质代谢障碍，如软骨病与佝偻病等不适于口服给药者。

【用法与用量】临用前摇匀。皮下注射或肌内注射，一次量，牛 $5\sim20$ mL。

【不良反应】（1）过多的维生素 D 会直接影响钙和磷的代谢，减少骨的钙化作用，在软组织出现异位钙化，以及导致心律失常和神经功能紊乱等症状。（2）维生素 D 过多还会间接干扰其他脂溶性维生素（如维生素 A、维生素 E 和维生素 K）的代谢。

【注意事项】（1）维生素 D 过多会减少骨的钙化作用，软组织出现异位钙化，且易出现心律失常和神经功能紊乱等症状。（2）用维生素 D 时应注意补充钙剂，中毒时应立即停用本品和钙剂。

【休药期】无需制定。

维 生 素 D_3

维生素 D_3 是维生素 D 的主要形式之一，对钙、磷代谢及幼畜骨骼生长有重要影响，其主要功能是促进钙、磷在小肠内正常吸收。维生素 D 缺乏时，动物肠道钙、磷吸收能力降低，血中钙、磷水平较低，以致钙、磷在骨骼组织沉积下降，成骨作用受阻，甚至沉积的骨盐再溶解。

药物相互作用 （1）长期大量服用液状石蜡、新霉素可减少维生素 D 的吸收。（2）苯巴比妥等药酶诱导剂能加速维生素 D 的代谢。

维生素 D_3 注射液 本品为维生素 D_3 的灭菌油溶液。

【作用与用途】维生素类药，主要用于防治维生素 D 缺乏症，如佝偻病、骨软症等。

【用法与用量】以维生素 D₃ 计。肌内注射：一次量，每 1 kg 体重，家畜 1 500～3 000 单位。

【不良反应】（1）过多的维生素 D 会直接影响钙和磷的代谢，减少骨的钙化作用，在软组织出现异位钙化，以及导致心律失常和神经功能紊乱等症状。（2）维生素 D 过多还会间接干扰其他脂溶性维生素（如维生素 A、维生素 E 和维生素 K）的代谢。

【注意事项】使用时应注意补充钙剂，中毒时应立即停用本品和钙制剂。

【休药期】无需制定。

维 生 素 E

维生素 E 可阻止体内不饱和脂肪酸及其他易氧化物的氧化，保护细胞膜的完整性，维持其正常功能。维生素 E 与动物的繁殖机能也密切相关，具有促进性腺发育、促成受孕和防止流产等作用。另外，维生素 E 还能提高动物对疾病的抵抗力，增强抗应激能力。动物缺乏维生素 E 时，会发生多种机能障碍。如家禽蛋的孵化率下降，幼雏发生脑软化和渗出性素质；处于生长期的犊牛、羔羊、仔猪则表现为营养性肌肉萎缩，早期症状为僵硬和不愿走动，剖检尸体可见骨骼肌有变性的灰白色区域和心肌损害。

药物相互作用（1）维生素 E 和硒同用具有协同作用。（2）大剂量的维生素 E 可延迟抗缺铁性贫血药物的治疗效应。（3）本品与维生素 A 同服可防止后者的氧化，增强维生素 A 的作用。（4）液状石蜡、新霉素能减少本品的吸收。

维生素 E 注射液本品为维生素 E 的灭菌油溶液。

【作用与用途】维生素类药。主要用于治疗维生素 E 缺乏所致不孕症、白肌病等。

【用法与用量】以维生素 E 计。皮下、肌内注射：一次量，犊 0.5～1.5 g。

【注意事项】（1）维生素 E 和硒同用具有协同作用。（2）大剂量的维生素 E 可延迟抗缺铁性贫血药物的治疗效应。（3）液状石蜡、新霉素能减少本品的吸收。（4）偶尔可引起死亡、流产或早产等过敏反应，可立即注射肾上腺素或抗组胺药物治疗。（5）注射体积超过 5 mL 时应分点注射。

【休药期】无需制定。

烟 酰 胺

烟酰胺与烟酸统称为维生素 PP、抗癞皮病维生素。烟酰胺是辅酶 I 和辅酶 II 的组成部分，在体内氧化还原反应中起传递氢的作用。动物烟酰胺缺乏症主要表现为代谢紊乱，尤其是被皮和消化系统疾病较多见。烟酰胺缺乏症在反刍动物不常见，但反刍动物补充烟酰胺可提高氮的利用效率，促进生长及提高泌乳动物瘤胃内微生物蛋白质的合成和奶产量。

烟酰胺片 本品为白色片

【作用与用途】维生素类药。主要用于烟酸缺乏症。

【用法与用量】以烟酰胺计。内服：一次量，每 1 kg 体重，家畜 3～5 mg。

【休药期】无需制定。

烟酰胺注射液 本品为烟酰胺的灭菌水溶液。

【作用与用途】维生素类药。主要用于烟酸缺乏症。

【用法与用量】以烟酰胺计。肌内注射：一次量，每 1 kg 体重，成年家畜 0.2～0.6 mg，幼畜不得超过 0.3 mg

【注意事项】肌内注射可引起注射部位疼痛。

【休药期】无需制定。

烟　　酸

烟酸在体内转化成烟酰胺，进一步生成辅酶Ⅰ和辅酶Ⅱ，在体内氧化还原反应中起传递氢的作用，与糖酵解、脂肪代谢、丙酮酸代谢，以及高能磷酸键的生成有着密切关系，在维持皮肤和消化器官正常功能方面亦起着重要作用。

烟酸片　本品为白色片。

【作用与用途】维生素类药。主要用于烟酸缺乏症。

【用法与用量】内服：一次量，每1 kg体重，家畜3～5 g。

【休药期】无需制定。

氯　化　钙

钙补充剂。

药物相互作用　（1）在洋地黄治疗患畜期间静注钙剂易引起心律失常。（2）噻嗪类利尿药与大剂量的钙剂同时应用可引起高钙血症。（3）静脉注射氯化钙可中和高镁血症或注射镁盐引起的毒性。（4）注射钙剂可对抗非去极化型神经肌肉阻断剂的作用。（5）维生素A摄入过量可促进骨钙的丢失，引起高钙血症。（6）钙剂与大剂量的维生素D同时应用可引起钙的吸收增加，并诱导高钙血症。

氯化钙注射液　本品为氯化钙的灭菌水溶液。

【作用与用途】钙补充药。用于低血钙症以及毛细血管通透性增加所致疾病。

【用法与用量】以氯化钙计。静脉注射：一次量，牛5～15 g。

【不良反应】（1）钙剂治疗可能诱发高血钙症，尤其在心、肾功能不良患畜。（2）静脉注射钙剂速度过快可引起低血压、心律失常和心搏停止。

【注意事项】（1）应用强心苷期间禁用本品。（2）本品刺激性强，不宜皮下注射或肌内注射，其 5％溶液不可直接静脉注射，注射前应以 10～20 倍葡萄糖注射液稀释。（3）静脉注射宜缓慢。（4）勿漏出血管。若发生漏出，受影响局部可注射生理盐水、糖皮质激素和 1％普鲁卡因。

【休药期】无需制定。

氯化钙葡萄糖注射液　本品为氯化钙与葡萄糖的灭菌水溶液。

【作用与用途】钙补充药。用于低钙血症、心脏衰竭、荨麻疹、血管神经性水肿和其他毛细血管通透性增加的过敏性疾病。

【用法与用量】静脉注射：一次量，牛 100～300 mL。

【不良反应】【注意事项】和**【休药期】**同氯化钙注射液。

碳 酸 钙

钙补充剂。

药物相互作用　（1）维生素 D、雌激素可增加对钙的吸收。（2）与噻嗪类利尿药同时应用，可增加肾脏对钙的重吸收，易发生高钙血症。（3）与四环素类药物或苯妥英钠同用，可减少二者从胃肠道吸收。（4）本药不易与洋地黄类药物合用，与含钾药物合用注意时，应注意心律失常的发生。（5）本药与氧化镁等有轻泻作用的抗酸药联用，可减少嗳气、便秘等不良反应。（6）与含铝抗酸药物合用，铝的吸收增多。

【作用与用途】钙补充药。

【用法与用量】内服：一次量，牛 30～120 g。

【注意事项】内服给药对胃肠道有一定的刺激性。

【休药期】无需制定。

磷 酸 氢 钙

钙磷补充药。钙和磷都是构成骨组织的重要元素，体内约 85％的磷与钙以结合形式存在于骨和牙齿中。骨骼外的磷则具有更为广泛的作用，如参与构成细胞膜的结构物质，体内有机物的合成和降解代谢等。

磷酸氢钙片 本品为白色片。

【作用与用途】钙、磷补充药。用于钙、磷缺乏症。

【用法与用量】以磷酸氢钙计。内服：一次量，牛 12 g。

【注意事项】（1）内服可减少四环素类、氟喹诺酮类药物从胃肠道吸收。（2）与维生素 D 类同用可促进钙吸收，但大量可诱导高钙血症。

【休药期】无需制定。

布 他 磷

矿物质补充药。以单纯的物理刺激模式增进机体各部位的同化作用。布他磷的作用：促进肝脏功能；帮助肌肉运动系统恢复疲劳；降低应激反应。维生素 B_{12} 参与碳水化合物、脂肪等多种代谢；参与必需氨基酸和蛋白质的生物合成；促进红细胞的发育和成热。

复方布他磷注射液 本品为布他磷、维生素 B_{12} 与正丁醇等适宜辅料制成的灭菌水溶液。

【作用与用途】用于动物急、慢性代谢紊乱疾病。

【用法与用量】以本品计。静脉、肌内或皮下注射：一次量，牛 10～25 mL。犊相应减半。

【不良反应】对注射部位有较强的刺激性。

【注意事项】（1）严格控制用量，以免动物中毒。（2）请勿冷冻。

【休药期】0 d。

亚 硒 酸 钠

硒作为谷胱苷肽过氧化物酶的组成成分，在体内能清除脂质过氧化自由基中间产物，防止生物膜的脂质过氧化，维持细胞膜的正常结构和功能；硒还参与辅酶 A 和辅酶 Q 的合成，在体内三羧酸循环及电子传递过程中起重要作用。动物硒缺乏时可发生营养型肌肉萎缩，初期可能表现为呼吸困难，骨骼肌僵硬，幼畜发生白肌病。成年动物硒缺乏则对疾病的易感性增高，母畜易出现繁殖机能障碍等。

药物相互作用 （1）硒与维生素 E 在动物体内防止氧化损伤方面具有协同作用。（2）硫、砷能影响动物对硒的吸收和代谢。（3）硒和铜在动物体内存在相互颉颃效应，可诱发饲喂低硒日粮的动物发生硒缺乏症。

亚硒酸钠注射液 本品为亚硒酸钠的灭菌水溶液。

【作用与用途】 硒补充药。用于防治幼畜白肌病。

【用法与用量】 以亚硒酸钠计。肌内注射：一次量，牛 30～50 mg；犊 5～8 mg。

【不良反应】 硒毒性较大，过量内服亚硒酸钠将引起家畜精神抑制、共济失调、呼吸困难、频尿、发绀、瞳孔扩大、膨胀和死亡，病理损伤包括水肿、充血和坏死，可涉及许多系统。

【注意事项】 （1）皮下注射或肌内注射有局部刺激性。（2）本品有较强毒性，中毒时表现为呕吐、呼吸抑制、虚弱、中枢抑制、昏迷等症状，严重可致死亡。（3）补硒同时添加维生素 E，则防治效果更好。

【休药期】 无需制定。

亚硒酸钠维生素 E 注射液 本品为亚硒酸钠与维生素 E 的灭菌乳状液。

【作用与用途】 维生素及硒补充药。用于治疗幼畜白肌病。

【用法与用量】 肌内注射：一次量，犊 5～8 mL。

【不良反应】【注意事项】 和 **【休药期】** 同亚硒酸钠注射液。

亚硒酸钠维生素 E 预混剂

【作用与用途】【不良反应】 和 **【休药期】** 同亚硒酸钠维生素 E

注射液。

【用法与用量】以本品计。混饲：每 1 000 kg 饲料，畜 500～1 000 g。

二 氢 吡 啶

组织代谢调节药。本品能抑制脂类化合物的氧化，促进矿物质的吸收，从而改善动物繁殖性能。

二氢吡啶预混剂 本品为白色至淡褐色粉末。

【作用与用途】组织代谢调节药。用于改善牛繁殖性能。

【用法与用量】以本品计。混饲：每 1 000 kg 饲料，牛 2～3 kg。

【休药期】牛 7 d；弃奶期 7 d。

右 旋 糖 酐 40

右旋糖酐 40 能提高血浆胶体渗透压，吸收血管外的水分而扩充血容量，维持血压；使已经聚积的红细胞和血小板解聚，降低血液黏滞性，从而改善微循环和组织灌注，使静脉回流量和心搏输出量增加；抑制凝血因子Ⅱ的激活，使凝血因子Ⅰ和Ⅷ活性降低，有抗血栓形成和渗透性利尿作用。

药物相互作用 与卡那霉素，庆大霉素合用可增加其毒性。

右旋糖酐 40 葡萄糖注射液 本品为右旋糖酐 40 与葡萄糖的灭菌水溶液。

【作用与用途】血容量补充药。主要用于补充和维持血容量，治疗失血、创伤、烧伤及中毒性休克。

【用法与用量】以本品计。静脉注射：一次量，牛 500～1 000 mL。

【不良反应】（1）偶见发热、荨麻疹等过敏反应。（2）增加出血倾向。

【注意事项】（1）静脉注射宜缓慢，用量过大可致出血，如鼻出血、创面渗血、血尿等。有出血倾向的患畜忌用。（2）充血性心力衰竭或有出血性疾病的患畜禁用。患有肝肾疾病的患畜慎用。（3）发生发热、荨麻疹等过敏反应时，应立即停止输入，必要时注射苯海拉明或肾上腺素解救。（4）失血量超过35%时应用本品可继发严重贫血，需采用输血疗法。

【休药期】无需制定。

右旋糖酐 40 氯化钠注射液　本品为右旋糖酐 40 与氯化钠的灭菌水溶液。

【作用与用途】【用法与用量】【不良反应】【注意事项】和【休药期】同右旋糖酐 40 葡萄糖注射液。

右 旋 糖 酐 70

右旋糖酐 70 的扩充血容量及抗血栓作用较右旋糖酐 40 强，能提高血浆胶体渗透压，吸收血管外的水分而扩充血容量，维持血压；使已经聚积的红细胞和血小板解聚，降低血液黏滞性，从而改善微循环和组织灌注，使静脉回流量和心搏输出量增加；抑制凝血因子 II 的激活，使凝血因子 I 和 VIII 活性降低，有抗血栓形成和渗透性利尿作用。几乎没有改善微循环和渗透性利尿作用。

右旋糖酐 70 葡萄糖注射液　本品为右旋糖酐 70 与葡萄糖的灭菌水溶液。

【作用与用途】血容量补充药。主要用于补充和维持血容量，治疗失血、创伤、烧伤及中毒性休克。

【用法与用量】以本品计。静脉注射：一次量，牛 500 ~ 1 000 mL。

【不良反应】（1）偶见发热、荨麻疹等过敏反应。（2）增加出血倾向。

【注意事项】（1）充血性心力衰竭或有出血性疾病的患畜禁用。（2）患有肝肾疾病的患畜慎用。（3）发生发热、荨麻疹等过敏反应时，应立即停止输血，必要时注射苯海拉明或肾上腺素解救。（4）静脉注射宜缓慢，用量过大可致出血。（5）失血量如超过35％时应用本品可继发严重贫血，需采用输血疗法。

【休药期】无需制定。

右旋糖酐70氯化钠注射液　本品为右旋糖酐70与氯化钠的灭菌水溶液。

【作用与用途】【用法与用量】【不良反应】【注意事项】和【休药期】同右旋糖酐70氯化钠注射液。

葡　萄　糖

本品是机体所需能量的主要来源，在体内被氧化成二氧化碳和水并同时供给热量，或以糖原形式贮存，对肝脏具有保护作用。

葡萄糖注射液　本品为葡萄糖或无水葡萄糖的灭菌水溶液。

【作用与用途】体液补充剂。5％等渗溶液用于补充营养和水分；10％高渗溶液用于提高血液渗透压和利尿。

【用法与用量】以葡萄糖计。静脉注射：一次量，牛50～250 g。

【不良反应】长期单纯补给葡萄糖可出现低钾、低钠血症等电解质紊乱状态。

【注意事项】高渗注射液应缓慢注射，以免加重心脏负担，且勿漏出血管外。

【休药期】无需制定。

葡萄糖氯化钠注射液　本品为葡萄糖或无水葡萄糖与氯化钠的灭菌水溶液。

【作用与用途】体液补充药。用于脱水症。

【用法与用量】静脉注射：一次量，牛1 000～3 000 mL。

【不良反应】输注过多、过快，可致水钠潴留，引起水肿、血压升高、心率加快、胸闷、呼吸困难，甚至急性左心衰竭。

【注意事项】（1）低钾血症患畜慎用。（2）易致肝、肾功能不全患病动物水钠潴留，应注意控制剂量。

【休药期】无需制定。

葡 萄 糖 酸 钙

钙补充剂。

药物相互作用 （1）用洋地黄治疗的患畜接受静脉注射钙易发生心律不齐。（2）噻嗪类利尿液与大剂量钙联合使用可能会引起高钙血症。（3）同时接受钙和镁补充有增加心律不齐的可能性。

葡萄糖酸钙注射液 本品为葡萄糖酸钙的灭菌水溶液。

【作用与用途】钙补充药。用于钙缺乏症及过敏性疾病，亦可解除镁离子中毒引起的中枢抑制。

【用法与用量】以葡萄糖酸钙计。静脉注射：一次量，牛 20～60 g。

【不良反应】心脏或肾脏疾病的患畜，可能产生高钙血症。

【注意事项】本品注射宜缓慢，应用强心苷期间禁用。有刺激性，不宜皮下注射或者肌内注射。注射液不可漏出血管外，否则会导致疼痛及组织坏死。

【休药期】无需制定。

氯 化 钠

本品为电解质补充剂。

氯化钠注射液 本品为氯化钠的等渗灭菌水溶液。

【作用与用途】体液补充药。用于脱水症。

【用法与用量】静脉注射：一次量，牛 1 000～3 000 mL。

【不良反应】（1）输注或内服过多、过快，可致水钠潴留，引起水肿，血压升高，心率加快。（2）过多、过快给予低渗氯化钠可致溶血、脑水肿等。

【注意事项】（1）肺水肿患畜禁用。（2）脑、肾、心脏功能不全及血浆蛋白过低患畜慎用。（3）本品所含有的氯离子比血浆氯离子浓度高，已发生酸中毒动物，如大量应用，可引起高氯性酸中毒。此时可改用碳酸氢钠和生理盐水。

【休药期】无需制定。

复方氯化钠注射液 本品为氯化钠、氯化钾与氯化钙混合制成的灭菌水溶液。

【作用与用途】【用法与用量】【不良反应】【注意事项】和【休药期】同氯化钠注射液。

氯 化 钾

钾补充剂。

药物相互作用 （1）糖皮质激素可促进尿钾排泄，与钾盐合用时会降低疗效。（2）抗胆碱药能增强内服氯化钾的胃肠道刺激作用。

氯化钾注射液 本品为氯化钾的灭菌水溶液。

【作用与用途】体液补充药。主要用于低钾血症，亦可用于强心苷中毒引起的阵发性心搏过速等。

【用法与用量】静脉注射：一次量，牛 20～50 mL。使用时必须用 5％葡萄糖注射液稀释成 0.3％以下的溶液。

【不良反应】应用过量或滴注过快易引起高钾血症。

【注意事项】（1）无尿或血钾过高时禁用。（2）肾功能严重减退或尿少时慎用。（3）高浓度溶液或快速静脉注射可能会导致心跳骤停。（4）脱水病例一般先给不含钾的液体，等排尿后再补钾。

【休药期】无需制定。

碳　酸　氢　钠

本品内服后能迅速中和胃酸，减轻胃酸过多引起的疼痛，但作用持续时间短。内服碳酸氢钠能直接增加机体的碱储备，迅速纠正代谢性酸中毒，并碱化尿液。

药物相互作用　（1）与糖皮质激素合用，易发生高钠血症和水肿。（2）与排钾利尿药合用，可增加发生低氯性碱中毒的危险。（3）本品可使尿液碱化，使弱有机碱药物排泄减慢，而使弱有机酸药物排泄加快。（4）可使内服铁剂的吸收减少。

碳酸氢钠片　本品为白色片。

【作用与用途】酸碱平衡调节药。用于酸血症、胃肠卡他，也用于碱化尿液。

【用法与用量】以碳酸氢钠计。内服：一次量，牛 30～100 g。

【不良反应】（1）剂量过大或肾功能不全患畜可出现水肿、肌肉疼痛等症状。（2）内服时可在胃内产生大量 CO_2，引起胃肠鼓气。

【注意事项】充血性心力衰竭、肾功能不全和水肿或缺钾等患畜慎用。

【休药期】无需制定。

碳酸氢钠注射液　本品为碳酸氢钠的灭菌水溶液。

【作用与用途】酸碱平衡调节药。用于酸血症。

【用法与用量】以碳酸氢钠计。静脉注射：一次量，牛 15～30 g。

【不良反应】（1）大量静脉注射时可引起代谢性碱中毒、低钾血症，易出现心律失常、肌肉痉挛。（2）剂量过大或肾功能不全患畜可出现水肿、肌肉疼痛等症状。

【注意事项】（1）应避免与酸性药物、复方氯化钠、硫酸镁或盐酸氯丙嗪注射液等混合应用。（2）对组织有刺激性，静脉注射时勿漏出血管外。（3）用量要适当，纠正严重酸中毒时，应测定 CO_2 结合力作为用量依据。（4）患有充血性心力衰竭、肾功能不全和水肿或缺钾等患畜慎用。

【休药期】无需制定。

乳 酸 钠

本品为纠正酸血症的药物。其高渗溶液注入体内后，在有氧条件下经肝脏氧化代谢，转化成碳酸根离子，纠正血中过高的酸度，但其作用不及碳酸氢钠迅速和稳定。

乳酸钠注射液 本品为乳酸钠的灭菌水溶液。

【作用与用途】酸碱平衡调节药。用于酸血症。

【用法与用量】静脉注射：一次量，牛 200～400 mL；用时稀释5 倍。

【注意事项】（1）水肿患畜慎用。（2）患有肝功能障碍、休克、缺氧或心功能不全的动物慎用。（3）不宜用生理盐水或其他含氯化钠溶液稀释本品，以免成为高渗溶液。

【休药期】无需制定。

第七节　消毒防腐药物

消毒防腐药是杀灭病原微生物或抑制其生长繁殖的一类药物。其中，消毒药指能杀灭病原微生物的药物，主要用于环境、排泄物、用具和器械等非生物物质表面的消毒；防腐药指能抑制病原微生物生长繁殖的药物，主要用于抑制局部皮肤、黏膜和创伤等生物体表微生物，也用于食品、生物制品的防腐。二者没有绝对的界限，高浓度的防腐药也具有杀菌作用，低浓度的消毒药也只有抑菌作用。

各类消毒防腐药的作用机制各不相同，可归纳为以下三种：①使菌体蛋白质变性、沉淀，故称为"一般原浆毒"，如酚类、醇类、醛类和重金属盐类；②改变菌体细胞膜通透性，如表面活性剂；③破坏或干扰生命必需的酶系统，如氧化剂、卤素类。

防腐消毒药的作用受病原微生物的种类、药物浓度和作用时间、环境温度和湿度、环境 pH、有机物以及水质等的影响，使用时应加以注意。

根据化学结构和药物作用，消毒防腐药主要分为酚类、醛类、醇类、表面活性剂、碱类、卤素类和氧化剂类等。

一、酚类

苯 酚

苯酚为原浆毒，使菌体蛋白凝固变性而呈现杀菌作用。0.1%～1%溶液有抑菌作用，1%～2%溶液有杀灭细菌和真菌作用，5%溶液可在 48 h 内杀死炭疽芽孢，对病毒的作用较弱。碱性环境、脂类和皂类等能减弱其杀菌作用。

【作用与用途】用于器械、用具和环境等消毒。

【用法与用量】配成 2%～5%溶液。

【注意事项】（1）本品对皮肤和黏膜有腐蚀性，对动物和人有较强的毒性，不能用于创面和皮肤的消毒。（2）忌与碘、溴、高锰酸钾、过氧化氢等配伍应用。

【休药期】无需制定。

复 合 酚

为酚、醋酸及十二烷基苯磺酸等配制而成。

【作用与用途】能杀灭多种细菌和病毒，用于厩舍、器具、排泄物和车辆等消毒。

【用法与用量】喷洒：配成 0.3%～1%水溶液。浸涤：配成

1.6％水溶液。

【注意事项】（1）对皮肤、黏膜有刺激性和腐蚀性，对动物和人有较强的毒性，不能用于创面和皮肤的消毒。（2）禁与碱性药物或其他消毒剂混用。

【休药期】无需制定。

甲 酚 皂 溶 液

甲酚为原浆毒，使菌体蛋白凝固变性而呈现杀菌作用。抗菌作用比苯酚强 3～10 倍，毒性大致相等，但消毒作用比苯酚低，较苯酚安全。可杀灭一般繁殖型病原菌，对芽孢无效，对病毒作用较弱。

【作用与用途】用于器械、厩舍或排泄物等消毒。

【用法与用量】喷洒或浸泡：配成 5％～10％的水溶液。

【注意事项】（1）甲酚有特臭，不宜在肉联厂和食品加工厂等应用，以免影响食品质量。（2）由于色泽污染，不宜用于棉、毛纤制品的消毒。（3）对皮肤有刺激性，注意保护使用者的皮肤。

【休药期】无需制定。

氯 甲 酚 溶 液

氯甲酚对细菌繁殖体、真菌和结核杆菌均有较强的杀灭作用，但不能杀灭细菌芽孢。有机碱可减弱其杀菌效果。pH 较低是，杀菌效果较好。

【作用与用途】用于畜舍及环境消毒。

【用法与用量】喷洒消毒：1：（33～100）稀释。

【注意事项】（1）本品对皮肤、黏膜有腐蚀性。（2）现用现配，稀释后不宜久贮。

【休药期】无需制定。

二、醛类

甲 醛 溶 液

通常称为福尔马林，含甲醛不少于 36.0%（g/g）。可与蛋白质中的氨基结合，使蛋白质凝固变性，其杀菌作用强，对细菌、芽孢、真菌、病毒都有效。

【作用与用途】用于畜舍熏蒸消毒，也可用于胃肠道制酵。

【用法与用量】以本品计。熏蒸消毒：15 mL/m³。内服：一次量，8～25 mL。内服时用水稀释 20～30 倍。

【注意事项】（1）对皮肤、黏膜有强刺激性。药液污染皮肤，应立即用肥皂和水清洗。（2）甲醛气体有强致癌作用，尤其肺癌。（3）消毒后在物体表面形成一层具腐蚀作用的薄膜。

【休药期】无需制定。

复 方 甲 醛 溶 液

为甲醛、乙二醛、戊二醛和苯扎氯铵与适宜辅料配制而成。

【作用与用途】用于厩舍及器具消毒。

【用法与用量】厩舍、物品、运输工具消毒：1:（200～400）稀释；发生疫病时消毒：1:（100～200）稀释。

【注意事项】（1）对皮肤、黏膜有强刺激性。操作人员要做好防护措施。（2）温度低于 5 ℃时，可适当提高使用浓度。（3）忌与肥皂及其他阴离子表面活性剂、盐类消毒剂、碘化物和过氧化物等合用。

【休药期】无需制定。

浓 戊 二 醛 溶 液

戊二醛为灭菌剂，具有广谱、高效和速效消毒作用。对革兰氏阳性和阴性细菌均具有迅速的杀灭作用，对细菌繁殖体、芽孢、病毒、结核杆菌和真菌等均有很好的杀灭作用。水溶液 pH 为 7.5~7.8 时，杀菌作用最佳。

【作用与用途】主要用于厩舍及器具的消毒。

【用法与用量】以戊二醛计。配成 2% 或 5% 溶液。

【注意事项】(1) 避免接触皮肤和黏膜。如接触后应及时用水冲洗干净。(2) 不应接触金属器具。

【休药期】无需制定。

(稀) 戊 二 醛 溶 液

【作用与用途】【注意事项】和【休药期】同浓戊二醛溶液。

【用法与用量】喷洒使浸透：配成 0.78% 溶液，保持 5 min 至干。

复方戊二醛溶液

为戊二醛和苯扎氯铵配制而成。

【作用与用途】用于厩舍及器具的消毒。

【用法与用量】喷洒：1∶150 稀释，9 mL/m²；涂刷：1∶150 稀释，无孔材料表面 100 mL/m²，有孔材料表面 300 mL/m²。

【注意事项】(1) 易燃。为避免被灼烧，避免接触皮肤和黏膜，避免吸入，使用时需谨慎，应配备防护衣、手套、护面和护眼用具等。(2) 禁与阴离子表面活性剂及盐类消毒剂合用。

【休药期】无需制定。

季铵盐戊二醛溶液

为苯扎氯铵、癸甲溴铵和戊二醛配制而成。配有无水碳酸钠。

【作用与用途】用于厩舍日常环境消毒。可杀灭细菌、病毒和芽孢。

【用法与用量】以本品计。临用前将消毒液碱化（每 100 mL 消毒液加无水碳酸钠 2 g，搅拌至无水碳酸钠完全溶解），再用自来水将碱化液稀释后喷雾或喷洒：200 mL/m²，消毒 1 h。日常消毒，1 :（250～500）稀释；杀灭病毒，1 :（100～200）稀释；杀灭芽孢1 :（1～2）稀释。

【注意事项】（1）使用前将动物厩舍清理干净；（2）对具有碳钢或铝设备的厩舍进行消毒时，需在消毒 1 h 后及时清洗残留的消毒液；（3）消毒液碱化后 3 d 内用完；（4）产品发生冻结时，用前进行解冻，并充分摇匀。

【休药期】无需制定。

三、季铵盐类

辛氨乙甘酸溶液

为两性离子表面活性剂。对化脓球菌、肠道杆菌等及真菌有良好的杀灭作用，对细菌芽孢无杀灭作用。具有低毒、无残留特点，有较好的渗透性。

【作用与用途】用于畜舍、环境、器械的消毒。

【用法与用量】畜舍、环境、器械消毒：1 :（100～200）稀释。

【注意事项】（1）忌与其他消毒药合用。（2）不宜用于粪便、污秽物及污水的消毒。

【休药期】无需制定。

苯扎溴铵溶液

为阳离子表面活性剂，对细菌如化脓球菌、肠道杆菌等有较好的杀灭作用，对革兰氏阳性菌的杀灭能力强于革兰氏阴性菌。对病毒的作用较弱，对亲脂性病毒如流感有一定的杀灭作用，对亲水性病毒无效。对结核杆菌和真菌杀灭效果甚微。对细菌芽孢只能起到抑制作用。

【作用与用途】用于手术器械、皮肤和创面消毒。

【用法与用量】以苯扎溴铵计。创面消毒：配成0.01%溶液；皮肤、手术器械消毒：配成0.1%溶液。

【应用注意】（1）禁与肥皂或其他阴离子表面活性剂、盐类消毒药、碘化物和过氧化物等合用，经肥皂洗手后，务必用水冲洗干净后再用本品。（2）不宜用于眼科器械和合成橡胶制品的消毒。（3）手术器械浸泡消毒时需加入0.5%亚硝酸钠以防止生锈，其水溶液不得贮存于聚乙烯制作的瓶内，以避免与增塑剂起反应而使药液失效。（4）不适用于粪便、污水和皮革等消毒。（5）可引起人的药物过敏。

【休药期】无需制定。

癸甲溴铵溶液

为阳离子表面活性剂，能吸附于细菌表面，改变菌体细胞膜的通透性，呈现杀菌作用。具有广谱、高效、无毒、抗硬水、抗有机物等特点，适用于环境、水体、器具等消毒。

【作用与用途】用于畜舍、饲喂器具和饮水等消毒。

【用法与用量】以癸甲溴铵计。畜舍、器具消毒：配成0.015%～0.05%溶液；饮水消毒：配成0.0025%～0.005%溶液溶液。

【应用注意】（1）原液对皮肤和眼睛有轻微刺激，避免接触眼睛、皮肤和黏膜，如溅及眼睛和皮肤，立即以大量清水冲洗至少15 min。（2）内服有毒性，如误食立即用大量清水或牛奶洗胃。

【休药期】无需制定。

度　米　芬

为阳离子表面活性剂，可用作消毒剂、除臭剂和杀菌防霉剂。对革兰氏阳性和阴性菌均有杀灭作用，但对阴性菌需较高浓度。对细菌芽孢、耐酸细菌和病毒效果不显著。有抗真菌作用。在中心或弱碱性溶液中效果更好，在酸性溶液中效果下降。

【作用与用途】 用于创面、黏膜、皮肤和器械消毒。

【用法与用量】 创面、黏膜消毒：0.02％～0.05％溶液；皮肤、器械消毒：0.05％～0.1％溶液。

【不良反应】 可引起人接触性皮炎。

【注意事项】 （1）禁止与肥皂、盐类和其他合成洗涤剂、无机碱合用。避免使用铝制容器。（2）消毒金属器械需加 0.5％亚硝酸钠防锈。

【休药期】 无需制定。

醋 酸 氯 己 定

为阳离子表面活性剂，对革兰氏阳性、阴性菌和真菌均有杀灭作用，但对结核杆菌、细菌芽孢及某些真菌仅有抑制作用。杀菌作用强于苯扎溴铵，迅速且持久，毒性低，无局部刺激作用。不易被有机物灭活，但易被硬水中的阴离子沉淀而失去活性。

【作用与用途】 用于皮肤、黏膜、手术创面、手及器械等消毒。

【用法与用量】 皮肤消毒：配成 0.5％醇溶液（以 70％乙醇配制）；黏膜及创面消毒：配成 0.05％溶液；手消毒：配成 0.02％溶液；器械消毒：配成 0.1％溶液。

【注意事项】 （1）禁与肥皂、碱性物质和其他阳离子表面活性剂混合使用，金属器械消毒时加 0.5％亚硝酸钠防锈。（2）禁与汞、甲醛、碘酊、高锰酸钾等消毒剂配伍应用。（3）本品遇硬水可形成不溶性盐，遇软木（塞）可失去药物活性。

【休药期】 无需制定。

四、碱类

氢 氧 化 钠

为一种高效消毒剂。属原浆毒，能杀灭细菌、芽孢和病毒。2%～4%溶液可杀死病毒和细菌；30%溶液 10 min 可杀死芽孢；4%溶液 45 min 可杀死芽孢。

【作用与用途】 用于畜舍、车辆等的消毒，也用于牛新生角的腐蚀。

【用法与用量】 消毒：配成 1%～2%热溶液。腐蚀新生角：50%溶液。

【注意事项】 （1）对组织有强腐蚀性，能损坏织物和铝制品。（2）消毒人员应注意防护。

【休药期】 无需制定。

五、卤素类

含氯石灰（漂白粉）

遇水生成次氯酸，释放活性氯和新生态氧而呈现杀菌作用。杀菌作用强但不持久。对细菌繁殖体、芽孢、病毒及真菌都有杀灭作用，并可破坏肉毒梭菌毒素。1%溶液作用 0.5～1 min 即可抑制多数繁殖型细菌的生长，1～5 min 可抑制葡萄球菌和链球菌的生长，但对结核杆菌和鼻疽杆菌效果较差。30%混悬液作用 7 min，炭疽芽孢及停止生长。杀菌作用受有机物的影响，实际消毒时，与被消毒物的接触至少需 15～20 min。含氯石灰中所含的氯可与氨和硫化氢发生反应，故有除臭作用。

【作用与用途】 用于饮水、厩舍、场地、车辆及排泄物的消毒。

【用法与用量】5%～20%混悬液用于厩舍、地面和排泄物的消毒。饮水消毒：每50 L水加本品1 g，30 min后即可饮用。

【注意事项】（1）对皮肤和黏膜有刺激作用，消毒人员应注意防护。（2）对金属有腐蚀作用，不能用于金属制品。（3）可使有色棉织物褪色，不可用于有色衣物的消毒。（4）现配现用，久贮易失效，保存于阴凉干燥处。

【休药期】无需制定。

次 氯 酸 钠 溶 液

【作用与用途】用于厩舍、器具及环境的消毒。

【用法与用量】以本品计。厩舍、器具消毒，1∶（50～100）稀释。口蹄疫病毒：疫源地消毒，1∶50稀释，常规消毒，1∶1 000稀释。

【注意事项】（1）本品对金属有腐蚀性，对织物有漂白作用。（2）可伤害皮肤，置于儿童不能触及处。（3）包装物用后集中销毁。

【休药期】无需制定。

复合次氯酸钙粉

由次氯酸钙和丁二酸配合而成。遇水生成次氯酸，释放活性氯和新生态氧而呈现杀菌作用。

【作用与用途】用于空舍、周边环境喷雾消毒，饲养器具的浸泡消毒和物体表面的擦洗消毒。

【用法与用量】（1）配制消毒母液：打开外包装后，先将A包内容物溶解到10 L水中，待搅拌完全溶解后，再加入B包内容物，搅拌，至完全溶解。（2）喷雾：空舍和环境消毒，1∶（15～20）稀释，每1 m³ 150～200 mL作用30 min。（3）浸泡、擦洗饲养器具，1∶30稀释，按实际需要量作用20 min。（4）对特定病原体如大肠埃希氏菌、金黄色葡萄球菌 1：140 稀释，巴氏杆菌 1：30 稀释，口蹄疫病毒 1：2 100 稀释。

【注意事项】（1）配制消毒母液时，袋内的 A 包与 B 包必须按顺序一次性全部溶解，不得增减使用量。配制好的消毒液应在密封非金属容器中贮存。（2）配制消毒液的水温不得超过 50 ℃和低于 25 ℃。（3）若母液不能一次用完，应放于 10 L 桶内，密闭，置凉暗处，可保存 60 d。（4）禁止内服。

【休药期】无需制定。

复合亚氯酸钠

与盐酸可生产二氧化氯而发挥杀菌作用。对细菌繁殖体、芽孢、病毒及真菌都有杀灭作用，并可破坏肉毒梭菌毒素。二氧化氯形成的多少与溶液的 pH 有关，pH 越低，二氧化氯形成越多，杀菌作用越强。

【作用与用途】用于厩舍、饲喂器具及饮水等消毒，并有除臭作用。

【用法与用量】本品 1 g 加水 10 mL 溶解，加活化剂 1.5 mL 活化后，加水至 150 mL 备用。厩舍、饲喂器具消毒：15～20 倍稀释；饮水消毒：200～1 700 倍稀释。

【注意事项】（1）避免与强还原剂及酸性物质接触。注意防爆。（2）本品浓度为 0.01% 时对铜、铝有轻度腐蚀性，对碳钢有中度腐蚀。（3）现配现用。

【休药期】无需制定。

二氯异氰尿酸钠粉

含氯消毒剂。在水中分解为次氯酸和氯脲酸，次氯酸释放活性氯和新生态氧，对细菌原浆蛋白产生氯化和氧化反应而呈现杀菌作用。

【作用与用途】主要用于厩舍、畜栏和器具等消毒。

【用法与用量】以有效氯计。饲养场所、器具消毒：每 1 L 水加本品，0.1～1 g；疫源地消毒：每 1 L 水加本品 0.2 g。

【注意事项】所需消毒溶液现配现用，对金属有轻微腐蚀，可使有色棉织品褪色。

【休药期】无需制定。

三氯异氰脲酸粉

含氯消毒剂。在水中分解为次氯酸和氯脲酸，次氯酸释放活性氯和新生态氧，对细菌原浆蛋白产生氯化和氧化反应而呈现杀菌作用。

【作用与用途】主要用于厩舍、畜栏、器具及饮水消毒。

【用法与用量】以有效氯计。喷洒、冲洗、浸泡：饲养场地的消毒，配成 0.16% 溶液；饲养用具，配成 0.04% 溶液；饮水消毒，每 1 L 水加本品 0.4 mg，作用 30 min。

【注意事项】本品对人的皮肤与黏膜有刺激作用，对织物、金属有漂白或腐蚀作用，使用时注意防护。

【休药期】无需制定。

溴 氯 海 因 粉

为有机溴氯复合型消毒剂，能同时解离出溴和氯分别形成次氯酸和次溴酸，有协调增效作用。溴氯海因具广谱杀菌作用，对细菌繁殖型芽孢、真菌和病毒有杀灭作用。

【作用与用途】用于动物厩舍、运输工具等的消毒。

【用法与用量】以本品计。喷洒、擦洗或浸泡：环境或运载工具消毒，口蹄疫按 1∶333 稀释，细菌繁殖体按 1∶1 333 稀释。

【注意事项】（1）本品对炭疽芽孢无效。（2）禁用金属容器盛放。

【休药期】无需制定。

碘 酊

碘酊是常用最有效的皮肤消毒药。含碘 2％，碘化钾 1.5％，加水适量，以 50％乙醇配制。

【作用与用途】用于手术前和注射前皮肤消毒和术野消毒。

【用法与用量】一般使用 2％碘酊，外用：涂擦皮肤。兽医上皮肤消毒用 5％碘酊。

【不良反应】低浓度碘的毒性很低，使用时偶尔引起过敏反应。

【注意事项】（1）对碘过敏动物禁用。（2）小动物用碘酊涂擦皮肤消毒后，宜用 70％酒精脱碘，避免引起发泡或发炎。（3）不应与含汞药物配伍。

【休药期】无需制定。

碘 甘 油

碘甘油刺激性较小。含碘 1％，碘化钾 1％，加甘油适量配制而成。

【作用与用途】用于黏膜表面消毒，治疗口腔、舌、齿龈、阴道等黏膜炎症与溃疡。

【用法与用量】涂擦皮肤。

【不良反应】【注意事项】和【休药期】同碘酊。

碘 附

碘附由碘、碘化钾、硫酸、磷酸等配制而成。

【作用与用途】用于手术部位和手术器械消毒剂厩舍、饲喂器具。

【用法与用量】以本品计。喷洒、冲洗、浸泡：手术部位和手术器械消毒，用水 1∶（3～6）稀释；厩舍、饲喂器具，用水 1∶（100～200）稀释。

【不良反应】【注意事项】和【休药期】同碘酊。

碘 酸 混 合 溶 液

【作用与用途】用于外科手术部位、畜舍、畜产品加工场所及用具消毒

【用法与用量】以碘计。病毒类消毒：配成 0.01%～0.03%溶液；手术室及伤口消毒 0.01%；畜舍及用具消毒：配成 0.005%～0.015%溶液；牧草消毒：0.002%；饮水消毒：配成 0.0012%溶液。

【注意事项】（1）勿用温度超过 43℃的热水稀释。（2）如果发现有皮肤过敏现象，应停止使用。（3）禁止与其他化学药物混合使用。（4）防止皮肤和眼睛接触到产品原液，如果溅入眼睛，立即用大量的水冲洗。（5）密封，置于安全处，勿让孩子接触。（6）本品对鱼类和其他水生微生物有害，因此使用过的溶液禁止直接排入池塘。

【休药期】无需制定。

聚 维 酮 碘 溶 液

通过释放游离碘，破坏菌体新陈代谢，对细菌、病毒和真菌均有良好的杀灭作用。

【作用与用途】常用于手术部位、皮肤和黏膜消毒。

【用法与用量】以聚维酮碘计。皮肤消毒及治疗皮肤病：配成 5%溶液；黏膜及创面冲洗：配成 0.1%溶液。

【注意事项】（1）当溶液变为白色或淡黄色即失去消毒活性。（2）勿用金属容器盛装。（3）勿与强碱类物质及重金属物质混用。

【休药期】无需制定。

蛋 氨 酸 碘 溶 液

为蛋氨酸与碘的络合物。通过释放游离碘，破坏菌体新陈代谢，

对细菌、病毒和真菌均有良好的杀灭作用。

【作用与用途】主要用于厩舍消毒。

【用法与用量】以本品计。厩舍消毒：取本品稀释 500～2 000 倍后喷洒。

【注意事项】勿与维生素 C 类强还原物同时使用。

【休药期】无需制定。

六、氧化剂类

过氧乙酸溶液

为强氧化剂，遇有机物放出初生态氧初生氧化作用而杀灭病原微生物。

【作用与用途】用于杀灭厩舍、用具等的细菌、芽孢、真菌和病毒。

【用法与用量】以本品计。喷雾消毒：1∶（200～400）稀释；浸泡消毒：1∶500 稀释。

【不良反应】本品对黏膜有刺激性。

【注意事项】（1）使用前将 A、B 液混合反应 10 h 生产过氧乙酸消毒液。（2）本品腐蚀性强，操作时戴上防护手套，避免药液灼伤皮肤，稀释时避免使用金属器具。（3）当室温低于 15 ℃时，A 液会结冰，用温水融化溶解后即可使用。（4）配好的溶液应低温、避光、密闭保存，置玻璃瓶内或硬质塑料瓶内。

【休药期】无需制定。

过硫酸氢钾复合物粉

【作用与用途】用于厩舍、空气和饮水等消毒。

【用法与用量】以本品计。浸泡或喷雾：（1）厩舍环境、饮水设备及空气消毒、终末消毒、设备消毒、脚踏盆消毒：1∶200 稀释；

（2）饮用水消毒：1：1 000 稀释；（3）用于特定病原体消毒：大肠埃希氏菌、金黄色葡萄球菌：1：400 稀释；链球菌：1：800 稀释；口蹄疫病毒：1：1 000 稀释。

【注意事项】（1）不得与碱类物质混存或合并使用。（2）产品用尽后，包装不得乱丢，应集中处理。（3）现配现用。

【休药期】无需制定。

七、酸类

醋　酸

又名乙酸。对细菌、真菌、芽孢和病毒均有较强的杀灭作用。一般来说，对细菌繁殖体最强，依次为真菌、病毒、结核杆菌及芽孢。

【作用与用途】消毒防腐药。

【用法与用量】外用：冲洗口腔 2%～3% 溶液。

【不良反应】醋酸有刺激性，高浓度时对皮肤、黏膜有腐蚀性。

【注意事项】（1）避免与眼睛接触，若与高浓度醋酸接触，立即用清水冲洗。（2）避免接触金属器械，以免产生腐蚀作用。（3）禁与碱性药物配伍。

【休药期】无需制定。

第八节　局部用药物

给药后不需要吸收进入全身血液循环，只在用药部位发挥作用的药物称局部用药物，如搽剂、洗剂、浇泼剂和注入剂等。

浓　碘　酊

本品对皮肤有较强刺激作用，可引起局部血管扩张，促进局部血液循环，改善局部营养，促进慢性炎症产物的吸收，从而加速局部病变的消散。

【作用与用途】 刺激药。外用于局部慢性炎症。

【用法与用量】 局部涂擦。

【不良反应】 偶尔引起过敏反应。

【注意事项】 本品刺激性强，皮肤局部反复涂搽可引起炎症反应。

【休药期】 无需制定。

氯 唑 西 林

氯唑西林属 β-内酰胺类，其抗菌谱比青霉素窄，类似苯唑西林，但不易被青霉素酶水解，对耐青霉素的产酶金黄色葡萄球菌有效，在苯环上增加氯离子使体外抗葡萄球菌的活性有所增强。对大多数革兰氏阳性菌特别是耐青霉素金黄葡萄球菌有效，其 MIC 为 0.29(0.062～1.0)μg / mL。对不产酶菌株和其他对青霉素敏感的革兰氏阳性菌的杀菌作用不如青霉素。

药物相互作用 （1）氯唑西林钠溶液与下列药物溶液呈物理性配伍禁忌（产生混浊、絮状物或沉淀）：琥乙红霉素、盐酸土霉素、盐酸四环素、硫酸庆大霉素、硫酸多黏菌素 B、维生素 C 和盐酸氯丙嗪；（2）与硫酸黏菌素、硫酸卡那霉素溶液混合即失效。

注入用氯唑西林钠 本品为氯唑西林钠的无菌粉末；为白色粉末或结晶性粉末。

【作用与用途】 β-内酰胺类抗生素。用于耐青霉素葡萄球菌感染的乳腺炎。

【用法与用量】 以氯唑西林计。乳管注入：奶牛每乳管 200 mg。

【不良反应】 主要为过敏反应，大多数家畜均可发生，但发生率较低。表现为注射部位水肿、疼痛、荨麻疹、皮疹，严重者可引起休克或死亡。

【注意事项】（1）对青霉素过敏的动物禁用。（2）大环内酯类、四环素类和酰胺醇类等速效抑菌剂对青霉素的杀菌活性有干扰作用，不宜合用。（3）重金属离子（尤其是铜、锌、汞）、醇类、酸、碘、氧化剂、还原剂、羟基化合物，呈酸性的葡萄糖注射液或盐酸四环素注射液等可破坏青霉素的活性，属配伍禁忌。

【休药期】10 d；弃奶期 48 h。

重组溶葡萄球菌酶

蛋白类抗菌药。重组溶葡萄球菌酶对葡萄球菌等革兰氏阳性菌具有杀菌作用，其作用机制是裂解细菌细胞壁肽聚糖中的五甘氨酸肽键桥，使细菌裂解死亡。

重组溶葡萄球菌酶粉 本品为重组溶葡萄球菌酶与甘露醇、牛血清白蛋白和甘氨酸制成的无菌冻干品，为白色至微黄色冻干块状物或粉末。

【作用与用途】蛋白类抗菌药。主要用于治疗革兰氏阳性菌，如葡萄球菌、链球菌、化脓棒状杆菌或化脓隐秘杆菌等引起的牛急、慢性子宫内膜炎，亚临床型乳房炎和临床型乳房炎。

【用法与用量】治疗子宫内膜炎。子宫内灌注：牛 800～1 200 单位，用注射用水溶解并稀释至 100～150 mL 后进行子宫内注入，隔日 1 次，连用 3 次；治疗乳房炎，乳房内注入：奶牛每乳区 400 单位，用已加热到与体温相同温度的注射用水溶解并稀释至 50～100 mL 后乳房内注入，每日早、晚挤奶后各用药 1 次，连用 4 d。

【注意事项】（1）本品用灭菌注射用水溶解，稀释后的药液一次用完。（2）子宫内注入给药前用生理盐水清洁牛尾根部、阴户四周。（3）乳房内注入给药前，应先将患病乳区的乳汁挤净，并用 75% 酒精消毒乳头。给药后对乳房进行按摩，使药液散开。

【休药期】治疗子宫内膜炎：弃奶期 0 d；治疗乳房炎：弃奶期 24 h。

盐酸吡利霉素

吡利霉素为林可胺类抗生素，通过作用于敏感菌核糖体的50S亚基，从而干扰细菌细胞的蛋白质合成。吡利霉素对引起泌乳期奶牛乳腺炎的葡萄球菌属（如金黄色葡萄球菌）和链球菌属（如无乳链球菌、停乳链球菌、乳房链球菌）有较高的抗菌活性。

盐酸吡利霉素乳房注入剂（泌乳期） 本品为盐酸吡利霉素的无菌水溶液，为无色的澄明液体。

【作用与用途】 抗生素类药。用于治疗葡萄球菌、链球菌引起的奶牛泌乳期临床或亚临床乳房炎。

【用法与用量】 以吡利霉素计。乳管注入：泌乳期奶牛，每乳室50 mg。每日1次，连用2 d，视病情需要，可适当增加给药剂量和延长用药时间。

【注意事项】 （1）仅用于乳房内注入，应注意无菌操作。（2）给药前，用含有适宜乳房消毒剂的温水充分洗净乳头，待完全干燥后将乳房内的奶全部挤出，再用酒精等适宜消毒剂对每个乳头擦拭灭菌后方可给药。（3）本品弃奶期系根据常规给药剂量和给药时间制定，如确因病情所需而增加给药剂量或延长用药时间，则应执行最长弃奶期。（4）尚缺乏本品在奶牛体内残留消除数据，给药期间和最长休药期之前动物不能食用。

【休药期】 弃奶期72 h。

盐酸林可霉素

林可霉素属林可胺类，对革兰氏阳性菌，如葡萄球菌、溶血性链球菌和肺炎球菌作用较强，对厌氧菌如破伤风梭菌、产气荚膜芽孢杆菌有抑制作用；对支原体的作用较弱。对猪痢疾密螺旋体和弓形体也有一定作用。革兰氏阴性需氧菌通常不敏感。动物内服吸收迅速但不完全。部分药物在肝脏代谢，药物原形及其代谢物经胆汁、尿液和乳汁排出。

盐酸林可霉素乳房注入剂（泌乳期）　本品为盐酸林可霉素的混悬液；为淡黄色油状混悬液。

【作用与用途】林可胺类抗生素。用于牛由金黄色葡萄球菌、无乳链球菌、停乳链球菌等敏感菌引起的临床型乳房炎和隐性乳房炎。

【用法与用量】乳管内灌注：挤奶后每个乳区1支。每日2次，连用2～3次。

【注意事项】（1）用药时务必将奶挤干净，对于化脓性炎症可用乳导管排出脓汁等炎症分泌物，以保证药物疗效。（2）注药时务必将注射器头部完全送入乳池。

【休药期】弃奶期7 d。

盐酸多西环素

本品属四环素类广谱抗生素，具有广谱抑菌作用，敏感菌包括肺炎球菌、链球菌、部分葡萄球菌、炭疽杆菌、破伤风梭菌、棒状杆菌等革兰氏阳性菌以及大肠埃希氏菌、巴氏杆菌、沙门氏菌、布鲁氏菌和嗜血杆菌、克雷伯氏菌和鼻疽杆菌等革兰氏阴性菌。对立克次体、支原体、螺旋体等也有一定程度的抑制作用。

盐酸多西环素子宫注入剂　本品为盐酸多西环素的混悬液，为黄色油状混悬液，具有樟脑的芳香特臭。

【作用与用途】四环素类抗生素。用于预防牛产后感染，治疗由敏感菌引起的急性、慢性和顽固性子宫内膜炎、子宫蓄脓、子宫炎和宫颈炎等。

【用法与用量】子宫腔灌注：（1）预防产后感染，排出胎衣后第每日向子宫内注药1次，一次1支。（2）治疗急性子宫内膜炎、子宫蓄脓、子宫炎、宫颈炎，每3 d给药一次，一次1支，连用1～4次。

（3）治疗慢性子宫内膜炎，每 7～10 d 或一个发情期注药一次，一次 1 支，连用 1～4 次。（4）治疗顽固性子宫内膜炎，先用露它净溶液（露它净 4 mL 加水 96 mL）1 000～2 000 mL 冲洗，再注入本品，一次 1 支，连用 1～4 次。

【注意事项】（1）剪掉注射器头部部分，回抽注射器，用食指按住注射器头部，充分振摇均匀。（2）用药前，将牛的外阴部和器械、工具进行常规消毒，将药物全部注入子宫体内，注完药后，再注入空气或温开水，以确保没有药物残留。

【休药期】牛 28 d；弃奶期 7 d。

醋酸氯己定

消毒药。醋酸氯己定为阳离子表面活性剂，对革兰氏阳性菌、阴性菌和真菌均有杀灭作用，但对结核杆菌、细菌芽孢及某些真菌仅有抑菌作用。醋酸氯己定不易被有机物灭活，但易被硬水中的阴离子沉淀而失去活性。

醋酸氯己定栓 本品为醋酸氯己定栓；为乳白色至微黄色栓。

【作用与用途】消毒防腐药。用于预防牛、羊产后子宫、产道感染，以及由敏感菌引起的子宫内膜炎等。

【用法与用量】预防子宫、产道感染：牛，胎衣排出后给药，每日 2 粒，隔日 1 次。

用于子宫内膜炎：牛，每日 1 次，一次 2 粒。

【不良反应】偶见过敏反应，如接触性皮炎等。

【注意事项】（1）肥皂等碱性物质、阴离子表面活性剂及硬水中阴离子会可降低本品的杀菌效力，不宜配伍使用。（2）禁与汞、甲醛、碘酊、高锰酸钾等消毒剂配伍使用。（3）用药后待发情黏液变成蛋清色方可配种。

醋酸氯己定子宫注入剂 本品为含醋酸氯己定混悬液；为黄色油

状混悬液，具有樟脑的芳香特臭。

【作用与用途】消毒药。用于预防牛和猪的产后感染，以及由敏感菌引起的子宫内膜炎、子宫颈炎等。

【用法与用量】子宫内灌注：（1）预防产后感染，产后 5～7 d 给药 1 次，2 d 后再用药 1 次。（2）用于急性子宫内膜炎，产后每 3 d 给药 1 次，每次 1 支，连用 1～4 次。（3）治疗慢性子宫内膜炎，每 7～10 d 或一个发情期注药 1 次，每次 1 支，每 2 d 用药一次，连用 1～4 次。（4）用于顽固性子宫内膜炎、子宫颈炎，先用其他药物冲洗子宫，再注入本品，每次 1 支，每 2 d 用药一次，连用 1～4 次。

【不良反应】偶见过敏反应，如接触性皮炎等。

【注意事项】（1）使用前将药物充分振摇均匀。（2）肥皂等碱性物质、阴离子表面活性剂及硬水中阴离子可降低本品的杀菌效力，不宜配伍使用。（3）禁与汞、甲醛、碘酊、高锰酸钾等消毒剂配伍使用。（4）用药后待发情黏液变成蛋清色方可配种。

硫 酸 新 霉 素

硫酸新霉素 见"氨基糖苷类抗生素"。

硫酸新霉素滴眼液 本品为无色至微黄色的澄明液体。

【作用与用途】氨基糖苷类抗生素。主要用于结膜炎、角膜炎等。

【用法与用量】滴眼。

【休药期】无需制定。

氟 苯 尼 考

氟苯尼考对多种革兰氏阳性菌、革兰氏阴性菌及支原体有较强的抗菌活性。对溶血性巴氏杆菌、多杀巴氏杆菌、猪胸膜肺炎放线杆菌高度敏感，对链球菌、耐甲砜霉素的痢疾志贺氏菌、伤寒沙门氏菌、克雷伯氏菌、大肠埃希氏菌及耐氨苄西林流感嗜血杆菌均敏感。

氟苯尼考子宫注入剂 本品为氟苯尼考与适宜溶剂制成的灭菌溶液，为无色至淡黄色液体。

【作用与用途】酰胺醇类抗生素。用于敏感细菌所致牛的子宫内膜炎。

【用法与用量】子宫内灌注：一次量，牛 25 mL（1 支）。每 3 日 1 次，连用 2～4 次。

【不良反应】过量使用可引起奶牛短暂的厌食、饮水减少和腹泻，停药后几日即可恢复。

【注意事项】怀孕母牛禁用。

【休药期】牛 28 d；弃奶期 7 d。

硫　酸　锌

硫酸锌有收敛和抗菌作用。

【作用与用途】收敛药。本品有收敛与抗菌作用。主要用于结膜炎。

【用法与用量】滴眼：配成 0.5%～1% 溶液。

【休药期】无需制定。

醋酸氢化可的松

醋酸氢化可的松滴眼液 见"糖皮质激素类"中同类药物。

醋　酸　泼　尼　松

醋酸泼尼松参见"糖皮质激素类"中同类药物。

醋酸泼尼松眼膏 本品为淡黄色软膏。

【作用与用途】糖皮质激素类药。用于结膜炎、虹膜炎、角膜炎和巩膜炎等。

【用法与用量】眼部外用：每日 2～3 次。

【注意事项】（1）角膜溃疡禁用。（2）眼部细菌感染时，应与抗菌药物配伍使用。

【休药期】无需制定。

第九节　微生态制剂

蜡样芽孢杆菌活菌制剂（DM423）

【主要成分与含量】疫苗中含有蜡样芽孢杆菌 DM423 菌株，每克制剂含活芽孢数不得少于 5 亿。

【性状】粉剂为灰白色或灰褐色干燥粗粉或颗粒状；片剂为外观完整光滑，类白色，色泽均匀。

【作用与用途】用于犊牛腹泻的预防和治疗，并能促进生长。

【用法与用量】与少量饲料混合饲喂

治疗用量　犊牛，口服，每头每次 3～6 g，日服 2 次，连服 3～5 d，病重可逐头喂服。

【注意事项】本品不得与抗菌药物和抗菌药物添加剂同时使用。

蜡样芽孢杆菌活菌制剂（SA38）

【主要成分与含量】疫苗中含有蜡样芽孢杆菌 SA38 菌株，每克制剂含活芽孢数不得少于 5 亿。

【性状】粉剂为灰白色或灰褐色的干燥粗粉；片剂为外观完整光滑、类白色或白色片。

【作用与用途】主要用于预防和治疗犊牛腹泻，并能促进生长。

【用法与用量】口服。治疗用量，犊牛按每千克体重 0.1～0.15 g。预防用量减半，连服 7 d。

【注意事项】本品不得与抗菌药和抗菌药物添加剂同时使用。

乳酸菌复合活菌制剂

【主要成分与含量】疫苗中含有嗜酸乳杆菌、粪链球菌和枯草杆菌，每克制剂应含活嗜酸乳杆菌 1 000 万个以上，含活粪链球菌 100 万个以上，含活枯草杆菌 10 000 个左右。

【性状】粉剂为灰白色或灰褐色干燥粗粉或颗粒状，片剂为外观完整光滑、类白色、色泽均匀。

【作用与用途】本品对沙门氏菌及大肠埃希氏菌引起的细菌性下痢如犊牛的白痢、黄痢均有疗效，并有调整肠道菌群失调，促进生长作用。

【用法与用量】口服。用凉水溶解后作饮水或拌入饲料口服或灌服。治疗量：犊牛每次 3～5 g，一般 3～5 d 为 1 个疗程。

【注意事项】（1）本品严禁与抗菌类药物和抗菌药物添加剂同时服用。（2）服用本制剂时，不得用含氯气的自来水稀释，要用煮沸后的凉开水稀释，水温不得超过 30 ℃，稀释后限当日用完。

双歧杆菌、乳酸杆菌、粪链球菌、酵母菌复合活菌制剂

【主要成分与含量】疫苗中含有双歧杆菌、乳酸杆菌、粪链球菌和贝氏酵母菌，每克制剂中，双歧杆菌和乳酸杆菌均应不少于 1.0×10^7 CFU，粪链球菌和贝氏酵母菌均应不少于 1.0×10^6 CFU。

【性状】乳黄色均匀细粉。

【作用与用途】用于预防腹泻。

【用法与用量】将每次用药量拌入少量饲料、奶中饲喂或直接经口喂服，每日 2 次，连服 5～7 d。

牛，每次每千克体重 0.5 g。

【注意事项】（1）用药时，应现配现用。（2）服用本制剂时，应停止使用各类抗菌药物。（3）饮用时，用煮沸后的凉开水稀释，水温

不得超过 30 ℃，不得用含氯自来水稀释，稀释后限当日用完。

（4）幼畜出生后立即服用，效果更佳。

枯草芽孢杆菌活菌制剂（TY7210 株）

【主要成分与含量】疫苗中含有枯草芽孢杆菌 TY7210 株，每 1 mL制剂含活芽孢数不得少于 5 亿。

【性状】为土黄色至黄褐色乳状液，久置后，有少量沉淀物。

【作用与用途】用于预防和治疗细菌性腹泻和促进生长。

【用法与用量】灌服或与少量饲料混合饲喂。

预防用量 犊牛，每头每次 30 mL，每日 1 次，共服用 1～3 次。

治疗用量 犊牛，每头每次 60 mL，每日 1 次，共服用 1～3 次。成年牛等大体型动物，每头每次 120 mL，每日 1 次，共服用 1～3 次。

【注意事项】（1）本品严禁注射。（2）本品不得与抗菌药物和抗菌药物添加剂同时使用。（3）打开内包装后，限当日用完。（4）出生后立即服用，效果更佳。

第十节　中兽药

在奶牛场使用较多的中药为清热类、消食类、理血类，也有部分局部用药物。

一、清热类

清　肺　散

【主要成分】板蓝根 60 g　葶苈子 50 g　浙贝母 50 g　桔梗 30 g 甘草 25 g

【功能与主治】清肺平喘，化痰止咳。主治肺热咳喘，咽喉肿痛。证见咳声洪亮，气促喘粗，鼻翼扇动，鼻涕黄而黏稠，咽喉肿痛，粪便干燥，尿短赤，口渴贪饮，口色赤红，舌苔黄燥，脉象洪数。

【用法与用量】口服：牛 200～300 g。

清 暑 散

【主要成分】香薷 30 g　白扁豆 30 g　麦冬 25 g　薄荷 30 g
木通 25 g　猪牙皂 20 g　藿香 30 g　茵陈 25 g　菊花 30 g
石菖蒲 25 g　金银花 60 g　茯苓 25 g　甘草 15 g

【功能与主治】清热祛暑。主治伤暑，中暑。

伤暑　证见身热汗出，呼吸气促，精神倦怠，耳聋头低，四肢无力，呆立如痴，食少纳呆，口干喜饮，口色鲜红，脉象洪大。

中暑　突然发病。证见身热喘促，全身肉颤，汗出如浆，烦躁不安，行走如醉，甚至神昏倒地，痉挛抽搐，口色赤紫，脉象洪数或细数无力。

【用法与用量】口服：牛 250～350 g。

香 薷 散

【主要成分】香薷 30 g　黄芩 45 g　黄连 30 g　甘草 15 g
柴胡 25 g　当归 30 g　连翘 30 g　栀子 30 g　天花粉 30 g

【功能与主治】清热解暑。主治伤暑，中暑。

伤暑　证见身热汗出，呼吸气促，精神倦怠，耳聋头低，四肢无力，呆立如痴，食少纳呆，口干喜饮，口色鲜红，脉象洪大。

中暑　突然发病。证见身热喘促，全身肉颤，汗出如浆，烦躁不安，行走如醉，甚至神昏倒地，痉挛抽搐，口色赤紫，脉象洪数或细数无力。

【用法与用量】口服：牛 250～350 g。

紫 花 诃 子 散

【主要成分】紫花地丁 86 g　金银花 86 g　诃子 86 g　红花 28 g　王不留行 43 g　鸡血藤 43 g　甘草 29 g　丹参 43 g

【功能与主治】清热解毒，活血消痈，软坚散结。主治奶牛慢性乳房炎。

【用法与用量】口服：一次量，奶牛 250～300 g，每日 2 次，连用 5～7 d。

翘 叶 清 瘀 散

【主要成分】连翘 816 g　大青叶 136 g　红花 396 g　鸡血藤 816 g　金银花 816 g　浙贝母 388 g

【功能与主治】清热解毒，活血化瘀，消痈散结。主治奶牛急性乳房炎。

【用法与用量】口服：一次量，奶牛 300 g，每日 2 次，连用 3～5 d。

二、消食类

大 承 气 散

【主要成分】大黄 60 g　厚朴 30 g　枳实 30 g　玄明粉 180 g

【功能与主治】攻下热结，通肠。主治结症，便秘。

证见精神不振，水草减少，耳鼻俱热，鼻镜干燥，或体温升高，粪球干小，拱腰努责，排粪困难，或完全不排粪，肚腹胀满，小便短赤，口色赤红，舌苔黄厚，脉象沉数。牛鼻镜干燥或龟裂，反刍停止。

【用法与用量】口服：牛 300～500 g。

【注意事项】孕畜禁用；气虚阴亏或表证未解者慎用。

大 黄 酊

本品为大黄经加工制成的酊剂。每 1 mL 相当于原生药 0.2 g。

【功能与主治】健胃，通便。主治食欲不振，大便秘结。

【用法与用量】口服：牛 30～100 g。

【注意事项】孕畜慎用。

促 反 刍 散

【主要成分】马钱子 35 g　龙胆 271 g　干姜 239 g　碳酸氢钠 255 g

【功能与主治】健胃，消食，促反刍。主治前胃弛缓，瘤胃积食，反刍减少。

【用法与用量】口服：牛 80～100 g。

【注意事项】不宜多服、久服，孕畜禁用。

复 方 大 黄 酊

【主要成分】大黄 100 g　陈皮 20 g　草豆蔻 20 g

【功能与主治】健脾消食，理气开胃。主治健脾消食，理气开胃。

慢草不食　证见精神倦怠，食欲减退，草料迟细，肚腹胀满等。

食滞不化　证见不食，肚腹胀满，嗳气酸臭，粪干，常有腹痛表现。

【用法与用量】口服：牛 30～100 g。

健 胃 散

【主要成分】山楂 15 g　麦芽 15 g　六神曲 15 g　槟榔 3 g

【功能与主治】消食下气，开胃宽肠。主治伤食积滞，消化不良。

证见精神倦怠，水草减少或废绝，肚腹胀满，粪便粗糙或稀软，完谷不化，口气酸臭，口色偏红，舌苔厚腻，脉象洪大有力。牛反刍停止，两胁微胀，严重时鼻镜无汗，大便泄溏、恶臭。

【用法与用量】口服：牛 150～250 g。

消 积 散

【主要成分】炒山楂 15 g　麦芽 30 g　六神曲 15 g　炒莱菔子 15 g
大黄 10 g　玄明粉 15 g

【功能与主治】消积导滞，下气消胀。主治伤食积滞。

证见精神倦怠，厌食，肚腹胀满，粪便粗糙或稀软，有时完谷不化，口气酸臭。

【用法与用量】口服：牛 250～500 g。

【注意事项】脾胃素虚，或积滞日久，正气已伤者慎用。

三、理血类

生 乳 散

【主要成分】黄芪 30 g　党参 30 g　当归 45 g　通草 15 g
川芎 15 g　白术 30 g　续断 25 g　木通 15 g　甘草 15 g
王不留行 30 g

【功能与主治】补气养血，通经下乳。主治气血不足的缺乳和乳少症。

【用法与用量】口服：牛 250～300 g。

归芪乳康散

【主要成分】黄芪 40 g　当归 35 g　鱼腥草 35 g　皂角刺 30 g
蒲公英 40 g　路路通 60 g　紫花地丁 40 g　陈皮 40 g　泽泻 45 g

【功能与主治】清热解毒，消肿散结。主治奶牛临床型乳房炎。

【用法与用量】口服：一次量，奶牛 360 g，每日 2 次。

补 益 清 宫 散

【主要成分】党参 40 g　黄芪 50 g　当归 50 g　川芎 30 g
桃仁 30 g　红花 20 g　炮姜 20 g　炙甘草 20 g　益母草 100 g
白芍 30 g　柴胡 30 g　三棱 25 g

【功能与主治】补气养血，活血化瘀。主治产后气血不足，胎衣不下，恶露不尽，血瘀腹痛。

【用法与用量】口服：牛 300～500 g。

保 胎 无 忧 散

【主要成分】当归 50 g　川芎 20 g　熟地黄 50 g　白芍 30 g
黄芪 30 g　党参 40 g　白术（炒焦）60 g　枳壳 30 g　陈皮 30 g
黄芩 30 g　紫苏梗 30 g　艾叶 20 g　甘草 20 g

【功能与主治】养血，补气，安胎。主治胎动不安。

证见站立不安，回头顾腹，弓腰努责，频频排出少量尿液，阴道流出带血水浊液，间有起卧，胎动增加。

【用法与用量】口服：牛 200～300 g

泰 山 盘 石 散

【主要成分】党参 30 g　黄芪 30 g　当归 30 g　续断 30 g
黄芩 30 g　川芎 15 g　白芍 30 g　熟地黄 45 g　白术 30 g
砂仁 15 g　炙甘草 12 g

【功能与主治】补气血，安胎。主治气血两虚所致胎动不安，习惯性流产。

证见站立不安，回头顾腹，弓腰努责，频频排出少量尿液，阴道流出带血水浊液，间有起卧，胎动增加。

【用法与用量】口服：牛 250～350 g。

益 母 生 化 合 剂

【主要成分】益母草 480 g　当归 300 g　川芎 120 g　桃仁 120 g
炮姜 60 g　炙甘草 60 g

【功能与主治】活血祛瘀，温经止痛。主治产后恶露不行，血瘀
腹痛。

【用法与用量】口服：牛 200～300 g。

益 母 生 化 散

【主要成分】益母草 120 g　当归 75 g　川芎 30 g　桃仁 30 g
炮姜 15 g　炙甘草 15 g

【功能与主治】活血祛瘀，温经止痛。主治产后恶露不行，血瘀
腹痛。

恶露不行　证见精神不振，食欲减退，毛焦欣吊，体温偏高，口
黏膜潮红，眼结膜发绀，不安，弓腰努责，排出腥臭带脓液并夹杂条
状或块状腐肉。

血瘀腹痛　证见肚腹疼痛，蹲腰踏地，回头顾腹，不时起卧，食
欲减少；有时从阴道流出带紫黑色血块的恶露；口色发青，脉象沉紧
或沉涩。若兼气血虚，又见神疲力乏，舌质淡红，脉虚无力。

【用法与用量】口服：牛 250～350 g。

【注意事项】孕畜慎用。

通 乳 散

【主要成分】当归 30 g　王不留行 30 g　黄芪 60 g　路路通 30 g
红花 25 g　通草 20 g　漏芦 20 g　瓜蒌 25 g　泽兰 20 g　丹参 20 g

【功能与主治】通经下乳。主治产后乳少，乳汁不下。

【用法与用量】口服：牛 250～350 g。

催 奶 灵 散

【主要成分】王不留行 20 g　黄芪 10 g　皂角刺 10 g　当归 20 g
党参 10 g　川芎 20 g　漏芦 5 g　路路通 5 g

【功能与主治】补气养血，通经下乳。主治产后乳少，乳汁不下。

【用法与用量】口服：牛 300～500 g。

四、局部用药

松 节 油

松节油搽剂

【主要成分】软皂 75 g　樟脑 50 g　松节油 650 mL　蒸馏水 225 mL

【功能与主治】局部刺激药。主治肌肉风湿，腱鞘炎，关节炎，
挫伤等。

【用法与用量】外用，涂擦患处。

松 溜 油

本品为松科松属植物的木材经干馏得到的沥青状液体。

【功能与主治】防腐消毒。主治蹄叉腐烂。

【用法与用量】外用，涂于患处。

【不良反应】刺激皮肤。

【注意】炎症或破损皮肤表面忌用。

促 孕 灌 注 液

【主要成分】淫羊藿 400 g　益母草 400 g　红花 200 g

【功能与主治】补肾壮阳，活血化瘀，催情促孕。主治卵巢静止和持久黄体性的不孕症。

卵巢静止 证见母畜长期不发情，或发情不明显，直肠检查见卵巢上无卵泡发育，也无黄体存在。

持久黄体 证见母畜长期不发情，正常的性周期消失，直肠检查见卵巢上有持久性黄体存在。

【用法与用量】子宫内灌注：牛 20～30 mL。

第三章

常见疾病临床用药

我国奶牛目前已经进入规模化舍饲状态，在这种状态下，环境卫生、营养供给、预防免疫、抽样监测等都是基本可控的，奶牛疾病呈现不同以往粗放饲养状态的规律。近年来，奶牛的传染病、蹄病、乳房疾病、繁殖性疾病、代谢性疾病、消化道疾病、怀孕及分娩相关疾病、应激性疾病等频繁发生，致使奶牛平均寿命缩短，生产效率下降，给奶业造成巨大经济损失，也给生鲜乳及乳制品安全埋下隐患。规模化的奶牛场一旦发生疾病，采用以往个体治疗的方法已无法有效控制疾病，而采用针对性强、以群体保健免疫与个体精准治疗相结合的方式更适合我国奶牛业当前的现状。

第一，坚持预防为主，防重于治的原则。加强饲养管理、卫生消毒、预防接种、检疫防疫等综合防控措施，提高动物的健康水平和抗病能力，控制和杜绝疾病的传播蔓延，降低发病率和死亡率。牛场兽医的工作重点应放在疾病的预防控制方面，动物一旦发病，应该首先进行诊断，并对不同性质的疾病采取相应的防控措施。

第二，科学合理地使用抗感染药物。当前兽医临床上使用抗感染药物方面的问题较多，危害很大，应当引起充分重视并予以避免。现将这些问题归纳如下。一是诊断不明确，盲目选用对感染病原无效或疗效不强的药物，导致耐药菌株大量增加和抗感染治疗更加复杂化；二是不熟悉细菌对抗菌药物的固有耐药性和获得耐药性的动向，不能根据细菌对抗菌药物敏感度变迁趋势来选择抗菌药物；三是不了解抗菌药物 PK/PD 特点。不能很好掌握各类抗菌药物药动学和药效学特点及同类抗菌药物中不同品种之间的差别，因而选择抗菌药物进行抗感染治疗时往往针对性不强，这是当前兽医临床上使用抗菌药物中普遍存在的问题。具体问题是：①药物使用浓度的问题。静滴终浓度和正确的饮水或混饲浓度的不同要求，如繁殖期杀菌剂、大环内酯类等各有不同的浓度要求。②给药途径的问题。不考虑用药目的、药物的生物利用度及体内过程，选用药物时只重视药物对细菌的抗菌作用，机械地照搬药物敏感试验结果，而不考虑药物在感染部位的浓度高低。③给药时间间隔的问题。应该注意药物消除半衰期、抗菌药物时间依赖性和浓度依赖性、蓄积中毒等概念的临床意义。④未根据致病原、机体与抗菌药物三者相互关系制订合理的个体化治疗方案。临床上遇到的感染性疾病不仅致病菌的种属与耐药程度各异、感染部位不同，而且发病过程、感染程度、病程长短、并发症也各不相同，需要具体情况具体对待。例如，对病程久、病变部位深的感染，抗菌药物不仅用量要足，而且还应注意其临床药理特点，根据所选择药物的浓度依赖性或时间依赖性特点，结合该药的组织分布特点，选用血药峰浓度与组织浓度较高，或血药浓度维持时间长（即 T＞MIC 时间长）的抗菌药物，以期达到最佳治疗效果。⑤某些常规抗感染处理模式存在问题。不论何种感染先用便宜的常用药，感染不能及时控制，致使病情加重后再逐渐升级治疗的做法是有问题的。凡能用价格较低的常用药物治疗时，不去盲目追求贵重药物的做法是应该提倡的，但不问病情轻重和致病菌是否耐药，常规先使用便宜药物，不及时选用针对性较强的药物也是不恰当的。⑥抗感染用药剂量不足或过大，给药途径不当，给药浓度不恰当（如混饮或混饲给药浓度过高或过低），用于无细菌并发症的病毒感染，病原体产生耐药性后不及时换药，过早停药或感染已经控制多日而不及时停药，这些做法都不妥。⑦重视抗感染的全身给药治疗，而忽视感染局部病灶的及时处理或清除，以及忽视全身支持疗法，如脓肿的引流，肠道、尿路和胆道的疏通，以及脱水、贫血、酸碱平衡失衡、电解质代谢紊乱等的纠正。⑧无指征或依据不明确的预防用药。⑨盲目的联合使用抗菌药物。联合用药目的是增加可能病原菌的覆盖面，提高效力，减少不良反应和耐药菌的发生率。联合使用抗菌药物应有明确的目的和临床指征。临床抗菌两药联合应用即可，一般无需三种或四种抗菌药物联合使用。抗菌药物的滥用会增加二重感染、药物过敏及毒性反应的发生率，并造成不必要的药物资源浪费从而增加农牧民负担，并可能混淆诊断，延误病情。⑩不重视药物的配伍禁忌。对药物间存在的药理性、物理性及化学性配伍禁忌不清楚，药物配伍凭感觉、凭经验。不了解并合理应用最新理论及发展。如时间差给药、抗菌药物的浓度依赖性和时间依赖性、重击疗法、降阶梯策略、MSW（耐药致突变选择窗）等。

第三，重视疾病治疗过程中的支持疗法。①水、电解质平衡调整、酸碱平衡调整，常用葡萄糖、糖盐水、生理盐水、碳酸氢钠、氯化钾、葡萄糖酸钙、氯化钙、乳酸钙等。②能量、氨基酸、维生素及微量元素的补充，常用的有胰岛素、葡萄糖、氨基酸、B族维生素、维生素C、维生素K、肌苷、CoA、ATP、细胞色素C、铜、铁、锰、锌、钴、碘、硒等药物或制剂。③免疫调节，常用黄芪多糖、左旋咪唑、双嘧达莫、肌苷、聚肌胞、转移因子、胸腺肽、高免血清、单克隆抗体、干扰素、维生素 B_6、维生素 B_{12} 等。

第一节 奶牛病毒性疾病

奶牛场常见的病毒性疾病有口蹄疫、牛传染性鼻气管炎、牛病毒性腹泻、牛轮状病毒病和牛流行热等。

口 蹄 疫

口蹄疫（Food and mouth disease，FMD）是由口蹄疫病毒引起的偶蹄动物的一种急性、热性、高度接触性的疫病，为我国一类动物疫病。该病潜伏期 1～7 d，平均 2～4 d，病牛精神沉郁，闭口，流涎，开口时有吸吮声，体温可升高到 40～41 ℃。本病具有流行快、传播广、发病急、危害大等流行病学特点，犊牛死亡率较高。主要经接触感染，也可通过飞沫或采食经呼吸道和消化道感染。本病特征是发热、黏膜或皮肤形成水疱，特别是易在口腔和鼻黏膜、乳房皮肤和蹄叉部位形成水疱。目前我国流行的牛口蹄疫主要为 O 型和 A 型。

【预防】奶牛多在春季和秋季两季易感染口蹄疫，因此每年的春、秋两季是防控的重要时期。保证在两次免疫之间，对新生、补检或者漏检的动物进行补充免疫。

1. 新生奶牛的免疫 一般在出生后的 3～4 个月进行首免，一个月后进行加强免疫。之后，每隔 4～6 个月免疫一次（或根据动物的抗体的监测结果确定）。接种剂量、接种途径等具体要求参照所使用的产品说明书进行。

2. 经产母牛的免疫 对于不同时期的母畜，免疫时间不同。配种之前，母畜应每隔 4～6 个月免疫一次；处于孕期的母畜应注意，在配种后的 1 个月以及产前的 2 个月以内，严禁免疫，这样做的目的是减少因免疫接种而造成的一些不良的应激反应。对于处于孕期的家畜，选择怀孕当中较为合适的时间进行免疫。

牛传染性鼻气管炎

牛传染性鼻气管炎（Bovine rhinotracheitis，IBR）是由牛疱疹病毒 1 型引起的一种急性、热性、接触性传染病，又称"坏死性鼻炎""红鼻病"。病牛和带毒牛是传染源，病毒随鼻、眼和阴道的分泌物、精液排出，易感牛接触被污染的空气飞沫或与带毒牛交配，即可通过呼吸道或生殖道传染。牛群发病率 10%～90%，病死率 1%～5%，犊牛病死率较高。本病潜伏期 3～7 d，有时达 20 d 以上。根据侵害组织的不同，本病主要有呼吸道型、结膜角膜型、生殖型、流产不孕型、脑膜炎型和肠炎型 6 种临床类型。

【预防】目前有活疫苗和灭活疫苗两类产品。疫苗主要用于 6 月龄以上犊牛，但弱毒活疫苗一般不用于怀孕母牛和种公牛。

【治疗】本病目前无特效药物治疗，但为了阻止继发感染，减少死亡率，可应用广谱抗生素或磺胺类药物，并进行综合性对症处置。预防本病的关键是防止传染源侵入牛群，引进牛只时，为安全起见，一定要先隔离检疫 3 周，对种公牛要采精检验，确认健康后方可混群或参加配种。暴发本病时，应立即隔离封锁消毒，同时对孕牛以外的所有牛只接种弱毒疫苗，扑杀抗体阳性牛。

牛病毒性腹泻

牛病毒性腹泻（Bovine virus diarrhea，BVD），亦称牛病毒性腹泻-黏膜病，是由牛病毒性腹泻病毒引起的以消化道黏膜糜烂、坏死，胃肠炎和腹泻为特征的一种接触性传染病。本病常年均可发生，通常多发生于冬末和春季。表现为牛突然发病，体温升高至 40～42 ℃，可持续 4～7 d；病毒引起的慢性疾病称为黏膜病，病牛很少有明显的发热症状，鼻镜糜烂，眼常有浆液性分泌物。

【预防】目前，已有商品化的活疫苗和灭活疫苗（既有单苗也有联苗）。疫苗主要用于 6～8 月龄犊牛，但弱毒活疫苗一般不用于怀孕母牛和种公牛。为控制本病的流行并加以消灭，必须采取检疫、隔离、净化、预防等兽医防制措施。预防上，我国已生产一种弱毒冻干疫苗，可接种不同年龄和品种的牛，接种后表现安全，14 d 后可产生抗体并保持 22 个月的免疫力。

【治疗】目前无特效的治疗方法，对症治疗和加强护理可以减轻症状，增强机体抵抗力，促使病牛康复。

牛 白 血 病

牛白血病（Bovine leukomia，BL）是牛白血病病毒引起的一种慢性肿瘤性疾病。本病主要发生于成年牛，尤以 4～8 岁的牛最常见。病畜和带毒者是本病的传染源。潜伏期平均为 4 年。血清流行病学调查结果表明，本病可水平传播、垂直传播及经初乳传染给犊牛。

本病有亚临床型和临床型两种表现。亚临床型无瘤的形成，其特点是淋巴细胞增生，可持续多年或终身，对健康状况没有任何扰乱，这样的牲畜有些可进一步发展为临床型。临床型有瘤的形成，病牛生长缓慢，体重减轻。体温一般正常，有时略为升高。从体表或经直肠可摸到某些淋巴结呈一侧或对称性增大。腮淋巴结或髂下淋巴结常显著增大，触摸时可移动。如一侧颈浅淋巴结增大，病牛的头颈可向对侧偏斜；眶后淋巴结增大可引起眼球突出。出现临床症状的牛，通常均取死亡转归，但其病程可因肿瘤病变发生的部位、程度不同而异，一般在数周至数月之间。

【预防】当前尚无适合的商品化疫苗来控制 BVL，也没有特效疗法。根据本病的发生呈慢性持续性感染的特点，防制本病应采取以严格检疫、淘汰阳性牛为中心，包括定期消毒、驱除吸血昆虫、杜绝因手术、注射可能引起的交互传染等在内的综合性措施。无病地区应严格防止引入病牛和带毒牛；引进新牛必须进行认真的检疫，发现阳性牛立即淘汰，阴性牛也必须隔离 3～6 月以上方能混群。疫场每年应进行 3～4 次临床、血液和血清学检查，不断剔除阳性牛；对感染不严重的牛群，可借此净化牛群，如感染牛只较多或牛群长期处于感染状态，应采取全群扑杀的坚决措施。对检出的阳性牛，如因其他原因暂时不能扑杀时，应隔离饲养，控制利用；肉牛可在肥育后屠宰。阳性母牛可用来培养健康后代，犊牛出生后即行检疫，阴性者单独饲养，喂以健康牛乳或消毒乳，阳性牛的后代均不可作为种用。

牛 流 行 热

牛流行热（Bovine ephemeral fever，BEF）是由牛流行热病毒引起的一种急性热性传染病。其特征为突然高热，呼吸促迫，流泪和消化器官的严重卡他炎症和运动障碍。感染该病的大部分病牛经 2~3 d 即恢复正常，故又称"三日热"或"暂时热"。本病主要侵害 3~5 岁壮年奶牛，能引起牛群大面积发病，可明显降低乳牛的产乳量，多为良性经过。

本病的潜伏期一般为 3~7 d。病初，病畜震颤，恶寒战栗，接着体温升高到 40 ℃以上，稽留 2~3 d 后体温恢复正常。在体温升高的同时，可见流泪，有水样眼眵，眼睑，结膜充血，水肿。呼吸促迫，呼吸次数每分钟可达 80 次以上，呼吸困难，患畜发出呻吟声，呈苦闷状。这是由于发生了间质性肺气肿，有时可由窒息而死亡。

【预防】国内批准使用的商品化疫苗是牛流行热灭火疫苗。该疫苗颈部皮下注射 2 次，每次每头 4 mL，间隔 21 d；1 月龄以下犊牛，注射剂量减半，免疫程序与成年牛相同。

恶 性 卡 他 热

恶性卡他热（Malignant catarrhal fever，MCF）又名恶性头卡他或坏疽性鼻卡他，是由狷羚疱疹病毒I型（Alcelaphine herpesvirus - 1，AH - 1）引起的一种致死性淋巴增生性传染病，主要发生于黄牛和水牛，1~4 岁的牛最易感，1 岁以下犊牛和老龄牛很少发病，一年四季均可发生，更多见于冬季和早春，潜伏期一般为 10~60 d 或更长，常呈散发，有时呈地方性流行，发病率低，而病死率高，病程可达 60 d，故无治疗价值。带毒绵羊是导致牛群暴发恶性卡他热的传染源。

恶性卡他热有最急性型、消化道型、头眼型、皮肤型、良性型及慢性型，这些型可能会相互混合。病牛最初症状有稽留热（41～42℃），肌肉震颤，呼吸困难，心搏加速，鼻镜干燥，畏光流泪等症状。最急性病例可能在此期即行死亡。高热后病牛发生各部黏膜症状，口、鼻腔黏膜充血、坏死。数日后，鼻分泌物变黏稠，口腔由于黏膜广泛坏死和糜烂而流出恶臭涎液。典型病例几乎均有眼部症状，畏光、流泪，角膜炎等。病牛初便秘后拉稀。最急性型病程短至1～3 d，无临床症状而死亡。消化道型及头眼型常预后不良，病程一般为4～14 d，病情轻微时可以恢复，但常复发，病死率很高。多以呼吸道、消化道黏膜的出血性坏死性炎症为病变特征。皮肤型病牛在背部、颈部、腹下、乳房及大腿内侧皮肤发生丘疹或水疱样疹块，疹块在形成痂皮后消散。

【预防免疫】

国内目前尚无预防恶性卡他热的疫苗产品，又因其散发，故免疫预防意义不大。

预防恶性卡他热最有效的措施是杜绝牛羊混养，避免牛羊接触，同时注意牛舍、运动场和用具的消毒。

【病因治疗】

恶性卡他热无特效药，可用抗生素预防细菌继发感染，可选用苯唑西林＋庆大霉素、氨苄青霉素、普鲁卡因青霉素、头孢噻呋钠、头孢喹肟等。

【辅助治疗】

解热可选用解热镇痛药（如氨基比林、安乃近、对乙酰氨基酚或氟尼辛葡甲胺等）；抗炎可选用糖皮质激素类药物（如地塞米松、醋酸氢化可的松或醋酸可的松等）；保护心肺可选用维生素 C 和维生素 E 等；点眼药可选用阿托品溶液、硫酸新霉素滴眼液＋醋酸氢化可的松滴眼液等。

牛冠状病毒病

牛冠状病毒病（Bovine coronavirus infection，BCI）是由牛冠状病毒（Bovine coronavirus，BCV）引起的一种接触性传染病，各年龄段牛均可感染，犊牛更易感，其中以 7～10 d 龄犊牛最易感。病牛为主要传染源，病原随粪便排出污染环境、饲草料、饮水等，经消化道传染，犊牛发病传播迅速，呈地方性流行，冬季多发。新生犊牛潜伏期 1～2 d，成年牛潜伏期 2～3 d。临床上以腹泻、排乳黄色或淡褐色粪便为主要特征。主要病变是小肠黏膜带状或弥散性出血，严重的肠黏膜上皮坏死、脱落。

【预防】国内目前尚无预防牛冠状病毒病的疫苗产品。一般预防措施是保持牛舍清洁、干燥和温暖，加强饲养管理，特别是犊牛护理，及时给犊牛喂初乳。定期检查粪便，检出并淘汰阳性牛，以达到净化牛群的目的。

【治疗】牛冠状病毒病尚无特效治疗药物。防止继发细菌感染可选用抗菌药物，如青霉素类、头孢菌素类或氨基糖苷类等抗生素，注射给药。辅助性治疗一般采取以下治疗原则：

1. 止泻止血 止泻可选用活性炭；止血可选用安络血（肾上腺色腙）、酚磺乙胺或维生素 K 等。

2. 强心补液 可选用 5% 葡萄糖注射液、0.9% 生理盐水、复方氯化钠注射液、维生素 C 注射液、维生素 B_6 注射液、10% 葡萄糖注射液或 5% 葡萄糖氯化钠注射液等，静脉注射；安钠咖注射液、樟脑磺酸钠注射液皮下或静脉注射。

3. 制止渗出 可选用钙制剂，如 10% 葡萄糖酸钙注射液或 5% 氯化钙注射液等。

4. 防止酸中毒 可选用 5% 碳酸氢钠注射液或乳酸钠注射液。

5. 增强机体抵抗力　可肌内注射黄芪多糖注射液。

牛 轮 状 病 毒 病

牛轮状病毒病是由轮状病毒感染犊牛所引起的急性肠道传染病，以厌食、腹泻、脱水，常在发病 24 h 内急性死亡为特征。本病多发生在出生后 1 周内的犊牛，潜伏期 15～96 h。病犊精神委顿，体温正常或略高，厌食、消化不良、腹泻，粪便黄白色、液状，或带有黏液或血液，脱水快，病死率可达 50%。

【预防】本病尚无商品化的疫苗。发现病例，应对犊牛舍彻底清扫、消毒。

【治疗】以防止继发性细菌感染为主，服用抗生素、磺胺、喹诺酮类药物，静注葡萄糖盐水和碳酸氢钠或口服补液盐溶液，以防脱水。

第二节　奶牛细菌性疾病

布 鲁 氏 菌 病

布鲁氏菌病是由流产布鲁氏菌所引起的人兽共患的一种慢性传染病。主要侵害生殖系统，以母牛生殖道和胎膜发炎、流产，公牛发生睾丸炎和各种组织的局部病灶为主要特征。布鲁氏菌为革兰氏阴性短小杆菌，是细胞内寄生细菌，主要寄生在巨噬细胞。感染母牛通常在妊娠 5～8 个月龄流产，流产时表现有分娩征兆，流产胎儿多为死胎，公牛常发生睾丸炎、关节炎、滑膜囊炎，有时见阴茎红肿、睾丸或附睾肿大。

当牛群在妊娠后期出现大批牛流产就要怀疑布鲁氏菌病，确诊需要依据血清学诊断和病原学诊断。

【预防】对于奶牛布鲁氏菌病的防控，宜采取扑杀、免疫和可疑病牛淘汰相结合的措施。净化区每年检疫 2 次,阳性牛全部扑杀、无害化处理。重流行区应加强免疫。

结　核　病

奶牛结核病是由牛分支杆菌引起的一种人兽共患的慢性、消耗性传染病,以组织和器官形成特征性结核结节和结节干酪样坏死为特征。世界动物卫生组织(OIE)将其列为 B 类动物疫病,我国将其列为二类动物疫病。

奶牛结核病主要通过呼吸道和消化道传播,以散发性为主,无季节性。感染牛多呈隐形型,长期带菌,牛结核病可传染人,人结核病可传染牛。常取慢性经过,几乎无临床症状。侵袭部位不同,表现出的临床症状也不同,有结核、乳房结核、腹膜结核、淋巴结核等。肺结核最常见,患牛通常表现为虚弱、食欲减退、消瘦、波浪热,常发出短而干的咳嗽。

结核病监测方法有细菌学诊断、病理学诊断、免疫学诊断和分子生物学诊断,以免疫学诊断最常用。

【预防】当前,对奶牛结核病尚无理想的疫苗。通常是采取检疫、扑杀和移动控制相结合的方针,消毒灭源,净化环境,培育健康犊牛群。

李 氏 杆 菌 病

李氏杆菌病是一种散发性传染病,奶牛主要表现脑膜脑炎、败血症和妊娠母牛流产。本病病原为李氏杆菌,为革兰氏阳性小杆菌,该病为散发性,一般只有少数发病。后备牛和成年妊娠牛较易感,发病较急,死亡率高。该病临床表现为突然发病,到处狂走,兴奋,恐慌,恐惧,有时攻击人;病初 1~2 d 体温可升高至 40 ℃,而后很快将至正常;持续性流涎,频繁饮水,张嘴狂叫,偶见腹泻;重者步态紊乱，共济失调，转圈，无目的运动，肌肉震颤，四肢痉挛性抽搐，甚至倒地不起，体温、心率降低，四肢呈游泳状动作，病程短的 2～3 d，长的 1 周左右死亡。病理学表现为脑膜及脑实质充血、水肿，肝肿大，脾表面有少量针尖至小米粒大坏死灶，肾乳头有高粱粒大坏死灶，肺切面干酪样坏死。

【治疗】以抗菌消炎为主，辅以镇静解痉类药物，缓解临床症状。首选选择氨苄西林、庆大霉素等药物注射给药，也可选择四环素类、大环内酯类、磺胺及增效磺胺等药物。

巴 氏 杆 菌 病

巴氏杆菌病又称牛出血性白血病，是由多杀性巴氏杆菌 B 型菌引起牛的一种高度致死性出血性败血症和由多杀性巴氏杆菌 A 型菌引起的地方性流行性肺炎。牛巴氏杆菌病以急性高热、急性胃肠炎、内脏器官广泛出血，急性死亡为特征。多杀性巴氏杆菌为革兰氏阴性菌，分为 A 型和 B 型，临床多见 B 型感染。该病潜伏期通常 2～5 d，最急性型生前不表现任何症状而忽然死亡；急性型病牛体温高达41～42 ℃，呼吸、心率加快，鼻镜干裂，食欲减退或废绝，病初便秘，继而腹泻并体温下降，病程 12～36 h；水肿型除呈现一般性全身症状外，颈部、咽喉部及胸前部皮下出现迅速扩张的炎性水肿，舌多伸出呈暗红色，呼吸高度困难，黏膜发绀，常因窒息或腹泻而死；慢性肺炎型除呈现一般性全身症状外，呈现急性纤维素性胸膜肺炎症状，体温升高，呼吸困难，干咳，流泡沫样鼻液，先便秘后腹泻，粪便恶臭并混有血液。

【预防】不从疫区引种引牛，发现病牛立即隔离治疗和环境消毒，对严重者及时淘汰，并进行无害化处理。受威胁的健康牛群应免疫接种巴氏杆菌病疫苗。

【治疗】多杀性巴氏杆菌对磺胺类、土霉素、氟喹诺酮类、大环内酯类等较为敏感，同类品种也有相当的疗效。

犊牛大肠埃希氏菌病

犊牛大肠埃希氏菌病是由条件性大肠埃希氏菌引起犊牛的一种急性败血性传染病，主要发生于出生 1～3 d 的犊牛，呈散发或地方性流行，全年均可发生。多因厩舍、垫草、喂乳工具不洁或污染，合并不能及时饲喂初乳、喂奶过凉、牛舍阴暗潮湿等罂因素可导致本病，多经消化道感染。

临床特征是急性腹泻、脱水和酸中毒，潜伏期仅数小时，根据临床表现可分为败血型、肠型和肠毒血型 3 种类型。败血型多见出生后 3 d 内发病，精神沉郁，体温升高至 41 ℃以上，粪便淡黄色、腥臭，多数于病后 1～2 d 死亡，死亡率高达 80%以上；肠型以腹泻为特征，粪便呈粥样、灰白色，混有胃消化的凝乳块、血液和泡沫，有酸臭味，后躯有粪污，体温 40 ℃以上，即使痊愈发育缓慢；肠毒血型比较少见，表现为不见症状而突然死亡，病程长者先兴奋后抑郁。

【预防】加强妊娠母牛的营养，保证初乳的质量。产房事先清扫、消毒，接产工具消毒。保持牛舍清洁干燥，保温。

【治疗】抗菌消炎，防止败血症，同时补液、补碱，防脱水、防酸中毒。

抗菌药首选链霉素、卡那霉素、庆大霉素、盐酸土霉素和磺胺类，其次可选用多西环素、甲砜霉素或头孢噻呋，配合美洛昔康抗炎、鞣酸蛋白调理胃肠、碳酸氢钠、葡萄糖、氯化钠补液补碱可取得更好治疗效果。

犊牛沙门氏菌病

犊牛沙门氏菌病（Salmonellosis of calves）是由鼠伤寒沙门氏菌、都柏林沙门氏菌或纽波特沙门氏菌感染所引起的传染病，又名犊牛副伤寒（Paratyphoid of calves），各年龄段牛均可发病，犊牛较成年牛更易感，以10日龄至6月龄的犊牛最常发病。病畜和带菌者是犊牛沙门氏菌病的主要传染源，主要经消化道感染，四季均可发生，成年牛发病呈散发性，而犊牛发病常呈流行性发生。临床上以肠炎和败血症为主要特征。

发病犊牛体温升高，排灰黄色混有黏液和血丝的稀便，多在1周内死亡，病死率可达50%；病程长时，可见腕和跗关节肿大。急性病死犊牛心壁、腹膜以及胃、小肠和膀胱黏膜有小出血点。病程长的肝脏颜色变淡；关节损伤时，腱鞘和关节腔有胶样液体。

【预防免疫】

可选用国家批准生产的有牛副伤寒灭活疫苗，含灭活的都柏林沙门氏菌和灭活的牛病沙门氏菌，用于预防牛副伤寒，免疫期6个月。使用方法：肌内注射，1岁以下牛，每头1.0 mL；1岁以上牛，每头2.0 mL。为提高免疫效果，对1岁以上牛可在第一次注射后10 d再注射2.0 mL。对已发生牛副伤寒的畜群中，可对2～10 d龄的犊牛进行免疫，每头肌内注射1.0 mL。妊娠母牛应在产前45～60 d时接种，所产犊牛应在30～45 d龄再注射疫苗。根据实际临床实践经验，应用来自本场（群）或当地分离的菌株制成单价灭活疫苗进行免疫注射也可取得良好的预防效果。牛副伤寒灭活疫苗使用注意事项：切忌冻结，冻结过的疫苗严禁使用；使用前应将疫苗恢复至室温并充分摇匀；接种局部应作消毒；瘦弱牛不宜接种；用过的疫苗瓶、器械和未用完的疫苗应行无害化处理。

【治疗】

犊牛沙门氏菌病的治疗可选用酰胺醇类（如氟苯尼考）、氨基青霉素类（如氨苄西林）、三代或四代头孢菌素类（如头孢噻呋、头孢喹肟等）、复方磺胺（如复方磺胺嘧啶钠注射液、复方磺胺甲噁唑片、复方磺胺对甲氧嘧啶片、复方磺胺对甲氧嘧啶钠注射液等）以及四环素类（如多西环素、四环素、土霉素等）等抗菌药物。氟喹诺酮类药物对沙门氏菌有良效，但因其可引起幼龄动物的软骨损害，故犊牛慎用。在对因治疗的同时，还应实施辅助治疗：

1. 脱水病牛可选用复方氯化钠注射液、0.9%生理盐水、5%或10%葡萄糖注射液等静脉注射，也可选择口服补液盐水供其自饮或灌服，在补液后或过程中，病畜开始排尿为脱水得以纠正的重要指征。注意在脱水纠正前慎用肾毒性大的药物，如磺胺类。

2. 腹泻病牛止泻排毒可灌服 0.1%高锰酸钾液；或用药用炭配制成 10%混悬液灌服；或用鞣酸蛋白 20 g，次硝酸铋 10 g，碳酸氢钠 40 g，淀粉浆 1 L，灌服。

3. 有酸中毒症状病牛可静脉注射 5%碳酸氢钠注射液以纠正酸中毒，在使用磺胺类药物时尤其要注意同时纠正酸中毒。

4. 为恢复病牛胃肠功能可选用 10%氯化钠注射液、5%氯化钙注射液、维生素 B_6 注射液、维生素 C 注射液及安钠咖注射液等静脉注射。同时，可酌情选用健胃散、人工矿泉盐或大黄苏打片等健胃药口服给药。

犊牛梭菌性肠炎

犊牛梭菌性肠炎（Calf clostridial enteritis）是由 B 型魏氏梭菌（B 型产气荚膜梭菌）引起的犊牛急性传染病，又称犊牛出血性肠炎。1 周龄之内犊牛（即新生犊牛）最易感，其中 2~3 d 龄发病最多，肥胖牛犊更易发病。主要通过消化道，也可通过脐带或创伤感染，多呈散发。临床上以急性死亡和出血性肠炎为特征。最急性型：犊牛未见任何症状而突然死亡。急性型：体温升高至 40 ℃，严重脱水，腹痛腹泻；粪便恶臭，稀薄如水或稠如面糊，呈黄绿色、黄白色或暗红色，最后卧地不起，虚弱死亡；另有部分病犊出现神经症状，头颈弯曲，磨牙，吼叫，痉挛死亡。剖检可见十二指肠和空肠出血性炎症，肾脏肿大、软化，被膜不易剥离，浆膜上有点状出血。

【预防】应加强饲养管理、增强犊牛体质，注意保暖，合理哺乳；严格执行消毒隔离制度；在犊牛梭菌性肠炎常发地区，犊牛出生后可用抗菌药物作预防性给药（如青霉素类或头孢菌素类等），也可试用羊梭菌三联四防（羔羊痢疾、羊快疫、羊肠毒血症、羊猝狙）灭活疫苗接种妊娠母牛，对幼犊有一定的保护作用；病死牛必须深埋或焚烧处理，污染物品和场地要彻底消毒（可选用苯酚、二氯异氰尿酸钠或三氯异氰尿酸、过氧乙酸等消毒剂，对芽孢用 20%漂白粉或 3%～5%氢氧化钠消毒效果较好）。

【治疗】发病后应尽早确诊，立即隔离病牛，单独饲养，选用敏感的抗菌药物治疗。

1. 抗菌治疗。对产气荚膜梭菌有效的抗菌药物有青霉素类（如青霉素、氨苄西林）、甲硝唑、酰胺醇类（如氟苯尼考）和四环素类（如土霉素、四环素、多西环素等），可在国家的相关规定下酌情选用。此外，对于损伤的胃肠道可选用氨基糖苷类抗生素口服给药以控制继发肠道菌感染。

2. 解热可选用解热镇痛药（如对乙酰氨基酚注射液或氟尼辛葡甲胺注射液等），但对于肠道出血或有出血倾向者慎用；止血可选用安络血（肾上腺色腙）注射液或维生素 K 注射液（维生素 K 不仅可以止血，还具有良好的腹部镇痛作用，可大大减轻动物急腹症的腹痛症状。）；补液可选用 5%葡萄糖注射液、0.9%氯化钠注射液或 5%葡萄糖氯化钠注射液；调整酸碱平衡可选用 5%碳酸氢钠注射液或乳酸钠注射液；保护心脏可选用维生素 C、维生素 E 等。

气 肿 疽

气肿疽（Gangraena emphysematosa）是由气肿疽梭菌引起牛的一种急性、热性、败血性传染病，又叫黑腿病（Black leg）或鸣疽，

4 个月至 4 岁的牛易感染，肥壮牛比瘦弱牛更易患病。主要通过消化道传播，也可通过皮肤创伤和吸血昆虫（蚊、蝇叮咬）传播，呈散发或地方性流行，有一定的地域性。气肿疽发病多呈急性经过，病程 1～3 d，也有 10 d 者，特征性临床症状是肌肉丰满部位，如腿上部、臀、腰、肩、胸或颈等部位发生局部肿胀，初期热而痛，后中央变冷、疼痛不明显。患部皮肤干硬、黑红，按压肿胀部位有捻发音，叩诊有鼓音，有时形成坏疽。切开患部，从切口流出污红色带泡沫的酸臭液体。气肿疽的临床特征就是肌肉丰满部位发生炎性气性肿胀，局部骨骼肌发生出血坏死性炎，皮下和肌间结缔组织发生胶样出血性炎，并在其中产气，压之有捻发音，常伴跛行。

【预防】在气肿疽常发地区，免疫接种是预防气肿疽的有效措施，一是气肿疽灭活疫苗，春秋两季进行免疫接种，不论大小牛皮下注射 5 mL，免疫期 6 个月，6 月龄以下犊牛接种疫苗后，到 6 月龄时再接种 1 次。牛气肿疽灭活疫苗的使用注意事项：切忌冻结，冻结过的疫苗严禁使用；使用前应将疫苗恢复至室温并充分摇匀；接种局部应作消毒；用过的疫苗瓶、器械和未用完的疫苗应行无害化处理。二是气肿疽、巴氏杆菌病二联干粉疫苗，皮下注射，免疫期为 1 年。三是牛梭菌病五联类毒素苗，是近年来研制成功并商品化产品，预防效果也较好。

【治疗】早期可用抗气肿疽高免血清 150～200 mL，静脉或腹腔注射，重症患牛 8～12 h 后重复一次。

1. 抗菌消炎可选用青霉素类（如青霉素、氨苄西林等）、四环素类（如土霉素、四环素等）等注射给药。对于肿胀局部，早期不宜切开，可用 0.25%～0.5% 普鲁卡因配合青霉素或普鲁卡因青霉素注射液在患部周围分点注射（皮下注射或肌内注射）。在病的中后期，可将肿胀部切开，用 2% 的高锰酸钾溶液充分冲洗。

2. 解热可选用解热镇痛药（如复方氨基比林注射液、安乃近注射液或氟尼辛葡甲胺注射液等）；抗休克可选用糖皮质激素类药物（如地塞米松磷酸钠注射液、醋酸氢化可的松注射液等）；抗组胺可选用马来酸氯苯那敏注射液（扑尔敏）以降低毛细血管的通透性，减轻肿胀、渗出症状；补液可选用5％葡萄糖注射液、10％葡萄糖注射液或5％葡萄糖氯化钠注射液；保护心肌可选用维生素C注射液等。

恶 性 水 肿

恶性水肿（Malignant edema）是以腐败梭菌为主的多种梭菌经创伤感染引起的多种动物共患的一种急性、热性、创伤性传染病。大多数温血动物均易感，牛多见，各年龄均可发生。临床上以创伤局部发生急剧气性炎性水肿，并伴有发热和全身毒血症为特征。病初牛体温升高，伤口周围炎性水肿，迅速弥散扩大，尤其是皮下组织疏松处更明显。病变部位初坚实有热痛，后柔软无热痛，按压有捻发音。切开肿胀部，流出大量棕黄色液体，混有气泡，腐臭。随肿胀发展，病牛高热稽留，呈败血症症状，呼吸困难，脉搏细数，黏膜充血发绀，多在1～3 d内死亡，很少自愈。因去势感染者，多于手术后2～5 d，在阴囊、腹下发生弥散性气性炎性水肿，患牛表现疝痛、腹部敏感及上述全身症状；由分娩感染者，产后2～5 d内阴道充血并流出不洁的褐色恶臭液体，阴道周围气性水肿，并迅速向腹下、股部蔓延，患牛起立困难，呻吟。剖检可见发病局部的弥散性水肿，皮下和肌肉间结缔组织有污黄色液体浸润，常含有少许气泡，其味酸臭。肌肉黑棕色至黑色，煮肉样，易于撕裂。血凝不良，心包、腹腔有多量积液。

【预防】我国已研制成包括预防快疫等梭菌病多联苗。在梭菌病常发地区，常年注射，可有效预防恶性水肿。发生恶性水肿后，要及时隔离病畜，对污染的场地、垫草、用具要及时全面消毒。病死动物不可利用，必须深埋或焚烧处理。

【治疗】本病经过急，发展快，全身中毒严重，治疗应从早从速，从局部和全身两方面同时着手。

1. 局部治疗 应尽早切开肿胀部，扩创清除异物和腐败组织，吸出水肿部渗出液，再用氧化剂（如 0.1％高锰酸钾溶液或 3％过氧化氢溶液）冲洗，然后撒布溶解的注射用青霉素，注意此处不宜直接撒布青霉素粉。

2. 全身治疗 早期使用足量抗菌药物，宜选青霉素类（如青霉素、氨苄西林等）或四环素类（如土霉素、四环素）注射给药。

3. 对症及综合治疗 解热可选用解热镇痛药（安乃近注射液、氟尼辛葡甲胺注射液等）；抗炎、抗休克可选用糖皮质激素类药物（如地塞米松磷酸钠注射、醋酸氢化可的松注射液等）；抗组胺可选用马来酸氯苯那敏注射液，减轻肿胀、渗出症状；补液可选用 5％葡萄糖注射液、10％葡萄糖注射液或 5％葡萄糖氯化钠注射液；保护心脏可选用 10％安钠咖注射液、毒毛旋花苷 K 注射液、维生素 C 等。还应采取综合预防措施，平时注意防止外伤，一旦发病要及时进行清创和消毒，还要严格做好各种外科手术及注射的无菌操作并做好术后护理工作。

钩 端 螺 旋 体 病

钩端螺旋体病（Leptospirosis）简称钩体病，是由致病性钩端螺旋体引起的一种自然疫源性人兽共患病，多发于温暖湿润多水地带，俗称"打谷黄"和"稻瘟病"。各年龄段的牛均可感染，但以犊牛最为易感，以鼠类为最主要的储存宿主，主要通过皮肤、黏膜和消化道感染，也可通过吸血昆虫传播，每年 7—10 月为流行的高峰期，其他月份个别散发。

急性型多见于犊牛，常表现突然高热，黏膜黄染，尿色暗黄，含大量白蛋白、血红蛋白和胆色素，皮肤干裂、坏死和溃疡，常于发病后 3～7 d 内死亡，病死率较高。亚急性型表现为肾炎、肝炎、脑膜炎和产后无乳等。慢性型表现为流产、死胎和不育等。总之，以发热、贫血、黄疸、血红蛋白尿、出血性素质、流产、皮肤黏膜坏死为主要临床特征。

【预防】 免疫接种是预防钩端螺旋体病的重要措施，目前国内只有人和犬用商品化灭活疫苗。由于钩端螺旋体各型之间缺乏交叉免疫，故应根据当地流行的主要菌群选择相应的多价灭活疫苗进行免疫接种。方法是每年接种 2 次，间隔 7 d，免疫期为 1 年。预防性给药可在饲料或饮水中添加多西环素、阿莫西林或泰妙菌素等。

【治疗】 抗菌治疗是最主要的措施，可选用青霉素、四环素类（如土霉素、四环素、多西环素等）、头孢菌素类（如头孢噻呋）、大环内酯类（如红霉素、泰乐菌素、替米考星等）等。钩端螺旋体对上述药物敏感，但不能依赖这些抗生素清除病牛肾脏带菌的状况。

暴发钩端螺旋体病时，可将抗生素治疗与免疫接种相结合，只进行免疫接种是不能减少尿液排菌的。对症治疗，可静脉注射葡萄糖注射液、维生素 C 和维生素 K。针对黄疸，可选用 10% 葡萄糖注射液和茵栀黄注射液促进胆红素排泄，可有效降低胆红素对实质器官的损害。

牛 放 线 菌 病

牛放线菌病（Bovine actinomycosis）是由多种致病性放线菌引起的一种非接触性、慢性传染病，牛易感，尤其多见于 2～5 岁的牛。患牛排出的病原污染土壤、饲料和饮水，当易感动物黏膜和皮肤有损伤时就可发生感染。放牧动物到低洼潮湿处放牧也常被感染。牛放线菌病一年四季均可发生，散发，一些地区呈地方性流行。

牛放线菌病以患畜出现头、颈、颌下和舌部放线菌肿为主要临床特征。患牛常表现骨髓炎症状，可见上、下颌骨肿大，肿胀界线明显，肿胀进程缓慢，一般要经过 6～18 个月才出现小而坚实的硬块；

肿胀初期疼痛，晚期痛觉消失；舌和咽部组织变硬时称为"木舌病"，此时病牛呼吸、吞咽和咀嚼困难，消瘦加快；肿胀部皮肤破溃，形成瘘管，流出含黄白色硫磺样颗粒的脓汁，经久不愈。放线菌侵入的骨骼，由于骨质疏松及增生，增大呈蜂窝状，切面光滑呈白色，且有细小脓肿嵌于切面。乳房感染时，乳房整体肿大，局部有硬结，乳汁黏稠混有脓汁。

【预防】目前尚无国家批准生产的用于预防牛放线菌病的疫苗产品。为防止牛放线菌病的发生，应加强饲养管理，放牧牛应减少到低洼潮湿的地方放牧，舍饲牛应将干草、谷糠等粗硬饲料泡软后再饲喂，避免损伤口腔黏膜。另外，及时处理皮肤、黏膜的损伤也可减少放线菌感染的几率。

【治疗】1. 局部处理：对下颌局部硬结可外科手术切除，创腔以碘酊纱布填塞引流，每日或隔日更换一次，患部消毒。亦可用局部烧烙法进行治疗，对于顽固病例或肿胀部位面积较大的病例，可反复烧烙，每3～5 d烧烙一次，效果较好。

2. 病因治疗：牛放线菌的治疗应首选青霉素类，其次可选四环素类、氨基糖苷类、磺胺类等药物。在选择使用抗菌药物治疗的同时，配合使用碘化钾内服或碘化钠静脉注射，有良好的效果。

3. 为增强机体修复能力，补充能量，提高抵抗力，可静脉注射5％葡萄糖注射液、维生素 C 注射液、维生素 B_6 注射液和三磷酸腺苷二钠注射液等，并加强补充维生素 A、维生素 D、维生素 E 等。

破 伤 风

破伤风（Tetanus）是由破伤风梭菌经伤口感染引起的一种急性、创伤性、中毒性的人兽共患病，又称为强直症，俗称锁口风。各种家畜均易感，以单蹄动物最易感，猪、羊、牛次之。其中，幼龄动物比成年的更易感。破伤风梭菌广泛存在于自然界中，其感染常继发于各种创伤，如断脐、手术、去势、断尾、产后感染以及外伤等，部分病例检查不到伤口，可能是伤口已经愈合或经损伤的子宫、消化道黏膜感染。潜伏期通常为 7～14 d，个别的可在伤后 1～2 d 发病，多为散发，无明显季节性。临床上，破伤风以全身肌肉强直性痉挛和神经反射兴奋性增高为特征。患牛反刍、嗳气停止，流涎，伴有瘤胃鼓气；跛行，全身肌肉强直性痉挛，四肢因强直而外展，站立如木马状，头颈伸直，耳贴于后侧，尾根高举，鼻孔开张，牙关紧闭，开口极度困难。

【预防】在有感染危险或在破伤风高发地区，可给牛接种破伤风类毒素。破伤风类毒素每毫升含破伤风类毒素不低于 200 个结合力（EC）。皮下注射，犊牛 0.5 mL，6 个月后再注射一次。疫苗接种 1 个月后产生免疫力，免疫期为 12 个月。犊牛在阉割手术前 1 个月可注射破伤风类毒素，以达到预防的目的。破伤风类毒素使用注意事项：切忌冻结，冻结过的疫苗不能使用；用前应将疫苗恢复至室温并充分摇匀；接种局部应作消毒处理；接种后个别牛可能出现过敏反应，应注意观察，必要时可酌情使用肾上腺素、地塞米松或扑尔敏等过敏解救药物；用过的疫苗瓶、器械和未用完的疫苗应作无害化处理。

【治疗】治疗破伤风的基本原则是清除病原、中和毒素、镇静解痉、对症治疗和加强护理。

1. 清除病原：找到感染部位，对感染的创部彻底消毒，清除创口内的异物、脓汁和坏死组织及痂皮等，对于外伤较深的创口，除常规外科处理外还应用 3% 过氧化氢、2% 高锰酸钾或 5%～10% 碘酊消毒，并在创口周围注射青霉素。在局部治疗的同时要进行全身抗菌药物治疗，可选的药物有青霉素、甲硝唑或四环素类等。

2. 中和毒素：发病时应尽早静脉、皮下或肌内注射破伤风抗毒素（TAT），成年牛 40 万～80 万 IU，犊牛 20 万～40 万 IU，分 3 次注射，每日 1 次。同时应用 40％乌洛托品溶液，成年牛 50 mL，犊牛 25 mL。

3. 镇静解痉：可用水合氯醛 20～40 g 与淀粉浆 500～1 000 mL 混合灌肠；静脉注射或肌内注射 25％硫酸镁，成年牛 100 mL，犊牛 20 mL。牙关紧闭的可用 1％普鲁卡因溶液于开关、锁口穴位注射，每日 1 次，直至开口为止。

4. 对症治疗：为保护心、脑和肺的机能，可静脉注射 5％葡萄糖、维生素 C、肌苷和三磷酸腺苷等；出现酸中毒者，可适量注射碳酸氢钠；对于不食者，或饮食甚少者，静脉注射 5％葡萄糖或 25％葡萄糖。

5. 加强护理：将病畜置于僻静、避光场所；不能正常采食和饮水的，可根据情况肠外补充营养和水；站立困难者，辅以吊起带。

第三节　奶牛寄生虫病

消化道线虫病

线虫病是由多种线虫引起的一类蠕虫病。寄生于牛胃和小肠的毛圆科线虫引起的牛胃肠道寄生虫病称为牛消化道线虫病。毛圆科线虫种类很多，其中以血矛属的捻转血矛线虫致病力最强。该病主要发生于放牧犊牛和生长期小母牛。常引起严重腹泻，食欲不振，贫血等临床症状。放牧犊牛和生长期小母牛最易感。主要经口和经皮肤感染。动物出生后第一个放牧季节，发病可能性最大。此后动物获得部分或全部免疫力，对成年期有保护作用。

轻度线虫感染只影响小母牛的正常生长和增重，而不表现临床症状；中度感染引起一些动物不同程度腹泻，体重减轻，被毛粗乱，食欲下降，低蛋白血症和贫血；重度感染则引起急性临床症状，大多数动物同时发病。常见食欲下降，导致体重减轻或体重不增。

【预防】以预防为主。主要是加强饲养管理，提高营养水平，以便提高动物的抵抗力。其次，应计划性驱虫，春秋两季各进行一次。在流行区的流行季节，通过粪便检查进行治疗性驱虫，粪便集中管理，采用生物热发酵的方法杀死其中的病原，以避免污染环境。

【治疗】首选左旋咪唑、芬苯达唑、奥芬达唑、甲苯咪唑、阿苯达唑或哌嗪、乙胺嗪等驱虫，也可选用硝氯酚，如果合并外寄生虫感染，可以考虑口服阿维菌素、乙酰氨基阿维菌素或注射伊维菌素治疗。

肺 线 虫 病

肺线虫病是胎生网尾线虫寄生引起犊牛和成牛寄生虫性肺炎和细支气管炎。成牛和犊牛均易感染。原发性感染有不同程度的呼吸困难，典型的湿性深咳，肺区可听见弥散性湿啰音或爆裂音。严重感染时出现"息痨"样呼吸。当呼吸道有大量渗出物时会继发肺气肿，条件病原的感染会引起继发性疾病。因此，除呼吸困难以外，常见咳嗽、明显的努力呼气和吸气症状。成年牛会出现产奶量下降，没有啰音。

【治疗】治疗胎生网尾线虫原发性感染使用抗蠕虫药，需要时候采用抗生素控制呼吸道的继发感染。建议抗蠕虫药有左旋咪唑、芬苯达唑、阿苯达唑、伊维菌素。在使用此类药物的过程中不能让患牛重返污染区，舍饲牛要在完全移除污染粪便和垫草以后再进舍。

继发细菌感染为多杀性巴氏杆菌，可用四环素、头孢噻呋、青霉素或氨苄青霉素治疗细菌性支气管肺炎。

片 形 吸 虫 病

肝片吸虫和大片吸虫寄生于牛、羊等动物的肝脏胆管所引起的寄生虫性疾病。各年龄段动物均易感染。该病呈地方性流行，主要发生在低洼、潮湿和多沼泽的放牧地区。临床上以发热、贫血、肝脏肿大及末梢血嗜酸性粒细胞明显增多为特征。严重时可导致低蛋白血症、贫血、食欲不振、腹膜炎和梭菌病。

【治疗】早期诊断的基础上及时治疗患病家畜。常用药物有阿苯达唑、伊维菌素、硝氯酚、阿苯达唑、三氯苯唑、碘硝酚腈、五氯柳胺等药物。

绦 虫 病

绦虫病是由莫尼茨绦虫寄生于奶牛小肠而引起的一种奶牛寄生虫病。犊牛易感。奶牛感染初期表现的临床症状多为食欲降低或食欲增加等，也有的有下痢。在粪便中可查到莫尼茨绦虫的片节或碎片，有时片节呈链状吊在肛门处。如果感染轻微时，奶牛一般不表现出症状。

【治疗】驱绦虫时，注意驱虫头节才能根治。给予吡喹酮、丙硫咪唑和氯硝柳胺进行治疗。

球 虫 病

牛球虫病是由艾美尔球虫引起的胞内寄生虫病，多发于犊牛，常引起肠道病变及症状。饲养在半开放圈栏中的8～16周龄犊牛最易感染。12～18月龄的小母牛偶尔也见暴发球虫病，少数也见于哺乳期的犊牛。主要经口感染，潮湿阴冷环境多发。

群养的奶犊牛患球虫病后的主要症状是粪便松软，体况差，生长缓慢，被毛粗乱，粪中很少有血液和黏液，类似豌豆汤。死于急性重度球虫病的犊牛，脱落的黏膜、血液和纤维素形成一层纤维素坏死性白膜。有时可见结肠内有大块血凝块，盲肠、结肠、直肠黏膜变厚。

患有神经型球虫病的犊牛会表现一系列神经症状，如剧烈颤抖，眼球震颤，卧地不起，有时也表现角弓反张，死亡率很高。

【预防】用药并非控制球虫病发生的惟一措施,改善不当管理,如肮脏的环境,粪便随地堆积,平地饲喂,便污染水料,饲养密度过大等。若环境清洁,每日清粪,防止粪便污染料槽、料沟、饮水器及牛体,在养两群犊牛之间厩舍的清扫、消毒,那么球虫病的发生会显著减少。

【治疗】连续给牛投服离子载体类抗球虫药如莫能菌素、拉沙里菌素预防。氨丙啉、癸喹酸酯是治疗感染牛群或易感牛群最常用药物。个别严重脱水的病犊需要补液。

隐 孢 子 虫 病

隐孢子虫感染能导致新生犊牛腹泻。主要发生于 5~15 日龄犊牛,有时也可见于 1 月龄犊牛。食欲下降、腹泻、脱水是隐孢子虫感染的主要临床特征,很难与细菌、病毒感染相区别。隐孢子虫感染时极易引起犊牛营养不良,身体消瘦。

【治疗】高剂量拉沙里菌素治疗有效,但犊牛容易中毒。莫能菌素也有一定治疗效果。主要采取支持疗法,根据脱水的严重程度,选择合适的方法进行补液,同时应注意补充全奶或高质量代乳品,在急性腹泻阶段,只口服补充电解质和葡萄糖不能超过 24 h,随后每天应补饲 2 次全奶或代乳品,在补奶之间还应口服补充电解质和能量物质以弥补腹泻所导致的体液损失。在寒冷的冬季,户外饲养患犊应每日3 次补充全奶或高质量代乳品,以维持机体需要。

巴 贝 斯 虫 病

牛巴贝斯虫病是寄生于牛的红细胞内、经蜱传播所引起的一种的血液原虫病。引起牛巴贝斯虫病的主要的大型虫体是双芽巴贝斯虫,主要的小型虫体是牛巴贝斯虫。

蜱是巴贝斯虫的传播媒介,通过叮咬牛而传播该病。发病季节与蜱的活动季节基本一致。

急性病例，病牛首先表现出高热稽留（40～42℃）、精神沉郁、厌食、呼吸困难、便秘或腹泻，病牛迅速消瘦，可视黏膜苍白并逐渐发展为黄染。后期出现血红蛋白尿，尿的颜色由淡红到暗红。重症病例如不治疗，可在4～8 h内死亡，死亡率可达50%～80%。慢性病例，体温持续数周波动于40℃以下，减食及渐进性贫血和消瘦，经数周或数月才能恢复。幼年牛发病后仅中度发热数日，心搏略快，食欲减退，略显虚弱，黏膜苍白或微黄，热退后迅速恢复。乳牛泌乳减少或停止，怀孕母牛常发生流产。

尸体消瘦，可视黏膜苍白或黄染，血液稀薄如水。皮下组织、肌间结缔组织和脂肪均呈黄色胶冻样水肿。脾、肝、肾肿大，胆囊扩张，胆汁浓稠，脾髓软化呈暗红色，白髓肿大呈颗粒状突出于切面。胃、肠黏膜充血，有出血点。膀胱肿大，黏膜出血，内有红色尿液。

【治疗】应尽量做到早诊断、早治疗。除应用特效药物杀灭虫体外，还应该根据病情进行强心、补液、健胃等对症和支持疗法。常用的杀虫药物有三氮脒、阿卡普林硫酸（喹啉脲）、咪唑苯脲等。

毛 滴 虫 病

由胎儿毛滴虫引起的成年公牛、配种牛的一种生殖疾病。成年奶牛易感。通过交配传播，病原携带者或感染公牛在本病的传播上起主要作用，多发于配种季节。带虫精液或沾有虫体的输精器械，在人工授精时也可引起感染。

不孕，再次出现规律或不规律发情，胚胎早期死亡、流产是本病的主要症状。大多数母牛在感染后3～4个月可自愈并能怀孕和维持正常的妊娠。小部分感染牛可发生子宫积脓、从阴道流出脓性分泌物或流产。流产主要出现在妊娠的第5个月前，而90 d前就发生流产的症状很少见。流产时，胎儿已自溶或可能被浸软。感染公牛一般无明显的临床症状。

【治疗】取消自然交配，只用商品化精液人工授精，同时清除感染和携带病原的动物，并且防止该病再次入侵是疾病控制的关键步骤。对于阳性牛可使用异丙硝唑、甲硝唑治疗。

牛钩端螺旋体病

由宿主特异性（如哈德乔钩端螺旋体）或非宿主特异性（如波蒙纳钩端螺旋体、出血性黄疸钩端螺旋体和犬钩端螺旋体）的多血清型的致病性钩端螺旋体所引起的人兽共患病。临床以败血症和生殖功能紊乱为主要特征。

病畜和各种带菌动物的尿液是主要的传染源。钩端螺旋体可穿过结膜、消化道和生殖道的黏膜、皮肤伤口进行感染。其血源性传播也可使病原传播到多种器官，包括子宫，并造成肾脏感染。也可通过公、母牛交配和人工授精感染。吸血昆虫、蜱、虻和蝇类也可传播此病。在开放式牛栏，只要易感牛接触到致病菌，一年四季均可发病。

急性：1～2月龄犊牛最易感且死亡率很高，急性高热（41.11～41.67℃），呈稽留热、败血症、溶血性贫血、血红蛋白尿、厌食、精神沉郁、心率和呼吸频率加快，有时可见出血点和黄疸。成年则出现急性败血症、高热、泌乳停止、乳房松弛，并且所有乳区有浓稠的红色、橙色、黑黄色的特征性乳房分泌物。

亚急性和慢性：多见于成年牛。常发生流行性流产，其特征性是胎儿流产发生在怀孕的后3个月，但从妊娠的第4个月到妊娠末期均可发生。也常伴有发热、血红蛋白尿、黄疸和乳房炎症状。

【治疗】可注射链霉素治疗，也可给予四环素、土霉素、金霉素等进行隔离治疗。

皮下蝇蛆病（皮瘤、蛴螬）

牛的皮蝇为黑纹皮蝇和牛皮蝇。黑纹皮蝇在前腿蹄踵及颈部垂皮处产卵，而牛皮蝇则在后腿和腰部产卵。临床上，放牧的牛在草场上乱跑就是可以看到的成年蝇活动造成的症状。为了躲避成年牛皮蝇，有些牛甚至因受惊而吼叫。唯一明显的症状是在患牛背部出现"皮瘤"。单个的牛可能仅有一处隆起或有数百处。

【预防】一年内最适宜的治疗时间因气候和纬度不同而异。例如，对皮蝇的早期幼虫的治疗可在 10 月 15 日至 11 月 15 日进行，因为它们因年龄性免疫而很少被感染，并且可避免使挤出的乳汁中有药物残留。小母牛可在秋季常规疫苗接种过程中给予治疗，几个月内将产犊的小母牛不应治疗。

【治疗】治疗应从控制蝇着手，以减少有利于蝇繁殖的环境因素。草场上的小母牛应用驱蝇药治疗以减少蝇的刺激。对乳用小母牛应用全身性杀虫剂进行常规治疗。伊维菌素、阿维菌素、乙酰氨基阿维菌素、莫西菌素等对控制皮蝇幼虫很有效，给予浇泼或注射方式给药。

疥 螨 病

由牛疥螨寄生于牛的体表引起的一种慢性接触性皮肤寄生虫病。可感染不同年龄、种属和不同性别的牛。牛通过与感染牛接触或与接触用于清刷患牛的用具而受到侵袭。疥螨病的特点是动物明显瘙痒，各处均可出现病灶，但尾、颈、胸部、肩、臀部和股腿内侧多见。在被感染的皮肤区域可见丘疹、结痂、脱毛、擦伤和皮肤增厚。瘙痒导致咬、舔和过度摩擦。自身所致的裂伤和皮肤擦伤常见。严重瘙痒导致奶牛摄食减少、不显发情、体重下降和产奶量急剧下降。未治疗的动物可能变得衰弱，也可能因继发感染和全身衰弱而死。

【治疗】宜选硫石灰用做药浴或喷洒。对于泌乳期奶牛，用蝇毒磷药浴；伊维菌素皮下注射给药也有效。也可选用乙酰氨基阿维菌素、溴氰菊酯进行给药治疗。

痒 螨 病

由牛痒螨寄生于牛的体表引起的一种慢性接触性皮肤寄生虫病。该病与疥螨病相似，以奇痒为主要临床特征。可感染不同年龄、种属和不同性别的牛。与疥螨相似，可以直接或通过污染的普通摩擦的柱子、环境等间接传播。

严重瘙痒，伴有普遍的皮肤损伤如丘疹、结痂、擦伤和脱毛是主要的症状。病灶可出现于全身，但典型的部位是肩隆和尾根，后来是背部和体侧。皮肤增厚，随时间推移而出现皱褶。瘙痒极其严重以致患牛只有痒的感觉。因此，增重和奶产量明显下降。未进行处理的患牛变得虚弱、消瘦，常有继发感染，可能死亡。

【治疗】泌乳期奶牛：宜选硫石灰用做药浴或喷洒。非泌乳奶牛：伊维菌素皮下注射给药也有效。

足 螨 病

由牛足螨寄生于牛的体表引起的一种慢性接触性皮肤寄生虫病，是奶牛中能引起临床症状的最常见的牛疥癣病。成年奶牛易感，犊牛很少出现临床感染。可观察到单个的病例，但通常是牛群的 $10\%\sim20\%$ 出现轻度病变。足螨病多见于冬季。

感染的奶牛可见到不适、瘙痒、激怒并进而影响到采食和产奶量。中度至重度患畜瘙痒，表现为不安，踩踏，强烈地挥尾，靠着静止物擦尾和会阴部。伴有脱毛和结痂的皮肤损伤可出现于坐骨窝、尾根、会阴、乳房后部、股内侧或阴囊等部。患部皮肤的丘疹和红斑可能较突出。轻度至中度患畜在尾根部或尾根与坐骨结节之间有很厚的痂，通常是在产科常规直检时发现。指（趾）部皮肤的同样损伤也可见到，但在奶牛中不如上述那些损伤常见。

【治疗】奶牛宜选蝇毒磷用做喷雾杀虫，石灰硫磺合剂也有效果。应进行全群治疗。

虱　病

牛虱病是由以吸食牛血液为主的虱目昆虫（如牛血虱、水牛血虱、牛颚虱、牛管虱）和寄生于牛毛上的食毛目昆虫（如牛毛虱）引起的一种体表寄生虫疾病。虱对各个年龄阶段的牛均有危害。主要通过直接接触感染，也可以通过混用的管理用具和褥草等传播。秋冬季节，家畜被毛厚密，皮肤湿度增加，有利于虱的生存和繁殖，因为常促使虱病流行。

轻度侵袭不易产生可被畜主发现的临床症状，但是大量虱寄生则肯定影响犊牛生长和奶牛产量。严重虱侵袭的牛表现出瘙痒、不安和啃咬或到处擦痒，造成皮肤损伤，常见自伤性脱毛、表皮脱落以及大面积出现鳞屑，有时还可继发感染。犊牛因常舔吮患部可能造成食毛癖，在胃内形成毛球。

有虱侵袭的犊牛和母牛，因为瘙痒而用舌头舔后留下的痕迹很典型。舔的痕迹出现于体侧、肋腹、背部、后腿和未限制时所能舔到的所有部位。用颈枷套住的牛则非常不安，因为颈枷限制了牛舔和擦的动作，牛就会在枷内猛烈地前后或上下摩擦，造成颈部和肩部有脱毛。通过观察临床症状和物理性检查发现虱进行诊断。通常用笔式灯照，仔细剥离被毛（或剪毛）发现虱或虱卵便可确定。

【治疗】当发现大量虱时，应对全群进行治疗并对环境进行处理。只能使用批准用于奶牛的药物。常用药物有菊酯类（溴氰菊酯、氰戊菊酯等）、有机磷杀虫药（敌百虫、倍硫磷、蝇毒磷等）。这些药物可用做喷雾或粉剂。此外，伊维菌素、阿维菌素、乙酰氨基阿维菌素等皮下注射，也有很好的效果。

第四节　奶牛普通病

一、产科病

乳　腺　炎

乳腺炎是指致病因素作用于奶牛乳腺组织而引起的炎症过程。主要发生于泌乳期的母牛。常见病原主要有链球菌类、金黄色葡萄球菌和大肠埃希氏菌等细菌。临床型乳腺炎，乳房局部呈现发红、肿胀、温热、疼痛，乳房上淋巴结肿大，乳汁排出不通畅，泌乳量减少或停止，乳汁稀薄，内含凝乳块或絮状物，有的混有血液或脓汁；严重时，除上述局部症状外，还伴有食欲降低，精神不振和体温升高等全身症状。隐性型乳腺炎一般临床症状不明显，乳汁中无肉眼可见的异常变化，但乳汁中体细胞数量增加，乳汁理化性状和生物学性质已经发生改变，用奶牛隐性乳腺炎检测试剂检测乳汁呈阳性反应。

【治疗】1. 给药前最好先分离病原菌进行药敏试验，根据检测结果选用高效药物治疗或调整用药。

2. 临床型乳腺炎可首选青霉素类药物，如青霉素、氨苄西林、阿莫西林、苯唑西林等，对上述药物敏感性较差的可考虑头孢菌素类，如头孢噻呋、头孢喹肟，亦可选用局部用药，如氨基糖苷类（链霉素），或大环内酯类（红霉素）等进行乳房内注入治疗。

3. 临床型乳腺炎用乳腺炎治疗专用药剂，如注入用氯唑西林钠、盐酸吡利霉素乳房注入剂、盐酸林可霉素乳房注入剂和重组溶葡萄球菌酶等。

4. 严重者伴有全身症状时，全身注射抗菌药，强心补液，对症治疗。

5. 慢性病例抗菌治疗的同时，配合内服中药（如归芪乳康散、紫花诃子散等）提高疗效，减少复发。

6. 隐性乳腺炎，可在干奶期用苄星氯唑西林乳房注入剂治疗。

子 宫 内 膜 炎

子宫内膜炎是指子宫黏膜及黏膜下组织的炎症。发生在奶牛未怀孕期间，但大多发生于奶牛产后。急性子宫内膜炎多发生于产后早期，患牛拱背努责，常做排尿姿势，从阴门排出黏脓性、污红色、恶臭的分泌物，严重时体温升高，精神沉郁，食欲减少，反刍减少；直肠检查，触感子宫变大，收缩反应减弱，有时子宫内有波动。慢性子宫内膜炎母牛不发情或发情不规律；从阴门排出脓性或黏脓性分泌物，尤以卧地时排出量更多；直肠检查子宫角、子宫体肥大壁厚，收缩反应减弱；卵巢上常有黄体；子宫颈口开张、充血，子宫颈阴道部有脓性分泌物潴留；外阴黏膜潮红或充血；严重时患牛出现轻度的精神不振、食欲减少、前胃迟缓。

【治疗】1. 急性病例：宜子宫内和全身同时使用青霉素 G 钠、头孢噻呋钠或盐酸土霉素等。

2. 慢性病例：通常仅子宫内注入抗菌药物，或用专用的子宫注入剂，如盐酸多西环素、醋酸氯己定和氟苯尼考等。

胎 衣 不 下

胎衣不下是指母牛分娩后不能在正常时间（12 h）内将胎膜完全排出。大多可见患牛阴门外下垂有呈带状的胎膜，呈淡红色或土红色，表面有大小不等的胎儿子叶；少数患牛未排出的胎膜全部滞留在子宫内及阴道内，只有做阴道内检查或直肠检查才能发现滞留的胎膜。病牛表现拱背，频频努责，如果胎膜滞留时间过长，发生腐败分解，则腐败的胎衣碎片随恶露排出；如腐败分解产物被吸收，即可表现出食欲降低，反刍减少，瘤胃弛缓，泌乳减少，体温升高等全身症状。

【治疗】1. 促子宫收缩，可选择注射催产素、垂体后叶注射液或新斯的明注射液。

2. 促进胎儿胎盘与母体胎盘分离，将 10％氯化钠溶液注入到胎儿胎盘和母体胎盘之间。

3. 防止胎衣腐败（预防子宫内膜炎），子宫内投放盐酸土霉素、醋酸多西环素子宫注入剂或醋酸氯己定子宫注入剂等。

4. 内服中药，如益母生化散、益母生化合剂。

卵 巢 静 止

卵巢静止是指长时间卵巢上既无卵泡发育又无黄体存在，卵巢机能处于静止的状态。饲养管理不良、营养不平衡和机体能量负平衡的母牛易患病。患牛长时间不发情；直肠检查，卵巢大小、质地正常，或体积缩小、质地变硬，卵巢上既无卵泡又无黄体；间隔 1 周，至少连续做 3 次以上直肠检查，卵巢仍无变化。

【治疗】1. 用注射用促卵泡素进行注射。

2. 以注射用血促性素、注射用促黄体激素释放激素 A3 或戈那瑞林注射液进行注射。

3. 子宫灌注促孕灌注液。

持 久 黄 体

持久黄体是指周期黄体或妊娠黄体超过正常时间仍不消失。饲养管理不良、营养不平衡的母牛及患子宫蓄脓的母牛易发病。患牛发情周期停止循环，母牛不发情；直肠检查，一侧或两侧卵巢增大，卵巢表面上有突出的黄体，有时在一个卵巢上摸到 1～2 个或多个较小的黄体；子宫松软，触诊收缩反应弱，有时伴有子宫内膜炎或子宫蓄脓等疾病。间隔 1 周左右重复检查 3 次，在卵巢的同一位置触摸到同样的黄体。

【治疗】1. 注射氯前列醇钠注射液、氯前列醇注射液、氨基丁三醇前列腺素 $F_{2\alpha}$ 注射液或甲基前列腺素 $F_{2\alpha}$ 注射液。

2. 子宫灌注促孕灌注液。

卵 巢 囊 肿

卵巢囊肿包括卵泡性囊肿和黄体性囊肿，两者都没有正常的卵巢周期活动，卵泡性囊肿能够转变为黄体性囊肿。引起该病的原因有营养或矿物质不平衡，慢性生殖道感染，应激，激素调节异常等。卵泡性囊肿是由于未排卵的卵泡上皮变性，卵泡壁结缔组织增生，卵细胞死亡，卵泡液不被吸收或增多而形成。黄体性囊肿是由于未排卵的卵泡壁上皮黄体化而形成。卵泡性囊肿，发情延长，性欲旺盛，甚至出现慕雄狂，患病时间长的牛，阴唇肿胀、增大，阴门经常流出黏液；直肠检查，卵巢上有 1 个或数个壁紧张而有波动的囊泡，直径超过 2 cm，有的达到 5～7 cm，但不排卵。黄体性囊肿，发情停止，直肠检查多呈现 1 个囊肿，大小与卵泡囊肿差不多，但壁较厚而软不那么紧张。B 超检查可较准确区分卵泡性囊肿与黄体性囊肿。

【治疗】1. 卵泡性囊肿：以注射用垂体促黄体素、注射用绒促性素、注射用促黄体激素释放激素 A_2 或注射用促黄体激素释放激素 A_3 进行注射。

2. 黄体性囊肿：注射氯前列醇钠注射液、氨基丁三醇前列腺素 $F_{2\alpha}$ 注射液或甲基前列腺素 $F_{2\alpha}$ 注射液。

排 卵 延 迟

排卵延迟是指排卵的时间向后拖延。饲养管理不良、饲喂营养不平衡饲料的母牛易发病。患牛的卵泡发育和外表征候与正常发情一样，但卵泡成熟缓慢，久不排卵，发情的时间可延长到 3～5 d 或更长；延迟排卵的卵泡比一般正常排卵的卵泡略大。

【治疗】以注射用垂体促黄体素、注射用绒促性素、注射用促黄体激素释放激素 A_2 或注射用促黄体激素释放激素 A_3 进行注射。

流　产

流产是指胚胎或胎儿与母体的正常生理关系被破坏，使妊娠中断。流产可发生在妊娠的任何时期，流产有隐性流产和症状性流产。隐性流产，无临床症状，患牛已确定妊娠，但在妊娠 40～60 d，又恢复发情；检查胎儿已消失；这类流产常重复发生。症状性流产，在流产之前，患牛有腹痛现象，表现拱腰、屡作排尿姿势，自阴门流出红色污秽不洁的分泌物或血液；有些排出死亡胎儿或缺乏生命力的胎儿；有些胎儿死于腹中但不能排出。

【治疗】1. 隐性流产或有流产征兆（胎动不安、腹痛起卧、呼吸和脉搏增数）而胎儿未被排出、子宫颈口未打开者，应全力保胎，以防流产发生。可注射黄体酮注射液，也可试用保胎无忧散、泰山磐石散。

2. 流产已发生，排出流产胎儿者，注射催产素或注射用垂体后叶注射液，促进子宫恢复。

3. 流产已发生，死胎未排出者，注射氯前列醇钠注射液或甲基前列腺素 $F_{2\alpha}$ 注射液，促使子宫颈开张；再注射催产素或注射用垂体后叶注射液促使死胎排出。若子宫已有感染，则按急性子宫内膜炎用药治疗。

二、内科病

支　气　管　炎

支气管炎是气管、支气管黏膜表层或深层的炎症。临床上以咳嗽、流鼻液，肺部听诊有干湿啰音为特征。主要是受风寒或各种理化因素的刺激而发病，或激发于喉炎、肺线虫病和肺丝虫病等疾病。

病牛精神不振，食欲减少，瘤胃蠕动减弱，呈前胃弛缓，甚至废绝；体温可高达 $40\sim41$ ℃，呈弛张热型；呼吸浅表增数，心搏加快；叩诊呈阵发性咳嗽，流出多量黏液性、脓性或混有血的鼻液，随分泌物增多，咳嗽减轻，次数增多，呈湿性；听诊呼吸音强弱不一，可听见湿啰音或支气管呼吸音。炎症呈小叶性特点。在肺实质内，特别在肺脏前下部，散在一个或多个孤立的、大小不一的肺炎病灶。患病肺组织坚实而不含空气，初呈暗红色，而后呈灰红色，可沉入水中。

据奶牛受寒感冒的病史及临床上的咳嗽、流鼻液的特征症状，结合叩诊和听诊可做出诊断。

【预防】加强饲养管理，防寒保暖，防御牛舍贼风和寒流侵袭；保持牛舍卫生清洁和空气新鲜；在治疗时严格执行操作规程，灌药时应谨慎防止误咽。

【治疗】消除致病因素，消炎、祛痰、止咳。

1. 治疗本病的首选药物为磺胺类药物（如磺胺嘧啶等），还可用青霉素类或多西环素。

2. 也可选用大环内酯类药物，如红霉素、乳糖酸红霉素等。

3. 对疑似支原体感染的，可用甲砜霉素治疗。

大 叶 性 肺 炎

奶牛大叶性肺炎又称纤维素性肺炎，是整个肺叶发生的急性炎症过程。临床上以稽留热、铁锈色鼻液、肺部的广泛浊音区和病理的定型经过为特征。受寒感冒、饲养管理不当、理化因素的刺激等均可降低整个机体特别是肺组织的抵抗力，各种内、外病原性微生物大量繁殖可引起本病。继发于传染病，如牛传染性胸膜肺炎、炭疽、犊牛副伤寒等。

病牛初期体温迅速升高，呈现稽留热（40～41 ℃），持续 6～9 d，以后逐渐消退恢复正常体温。精神萎靡，食欲低下，结膜发绀，呼吸困难，常抬头张嘴努力呼吸，牛体逐渐消瘦。病牛流出鼻液，随病程变化明显，初期流出清水样鼻液，中期流铁锈色或黄红色鼻液，后期流少量脓性鼻液。胸部叩诊，充血期，呈鼓音或浊鼓音；肝变期，为大片浊音区；溶解期，重新变为鼓音或浊鼓音。肺脏健侧或健区叩诊音高朗。肺部听诊，充血期，相继出现肺泡呼吸音增强、干啰音、捻发音、肺泡音减弱和湿啰音；肝变期，肺泡音消失，出现支气管呼吸音；溶解期，支气管呼吸音消失，再次出现啰音、捻发音。其健康部位肺组织的肺泡音增强。大叶性肺炎一般只侵害单侧肺，有时侵害两侧，多见于左肺尖叶、心叶和月膈叶。典型的病变组织呈红色、黄色和灰白色相间的似花岗石样外观，硬度类似肝，取病变部位小块放入水中，很快下沉。

据主要临床症状可进行判断，尤其注意高热稽留和铁锈色鼻汁等典型特征，并与肺部听诊、叩诊临床特征相结合可做出诊断。

【预防】加强饲养管理，牛舍保持干燥、温暖，通风良好，避免淋雨受寒等诱发因素。供给全价日粮，减少应激因素的刺激，增强机体的抗病能力。及时免疫接种，做好疫病的预防工作。

【治疗】加强护理，控制感染，制止渗出和促进炎性渗出物吸收作为主要应对方法。

1. 抗菌消炎：主要应用抗生素或磺胺类药物，常用的抗生素为青霉素、红霉素、头孢菌素及四环素等。在治疗前取鼻分泌物做细菌药敏试验，选择最敏感药物。病初，宜用青霉素或注射磺胺嘧啶、乌洛托品，以糖皮质激素消炎，如地塞米松、氢化可的松，以降低机体对各种刺激的反应性，控制炎症发展。

2. 补钙、强心和制止渗出：10%葡萄糖酸钙、5%葡萄糖或10%安钠咖等。

3. 对症疗法：体温过高，可用解热镇痛药，如安乃近、复方氨基比林、安痛定注射液等。剧烈咳嗽时，可选用祛痰止咳药。严重的呼吸困难可输入氧气。当休克并发肾衰竭时，可用利尿药。合并心衰时可酌用强心剂。食欲不振，加强胃肠蠕动和健胃，给予维生素 B_{12}、胃肠通等药物。

口　　炎

奶牛口炎是指口腔黏膜的炎症。奶牛原发性的指过于粗硬饲料如尖锐麦芒、枯梗秸秆而直接刺伤口腔黏膜。粗暴的口腔检查、使用开口器、胃导管及投药时粗鲁等造成口腔损伤。摄食有毒植物、口服浓度大或舔食刺激性药物而引起口炎。饲喂发霉、腐败饲草如锈病菌及黑穗病菌的饲料而引起口炎的发生。继发性原因较多见于多种疾病的发生都伴有口炎症候出现，除具有各个病的特殊症状外，也有卡他性口炎症状。继发性的奶牛口炎多发生于初春、夏末秋初气候干燥或炎热季节，以犊牛和幼牛发病较多，其病原主要来自畜禽的广泛流通，带毒牛直接传播或污染了饲草、饮水、用具等的散布间接传播。病毒侵害牛的口腔黏膜、嘴唇、齿根上下、鼻孔周围导致本病。该病传染快，也可呈散发性或流行性。

单纯性或卡他性口炎，病牛采食、咀嚼障碍和流涎。病初，黏膜干燥发热，唾液量少，随病发展而分泌增多。唾液常混有食屑、血丝。口腔知觉敏感、采食、咀嚼缓慢。开口检查时见黏膜呈斑纹状或弥散性潮红，温热疼痛，肿胀；口内不洁且甘臭或腐臭。病牛全身症状轻微。口腔黏膜呈斑纹状或弥散性充血、发红、肿胀，上腭、下腭、颊部、舌、齿龈等发生损伤、呈鲜红色、暗红色的溃烂面。慢性炎症时，口腔黏膜肥厚、苍白。

卡他性口炎依口腔存在的症状极易诊断。但若确定其为原发性或继发性口炎，应依照口炎发生情况、其他症状、流行特点、全身变化等进行综合判断。在相同饲养管理条件下，多数牛只发生口炎时应就饲料进行检查外，并对继发于牛的传染病予以鉴别。

【预防】加强饲养管理，对粗硬饲料可粉碎或氢化处理，不给过热的饲料，或灌服过热的药液。做口腔检查或经口投药时，检查要仔细，操作要慎重，如在冬春季节，发现不明原因的口炎，应加强对全牛场的监测，以防口蹄疫的发生与蔓延。

【治疗】治疗首先应除去病因，然后加强护理。

1. 冲洗口腔：饮食欲后，冲洗口腔，常用的药液有 0.1% 高锰酸钾液、2%～3% 碳酸氢钠、2% 硼酸液或 1% 明矾液，也可用 1% 食盐水。一般每日冲洗 2～3 次。创面涂碘甘油。

2. 涂布药剂：当口腔黏膜或舌面发生烂斑或溃疡时，洗口后还应用碘甘油（5% 碘酒 1 份，甘油 9 份）、2% 龙胆紫液或 1% 磺胺甘油乳剂涂布创面，每天 1～2 次。

3. 中药治疗：可选用冰硼散口腔吹撒或青黛散装入布袋热水中浸透后给病牛衔于口中。

瘤 胃 鼓 胀

奶牛瘤胃鼓胀，又称为气胀或肚胀，是饲料停滞瘤胃异常发酵，超过胃的正常容量，使瘤胃失去运动机能而引起患牛嗳气受阻、腹胀作痛的一种疾病。分为急性和慢性两种。原发性的是由于当过量食入容易发酵的饲料，如青苜蓿、菜叶、精饲料等，或堆积发热变黄的青草，或霉烂的草料及有毒植物等，在瘤胃里不断地产生气体而导致腹围增大；平时喂给干草的牛，如果在短时间内采食了大量的含氮豆科鲜草后，会导致瘤胃内的细菌异常繁殖，在瘤胃内产生过剩的气体；过多摄取豆科牧草而产生的气体呈泡沫性，嗳气难以吐出，也是瘤胃鼓气的原因。继发性的主要见于前胃弛缓、创伤性网胃腹膜炎、网胃或食道沟因异物导致的炎症、调节胃蠕动的迷走神经发生障碍所致的消化不良、食道梗塞及食道狭窄等情况下，使嗳气反射不能正常进行时，则反复引起轻度或中等程度的气体蓄积。继发性瘤胃鼓气多发于6个月龄前后的犊牛和圈养的育成牛。

左侧肷部鼓胀，病牛表现不安，时躺时站，踢腹和打滚，嘴边沾附许多泡沫，呼吸困难，脉搏数增加，可视黏膜发绀，食欲废绝，瘤胃蠕动和反刍机能减退，全身状态日趋恶化；有发病后经过数分钟就死的，也有经过3~4 h不死的；临床症状各有不同，如果不及时治疗，病牛就会因呼吸困难窒息而死亡。在临床上继发性瘤胃鼓气反而比原发性瘤胃鼓气难以治愈且反复发作，不能彻底痊愈的病例也比较多见。剖检可见瘤胃壁过度扩张，充满大量气体及含有泡沫的内容物，但死后数小时，瘤胃内容物无泡沫，有的瘤胃或膈肌破裂。瘤胃腹囊黏膜有出血斑，甚至黏膜下瘀血，角化上皮脱落，浆膜下出血。头颈部淋巴结、心外膜充血和出血。肺脏充血，颈部气管充血和出血。肝脏和脾脏呈贫血状等。

据采食易发酵草料的病史，结合临床症状即可诊断。

【预防】放牧或改喂青饲料前一周，先饲喂青干草、稻草、作物秸秆等，然后放牧或青饲，以免饲料骤变发生过食；清明后放牧喂青草，应注意避免采喂开花前的豆科植物，堆积发酵或被雨露浸湿的青草，要尽量少喂，以防鼓胀；气体酿生与牧草含糖有关，苜蓿、紫云英等豆科植物的含糖量下午比上午高，下午采食，易发生急性鼓胀，故应注意放牧时间；幼嫩牧草，采食后易发酵，应晒干后掺杂干草饲喂，饲喂量也应有所限制；放牧还应注意茂盛牧区和贫瘠草场进行轮牧，避免过食；注意饲料保管、防止霉变；加喂精料应适当限制，特别是粉渣、酒糟、甘薯、马铃薯、胡萝卜等，更不宜突然多喂，饲喂后也不能立即饮水，以防发生本病；牛在放牧前一两天内，先用聚氧化丙烯20~30 g，加豆油少量，放在饮水器内内服，然后再放牧，可以预防本病。

【治疗】排气消胀，缓泻止酵，强心输液，健胃解毒。

1. 轻度的瘤胃鼓气病牛，把牛牵至斜坡上，前高后底站立，不断牵引牛舌以利于排气。或用一去皮的木棍置于牛口内，两端用细绳固定于角根，让病牛反复咀嚼以促使其排气，同时辅助瘤胃按摩。对急重症病例发生窒息危险时，用胃管插入胃内排气或使用套管针穿刺瘤胃放气。放气时速度不能过快，否则会因腹压的急剧降低，引起脑部缺血性休克等不良后果。

2. 病初症状较轻者，内服松节油、鱼石脂、酒精。

3. 泡沫性鼓气，内服二甲基硅油，或豆油用套管针注入瘤胃，或用液状石蜡、松节油加温水内服。

4. 中药治疗用大承气散。

瘤 胃 积 食

奶牛瘤胃积食是指瘤胃内积滞过量的食物，致使体积增大、胃壁扩张、运动机能紊乱、并引起脱水和毒血症为特征的一种疾病。主要是由于奶牛饥饿后，或因饲料的适口性好暴食所致；采食过多或大量的干料（如大豆、玉米、小麦、油饼、稻谷等），或难以消化的粗料（如麦秸、干甘薯藤、玉米秸等）也可导致本病的发生；突然变换饲料和饮水不足等也可诱发该病的发生。还可继发于瘤胃弛缓、瓣胃阻塞、创伤性网胃炎和真胃积食等疾病。

食欲、反刍、嗳气减少或废绝，病牛表现呻吟、努责、腹痛不安、腹围显著增大，尤其是左肷部明显；触诊瘤胃充满、坚实并有痛感，叩诊呈浊音；排软便或腹泻，尿少或无尿；鼻镜干燥，呼吸困难，结膜发绀，脉搏快而弱，但体温正常；到后期出现严重的脱水和酸中毒，眼球下陷，红细胞压积由30%增加到60%，瘤胃内pH也显著下降，最后步态不稳，站立困难，昏迷倒卧于地。瘤胃极度扩张，含有气体和大量内容物，黏膜潮红，有散在的出血斑点。瓣胃叶片坏死。各实质气管瘀血。

据采食过多的病史，结合临床症状即可诊断。

【预防】加强饲养管理，严防牛偷食精料；严格执行饲喂制度，精料、糟粕类饲料喂量应按规定供给；加强饲料保管，粗饲料应做好加工调制，喂量应合理。

【治疗】消除积滞，兴奋瘤胃，强心、补液、纠正酸中毒，严重病例配合洗胃或手术疗法。

1. 促进胃内容物排出，制止异常发酵。用硫酸钠或硫酸镁，制成8%～10%水溶液灌服；或硫酸钠，鱼石脂，加足够常水灌服；或液状石蜡灌服；可停食1～2 d，但不限制饮水。

2. 提高瘤胃的兴奋性。用酒石酸锑钾溶于水中灌服；或静脉注射10%的浓盐水；或氯化钙、10%葡萄糖静脉注射，同时肌内注射新斯的明。

3. 防止酸中毒。静脉注射碳酸氢钠，糖盐水、25%葡萄糖静脉注射。

4. 洗胃疗法。用胶质胃导管经口腔导入瘤胃内，来回抽动，以刺激瘤胃收缩，使瘤胃内液状物经导管流出。若瘤胃内容物不能自动流出，可在导管另一端连接漏斗，向瘤胃内注饱和石灰水3 000～4 000 mL，用虹吸法将瘤胃内容物引出体外。

5. 瘤胃切开疗法。如为顽固性瘤胃积食，在应用保守疗法无效时，应立即行瘤胃切开术，取出大部分内容物以后，再放入适量的健康牛的瘤胃液。

前 胃 迟 缓

奶牛前胃弛缓是各种原因引起的前胃神经兴奋性降低，收缩力减弱，瘤胃内容物运转缓慢，微生物区系失调，产生大量发酵和腐败物质，引起消化机能障碍，食欲、反刍减退，乃至全身机能紊乱的一种疾病。以食欲减少，前胃蠕动减弱或停止，反刍和嗳气缺乏为特征。急性奶牛前胃弛缓直接与饲养管理不当有关，精料喂量过多，不能很好被消化；粗饲料不足，糟粕类等工业副产品喂量过多；粗饲料品质低劣，长期饲喂麦秸、秸籽、稻草等难以消化且又未经加工调制的饲草；突然改变饲养方式和饲料品种，如食口性差的饲料改为食口性好的饲料；饲喂发霉变质的蔬菜、青贮饲料和干草。此外，受寒感冒，卫生不良，牛舍阴暗，密集饲喂等也可导致本病发生。继发性前胃弛缓常见于急性传染病、血液寄生虫病、创伤性网胃炎、酮病、乳房炎及中毒性疾病等。

对某些食物的采食量减少或拒食，反刍次数减少或咀嚼运动减弱，嗳出气具有不良气味；瘤胃收缩减弱，运动次数减少，瘤胃内容物纤毛虫数量减少，呈酸性；由品质不好的饲料所引起的前胃弛缓常伴有腹泻现象，粪呈泥状、半液体状或水样，恶臭；精神不振，不愿站立，病程长者，被毛粗乱，眼球下陷，末梢发冷，消瘦，严重者脱水和酸中毒，卧地不起，泌乳停止。原发性奶牛前胃弛缓，病情轻，很少死亡。重症病例，发生自体中毒和脱水时，多数死亡。主要病理变化，瘤胃和瓣胃胀满，皱胃下垂，其中瓣胃容积甚至增大3倍，内容物干燥，可捻成粉末状；瓣叶间内容物干涸，形成胶合板状，其上覆盖脱落上皮及成块的瓣叶。瘤胃和瓣胃露出的黏膜潮红，具有出血斑，瓣叶组织坏死、溃疡和穿孔。有的病例有局限性或弥散性腹膜炎及全身败血症等病理变化。

据病史、症状等即可做出诊断。用胃导管抽取瘤胃液，当 pH 低于5.5，纤毛虫活力低于 7.0 万个/mL 时，可辅助诊断。

【预防】加强奶牛饲养管理，日粮应据生理状况和生产性能的不同而合理配给，要注意精、粗饲料比与磷、钙比，以保证机体获得必要的营养物质，防止单纯追求长膘而片面追加精料的现象；要坚持合理的饲养管理制度，不突然变更饲料；加强饲料保管，严禁饲喂发霉变质饲料；正确诊断疾病，对继发性前胃弛缓的病牛，一定要及时正确地治疗原发性疾病。

【治疗】清理肠胃，兴奋瘤胃，制止发酵和腐败，防止脱水和酸中毒。

1. 促进瘤胃蠕动。口服酒石酸锑钾 2～4 g；或静脉注射 10%氯化钠溶液 300～500 mL 和 10% 安钠咖 20～30 mL；或新斯的明 20 mg，1 次皮下注射，隔 2～3 h 再注射 1 次（孕牛忌用）。

2. 伴有瘤胃鼓气时应制止发酵，可用松节油 30 mL 或鱼石脂6～15 g，加水适量灌服；便秘时可用硫酸镁或硫酸钠 100～300 g；继发胃肠炎时，可用磺胺或抗菌素。

3. 恢复期给予健胃药，龙胆粉、干姜粉、碳酸氢钠各 15 g，番木鳖粉 2 g，混合 1 次灌服，每日 2 次。

皱 胃 阻 塞

奶牛皱胃阻塞也叫真胃阻塞或真胃积食，是由于真胃内积聚过多的粉碎饲料和泥沙，致使机体脱水、电解质平衡失调、碱中毒和进行性消瘦为特征的一种严重疾病。主要是奶牛饲养管理失误所致，饲料单纯，品质低劣，牛过多地采食了含蛋白质和能量低劣的粗饲料，如秸秆、麦秸，干草切得过细或磨成粉状，精料如玉米、小麦混合饲喂，由于较小的颗粒通过前胃速度较快，难以消化而于真胃中滞留；日粮中精粗比例不当，如用 80%粗饲料与 20%谷物的日粮喂牛，发病率增高；饲料加工不细，如块根类白薯、胡萝卜等含泥土过多，未经冲洗而直接粉碎喂牛，或在泥沙土地上给牛喂草料等，都能致使该病发生。

食欲减少或废绝，粪便少和腹部鼓胀；心搏 90～100 次/min，呼吸加快，鼻镜干裂，鼻孔附着黏性鼻漏。随病程拖延，病牛精神沉郁，眼球凹陷，尿少，呈深黄色，具刺激臭味；瘤胃蠕动减弱，充满干燥的内容物、坚硬；在泥沙阻塞时，明显消瘦，腹泻，粪便中含有沙粒，全身无力，卧地不起；真胃检查，见右肋弓下方的膨隆，深部触诊和强力叩诊，病牛呻吟；直肠检查，手伸入直肠有黏着感，很少有粪便，如有少量粪时，呈黏稠状，具腐臭味，并混有团块黏液或黏膜；血液检查，血液浓稠，碱中毒，低血氯，低血钾；病程依检查患牛时阻塞程度和酸-碱电解质平衡失调的严重情况而定；严重病牛在症状出现后 3～6 d 死亡，若发生真胃破裂，多因急性腹膜炎和突发性休克死亡。

据长期饲喂粗硬细碎饲草的病史，右肋弓下方的膨隆，直肠检查可摸到黏硬的真胃，不难做出诊断。应与创伤性网胃炎-腹膜炎、瓣胃阻塞、肠梗阻鉴别诊断。创伤性网胃炎-腹膜炎有独特的姿势，如肘头外展，肘肌震抖，触诊左侧心区和剑状软骨区有疼痛，这都是真胃阻塞没有的症状。瓣胃阻塞深部触诊右腹部 7～9 肋间坚实、增大和敏感，可通过直肠摸到增大的瓣胃，脱水、电解质平衡紊乱程度较轻。肠梗阻也可引起厌食、粪少、脱水和腹痛，但腹部听诊和叩诊，以其发出的泼水音为特征。

【预防】日粮要平衡，供给的营养一定要满足机体营养需要量；日粮要注意精粗比、碳氮比，粗饲料加工时不能磨得过细，喂时要补充一些多汁饲料、青绿饲料；保证有充足的清洁饮水；清除饲料中的泥沙，喂块根饲料白薯、胡萝卜时，应将泥沙冲洗后再喂。

【治疗】纠正代谢性碱中毒、低血氯、低血钾，补充水和电解质溶液，排除真胃阻塞物。

1. 药物治疗：用 10％葡萄糖 1 000 mL，5％葡萄糖盐水 1 000 mL，安钠咖 20 mL，维生素 C 25 mL，混合静脉注射，25％硫酸镁溶液 1 500 mL注入真胃内。

2. 手术治疗：（1）真胃切开术。在右侧软腹部真胃区切开真胃后，掏出真胃阻塞物。（2）瘤胃切开术。切开瘤胃后，用胶管通过网胃、瓣胃，进入真胃，直接用大量消毒液反复冲洗真胃。

瓣胃阻塞

奶牛瓣胃阻塞是由于前胃运动机能障碍，瓣胃收缩力减弱，以瓣胃水分被吸收而干涸，蓄积大量干涸的内容物、瓣胃肌麻痹和瓣胃小叶压迫性坏死为特征的一种疾病。奶牛瓣胃阻塞原发性的是由于长期饲喂粗硬难消化的饲料，如半干半湿的甘薯蔓、花生蔓、豆秸、麦秸、麦糠、粉状饲料及混有泥砂饲料等引起瓣胃阻塞，饮水不足和运动不足也能引起本病。继发性的见于前胃弛缓、瘤胃积食、瓣胃炎、网胃与膈肌粘连、真胃变位、血原虫病及其他热性病。

患牛精神沉郁，鼻镜干燥、皲裂，饮食欲、反刍减少，最后废绝；排粪减少，粪干、硬、色暗，呈算盘珠或栗子状，附有黏液，后期排粪停止；触诊和叩诊，前胃蠕动音减弱、消失，瓣胃区疼痛，嗳气减少，并出现慢性鼓气；当瓣胃小叶发生坏死或败血症时，体温升高，脉搏、呼吸加快，全身症状加重；病至后期，出现脱水和自体中毒现象，结膜发绀，眼球凹陷，皮肤弹力降低，常卧地，头颈伸直或弯向肩胛部，昏睡。剖检可见，瓣胃内容物充满，容积增大。瓣叶间内容物干涸，形同纸板，可捻成粉末状。瓣叶上皮脱落变薄，有溃疡、坏死灶或穿孔。瓣胃附近腹膜及内脏气管如肝、脾、心、肾、肠等具有不同程度的炎症变化。

据发病症状、粪便变化和全身状况，结合瓣胃触诊浊音区扩大和痛感及瓣胃穿刺试验即可确诊。瓣胃穿刺部位在右侧九、十肋间与肩关节水平线的交点，将消毒的 16 号、长 10 cm 以上的有芯针头，与皮肤成直角刺入 6~8 cm，如进针时可感到阻力很大，内容坚硬，且可感到进针时有沙沙音即为本病。

【预防】加强饲养管理，减少坚硬的粗纤维饲料，增加青绿饲料和多汁饲料，清除饲料中的泥沙，保证足够饮水，给予适当运动；对前胃驰缓等继发病及早治疗,以防止内容物停滞于瓣胃内。

【治疗】软化瓣胃内容物,兴奋前胃运动机能,促进胃肠内容物排出。

轻症者,灌服硫酸镁、硫酸钠或液状石蜡,或植物油内服。为促进前胃蠕动,用10%氯化钠液、10%氯化钙液或20%安钠咖注射液静脉注射。

重症者,瓣胃注入注射用硫酸钠,或1次注入硫酸镁、普鲁卡因等。

创伤性网胃腹膜炎

奶牛创伤性网胃腹膜炎又称金属器具病或创伤性消化不良,是由于金属异物混杂在饲料内被奶牛误食后进入网胃,导致网胃和腹膜损伤并发生炎症的一种疾病。临床以顽固性前胃弛缓、网胃区疼痛、消化障碍、间歇性鼓气为特征。饲草料加工粗放,铁丝、铁钉等金属异物随采食从瘤胃进入网胃或直接到达网胃;饲料单一,矿物质和维生素缺乏,牛发生异食癖食入尖锐异物。

单纯性奶牛创伤性网胃炎(指异物未刺伤其他组织),全身反应不明显,急性病例,食欲不振或废绝,瘤胃蠕动减弱或停止,泌乳量明显下降;粪便干而量少,呈黑褐色,表面覆盖黏液,偶有潜血。低头伸颈,肘肌震颤,肘头外展,站立拱背而不愿行走,或行走时步态缓慢,下坡时常发出呻吟,卧下时极其小心;腹部肌肉拘紧;排便、排尿次数减少,呻吟,疼痛;空嚼磨牙或反刍无力,吞咽或逆呕食团反回口腔缓慢而极不自然。刺伤心包时食欲废绝、心搏增数、颈静脉努张,胸下、颈下、颌下浮肿。慢性病例,常并发网胃或肝、脾脓肿,渗出大量纤维蛋白,腹腔脏器粘连,最后导致全身性脓毒症或败血症,反复出现食欲不振、消化不良症状,并逐渐消瘦,往往预后不良。有的网胃前壁与膈肌局部粘连,或前后壁有瘢痕或瘘管。网胃内有金属异物，如钢针、铁丝等。有的网胃壁包埋金属异物，周围结缔组织增生，形成干酪腔或脓腔。严重的发生弥散性或局限性腹膜炎，腹腔有少量或大量纤维蛋白渗出物，使部分或全部脏器互相粘连，膈、脾、肝、肺等脏器上可见数目不等的脓肿。心脏受损害时，心包中充满多量纤维蛋白性渗出液，个别有心包炎的变化。

通过临床症状、网胃区的叩诊与强压触诊检查及金属的探测器检查可确诊，而症状不明显的病例则需要辅以实验室检查和 X 线检查才能确诊。

1. X 线检查：可确定金属异物损伤网胃壁的部位和性质。根据 X 线影像、临床检查结果和经验，可做出诊断，确定是否进行手术及具体手术方法，并做出较准确的预后。

2. 金属异物探测器检查：可查明网胃内金属异物存在的情况，但必须将探测的结果与病情分析结合才具有实际意义，因为不少牛的网胃内存有金属异物，但无临床症状。

3. 实验室检查：发病初期，白细胞总数升高、中性粒细胞增至 45%～70%、淋巴细胞减少至 30%～45%，细胞核左移。慢性病例，血清球蛋白升高，白细胞总数中度增多，中性粒细胞增多，单核细胞持久地升高达 5%～9%，缺乏嗜酸性粒细胞。

【预防】加强饲养管理，严禁在草料场地或牛舍周围放置金属异物，尤其是在改建牛舍和运动场时更需注意，及时清除非金属等异物；防止金属异物混入，通常用的有电磁筛、磁性板，将饲料经筛、板处理后再喂。10～12 月龄时在网胃中投放磁棒，并定期用衡磁吸引器吸出磁棒上吸引的铁质异物。

【治疗】及早摘除异物，抗菌消炎，加速创伤愈合，恢复胃肠功能。

1. 综合疗法：金属异物未取出，加之各种原因不宜手术者。

（1）降低网胃压力，让牛站立在前高后低的斜面牛床上。（2）青霉素 400 IU、链霉素 4～5 g，1 次肌内注射，每天 3 次；或葡萄糖生理盐水 1 000 mL、25％葡萄糖液 500 mL、10％磺胺嘧啶液 100 mL，1 次静脉注射，连续注射 3～5 d。（3）使用健胃剂，硫酸镁 500 g、碳酸氢钠 100 g，加水适量，1 次灌服。（4）向网胃中投放强力磁棒，吸住胃中的铁丝、铁钉等，然后用衡磁吸引器将其吸出。

2. 手术疗法：确诊后，尽早手术取出异物，才是根治疗法。常用的方法是瘤胃切开，通过瘤网孔进入网胃探寻并取出金属异物。

胃 肠 炎

奶牛胃肠炎是指皱胃和肠道黏膜及其深层组织的炎性疾病，以体温升高、腹痛、腹泻、脱水、酸中毒或碱中毒等为特征。病程发展急剧，死亡率较高。原发性的奶牛胃肠炎常见于饲喂发霉、腐败的饲草料、豆渣、酒糟等，冰冻的块根饲料，如甘薯、甜菜、胡萝卜等，久放或经雨水淋过的青草、青贮等，质量低劣，混杂大量泥沙等异物的饲草，误食经农药或化学药品污染的精料，或采食了有毒植物等。另营养不良，长途运输，风寒露宿，环境卫生不良，牛舍阴冷、潮湿，机体抗病力降低，也是本病发生的诱因。继发性的常见继发于大肠埃希氏菌病、沙门氏菌病、传染性病毒性腹泻、恶性卡他热等疫病；当患有严重乳房炎、子宫内膜炎、创伤性网胃-腹膜炎和瘤胃酸中毒及霉菌性胃肠炎时，也可继发胃肠炎。

原发性奶牛胃肠炎临床症状呈现剧烈而持续性腹泻，食欲、反刍停止，饮欲大增，精神沉郁，腹痛，摇尾或踢腹，喜卧而不愿站立，体温升高至 40～41 ℃，皮温不均，耳根、角基部及四肢末端厥冷，排水样粪便，内混有黏液、假膜、血液或脓性物，具有腥臭味，严重病牛除上述症状外，腹泻加剧，排粪失禁或里急后重，肛门及尾根处常被粪水浸渍，并呈现明显脱水和酸中毒或碱中毒症状，精神萎靡不振，眼球下陷，呼吸、心搏增数而微弱，四肢乏力，肌肉震颤，起立困难，体温下降，最后全身衰竭而死亡。继发性奶牛胃肠炎临床症状，先呈现原发病症状，病势发展也多依原发性各种疾病而定。肠内容物常混有血液，恶臭，黏膜呈现出血或溢血斑。由于肠黏膜的坏死，在黏膜表面形成霜状或麸皮状覆盖物。黏膜下水肿，白细胞浸润，坏死组织剥脱后，遗留下烂斑和溃疡。病程时间过长，肠壁增厚并发硬。肠系膜淋巴结肿胀，常并发腹膜炎。

通过发病调查、饲养管理情况分析，结合病牛呈现连续而剧烈腹泻及重剧的全身症状，即可诊断。

【预防】加强饲养管理，禁止饲喂腐败、冰冻、发霉饲料；精粗饲料要合理搭配和调制，不易消化的饲料应铡短碾碎，饲喂要定时、定量，防止饥饱不匀，防止暴饮或空腹饮大量的冰水；保证牛舍通风干燥、空气新鲜、光线充足；给犊牛及时饲喂初乳，发现病情，及时治疗；牛棚、运动场地及产房等处要定期用火碱消毒；加强兽医防疫工作，定期进行疫病检疫，预防疫病的发生与传播。

【治疗】清理肠胃，消炎、强心补液和解除酸中毒。

1. 清除肠胃：可用盐类泻剂配合应用防腐剂，用硫酸镁 500～600 g、鱼石脂 15～20 g、酒精 80～100 mL，添加常水 3 000～4 000 mL，1 次灌服；或用液状石蜡 1 000 mL、松节油 20～30 mL，加常水适量 1 次灌服。待清除主要肠胃内容物后，病牛腹泻不止时，可投服 0.1% 高锰酸钾液 2 000～3 000 mL，或用药用炭末 100～200 g，加常水适量 1 次投服。

2. 消炎：用磺胺脒 30～50 g、碳酸氢钠 40～60 g，加常水适量 1 次投服，每天 2 次，连用 3～5 d。

3. 补液：用 5% 葡萄糖氯化钠 3 000～4 000 mL，1 次静脉注射，每天 2～3 次，强尔心 10～20 mL 静脉或肌内注射。

4. 解除酸中毒：用 5% 碳酸氢钠液 500～1 000 mL，1 次静脉注射，每天 2 次，为促进食欲，恢复胃肠机能，用龙胆酊 50 mL，稀盐酸 30 mL，常水适量，1 次内服。

真 胃 移 位

奶牛真胃移位指真胃位置发生变化，位于瘤胃左侧或下方，或向右形成皱褶即真胃扭转，从而导致机体营养代谢发生紊乱。临床上以食欲废绝、消化紊乱、排便迟滞、腹部胀痛为其特征。本病一年四季均可发生，分娩前后的奶牛容易发病。原发性的是饲以大量精料和玉米青贮，从瘤胃进入真胃的流动量增多，引起挥发性脂肪酸浓度增高，抑制了真胃的运动力，真胃产生大量气体，引起扩张和变位。到了妊娠后期，膨大的子宫抬起瘤胃，分娩后真胃弛缓或产气，则不能恢复正常位置，被下沉的瘤胃卡在腹腔左侧，造成奶牛分娩后真胃扭转、移位；病牛的饲料中富含精料而缺乏优质青干草，减缓了酸性内容物的及时排空，促进了真胃弛缓和真胃移位的发生。继发性的是酮病、低钙血症、生产瘫痪和消化不良等会引起胃肠弛缓，增加真胃变位的发生率，另外上述疾病可使奶牛食欲减退，导致瘤胃体积减小和充盈度不足，为真胃留出较大的活动空间，从而促进真胃移位的发生。

病牛出现间断性厌食，有的拒食精料，尚能采食少量青贮料和干草。精神沉郁，体温、呼吸和脉搏都接近正常，排粪少而硬，表面附有黏液，有的病牛腹泻，粪便稀软呈糊状。瘤胃蠕动减弱，蠕动次数减少乃至消失。结合发病奶牛均在分娩后 1～2 周内发病，诊断为真胃移位。这可能是由于分娩后瘤胃下沉，把弛缓移位的真胃卡在腹腔左方。另外，奶牛分娩时常有低钙血症，可能也是一个诱因。真胃黏膜有溃疡，真胃浆膜与网膜、腹壁或瘤胃发生粘连，甚至穿孔。

据奶牛分娩前后发病，不吃、腹胀、排粪迟滞量少，听诊和叩诊相结合。将听诊器放在左侧或右侧肷部或者在倒数肋骨 11～12 肋骨，或肋间 1/3 高度的区域指弹或叩诊，能够听到明显的钢管音，即可确诊。

【预防】产后奶牛要加强护理，犊牛出生后要及时给母牛饲饮益母草、麸皮、红糖混合温水，肌内注射催产素 100 IU，以恢复体力，促使血钙恢复和子宫收复。合理配制日粮，以满足营养需要。初产奶牛日粮应合理搭配精粗饲料，混合均匀，精料喂量应逐天增加，最高不能超过 10 kg/d，供应优质长干草，任其自由采食，促进奶牛反刍时咀嚼，增加唾液分泌，有利于调节瘤胃酸碱平衡。对前胃弛缓、生产瘫痪、胎衣不下、酮病、重症乳房炎等疾病要及时治疗，避免因延误病情而继发奶牛真胃移位。

【治疗】最确切有效的方法是手术复位，但对左侧移位的病牛，也可尝试内服中、西药，或体位翻转等保守治疗。

1. 保守疗法：静脉滴注 0.9% 生理盐水 500 mL、10% 氯化钠 100 mL，10% 葡萄糖 1 000 mL，板蓝根 50 mL、维生素 B_1 70 mL、维生素 C100 mL、5% 碳酸氢钠 500 mL，安钠咖 10 mL、安乃近 50 mL、氨溴注射液 100 mL 组成的混合溶液，每天 1 次，连续 3 d，并配合皮下注射甲硫酸新斯明的 20 mL，每天 2 次。

2. 手术治疗：将病牛移到四柱栏站立保定，在颈部注射 0.02 mg "静松灵"，并按照"前、后、前"的顺序在两侧腰椎 1、2、4 腰椎横突对切口周围进行皮下浸润菱形局部麻醉，手术部位剃毛，常规消毒。分别在左右腹部倒数第 1 肋骨后 5~8 cm，腰椎横突下方 30 cm 处用手术刀做一长度 20 cm 左右的垂直切口。腹壁切开后，术者在腹腔左侧探寻真胃，并将其推挤向右侧腹腔，同时助手在腹腔右侧伸入，并将真胃抓住后拉向右侧腹腔，当真胃到达正常位置后，就要找到大网膜和十二指肠，并将大网膜使用弯圆针系 12 号缝线以纽扣状缝合的方式在右侧切口下方的腹肌、腹膜上固定，从而使真胃固定真胃。分别向两侧腹腔内注入由 200 mL 生理盐水、5 瓶 100 万 IU 链霉素、5 瓶 400 万 IU 青霉素组成的混合药液，对腹膜、腹内外斜肌以连续缝合法进行缝合，并将油剂普鲁卡因青霉素涂抹在两侧创口处，最后对皮肤以结节缝合法进行缝合，使用碘酒对切口消毒，涂抹适量"鱼石脂"后覆盖纱布，并对切口进行固定，一般只在前 3 d 覆盖，且每天更换 1 次。

日 射 病

在炎热的夏季，由于奶牛头部直接受烈日阳光曝晒而引起的脑及脑膜的充血、出血和脑神经机能紊乱的疾病称日射病。奶牛日射病关键在于管理不当所致，另外发病与品种和牛所处的状态有关。

常突然发病。初期见精神倦怠，反应迟钝，黏膜潮红，出汗，多不被注意，当脑膜和脑损伤严重时，病牛目光恐惧，眼球突出，黏膜发绀，走路摇晃，兴奋不安，肌肉痉挛，或突然死亡；或见瘫痪和麻痹，反射消失，呼吸微弱，全身颤抖死亡。通常体温不高，脉搏微弱。脑及脑膜高度充血、瘀血，并有出血点。脑脊液增多，脑组织水肿。肺充血、水肿，体积增大，切面隆起，流出大量血样泡沫，气管内有血样的泡沫。胸膜、心包膜及胃肠黏膜都有出血点和轻度炎症病变，血液暗红色且凝固不良。肝和肾变性。心肌、心内膜有出血性变化。

【诊断】据发病季节、日光强烈，结合临床症状即可确诊。

【预防】在暑天安排好运动时间，尽量避免日光曝晒时间过久。采用提早、带黑运动；运动场中必须搭建遮阴棚，让奶牛在阴凉处休息，及时供给清洁饮水。

【治疗】发现奶牛发病后，立即将其置于阴凉处进行急救。

用冷水浇注头部，或用冰块敷头。过度兴奋者，可用水合氯醛、溴制剂镇静；已由兴奋转为抑制者，可应用兴奋剂和 20% 安钠咖 30 mL，1 次皮下注射；当呼吸和心搏微弱者，可使用中枢神经兴奋剂，25% 尼可刹米注射液 10～20 mL，1 次皮下注射，或 5% 硫酸苯异丙胺溶液 100～300 mg，1 次皮下注射。

热 射 病

热射病是由于天气闷热、空气湿度过大，奶牛在闷热、通风不良的状态下体温异常升高而引起的脱水、缺氧和脑神经机能紊乱的疾病。热射病发生于炎热而外界气温增高时。由于饲养管理不当促使该病的发生，根本原因是外界气候闷热、潮湿、热散放困难，使奶牛体温异常升高所致。

病牛精神迟钝，呼吸急迫，张口伸舌，由口内流出泡沫状唾液。鼻孔张开，呼吸高度困难，心悸亢进，结膜瘀血，双目凝视，瞳孔散大，行步摇晃。体温升高至 41 ℃以上，病牛先呈犬坐姿势，后卧地，呈昏睡状态，呼吸微弱，肌肉痉挛而死亡。脑及脑膜高度充血、瘀血，并有出血点。脑脊液增多，脑组织水肿。肺充血、水肿，体积增大，切面隆起，流出大量血样泡沫，气管内有血样的泡沫。胸膜、心包膜及胃肠黏膜都有出血点和轻度炎症病变，血液暗红色且凝固不良。肝和肾变性。心肌、心内膜有出血性变化。

据在高温、高湿，天气闷热时发病，结合临床表现如体温升高，心搏增数，呼吸浅表，知觉和运动机能消失可以确诊。

【预防】做好防暑降温工作。牛棚、圈舍要通风，安置排风扇；运动场内要搭设凉棚；供应充足的新鲜清洁的饮水及放置食盐槽，任奶牛自由饮用和舐食。

【治疗】立即将病牛移至阴凉通风场所进行降温处理。

1. 尽快降低体温，可用凉水直接浇洒头部及全身，也可用凉水灌肠，直到体温降低到 39.5 ℃为止。

2. 为兴奋呼吸和循环中枢，可用 20％安钠咖 20 mL，皮下注射；或硫酸苯异丙胺 100～300 mg，皮下注射；或 25％尼可刹米 10～20 mL，皮下注射。

3. 补充水和电解质溶液，缓解脱水和浓血症，可用 0.9%氯化钠液或 5%葡萄糖生理盐水 4 000～8 000 mL，1 次静注。

4. 放血，静脉放血 1 000～2 000 mL。放血后静脉注射生理盐水、林格氏液或等渗葡萄糖生理盐水 4 000～8 000 mL，以补充水和电解质，促进汗液的分泌和利尿。

三、外科病

蹄 叶 炎

蹄叶炎（Laminitis）为蹄真皮与蹄小叶弥散性、非化脓性渗出性炎症。多发生在后肢的内侧蹄。初产母牛的发病率明显高于成母牛。分娩期间和泌乳高峰期饲喂过多的碳水化合物、运动不足、遗传和季节因素等均可致病。蹄叶炎以疼痛、蹄变形和不同程度的跛行为临床特征。

急性蹄叶炎，症状明显，表现为肌肉震颤，出汗，严重的病指（趾）做划桨运动，走动时拱背，后肢常伸向腹下，前肢直立。站立时作横向活动，或卧下时四肢伸直，站立困难，喜走软地，勉强负重及腕关节跪地。体温升高。局部静脉扩张，指（趾）动脉搏动明显，蹄温升高，特别是靠近蹄冠处。慢性蹄叶炎，常无明显的临床症状，蹄角质生长紊乱，蹄变长、变形，蹄前壁和蹄底形成锐角，出现异常蹄轮，蹄底角质变薄，甚至出现蹄底穿孔。

【治疗】治疗原则：除去致病因素，解除疼痛，改善微循环，防止蹄骨转位，防止继发感染。

1. 消除病因，加强护理：改变日粮结构，降低精料或碳水化合物饲料的用量。及时治疗原发病，如乳腺炎、子宫炎、酮病、瘤胃酸中毒等原发病。

2. 防止继发感染：症状严重，可行全身抗菌给药防止继发细菌感染，可选用氨苄西林·舒巴坦钠（或阿莫西林·克拉维酸钾等 β 内酰胺类抗生素＋β 内酰胺酶抑制剂）＋头孢噻呋＋甲硝唑等药物；

3. 镇痛消炎：如果能在最初 48 h 做出诊断，应用周围血管松弛剂，如乙酰丙嗪，可以改善蹄部血流，或用保泰松、氟尼辛葡甲胺等非甾体类抗炎药物抗炎进行镇痛。也可用 1% 普鲁卡因进行蹄部封闭。

4. 改善微循环：在疾病的早期，为了减少炎性渗出，于发病头 2 d，采用冷敷或冷蹄浴，2 d 后，为促进吸收采用温蹄浴。同时，肌内注射抗组胺药物类药物，如马来酸氯苯那敏（扑尔敏），以降低毛细血管的通透性，减轻肿胀、渗出症状。

5. 补液：可选用 5% 葡萄糖注射液、10% 葡萄糖注射液或 5% 葡萄糖氯化钠注射液。

腐 蹄 病

奶牛腐蹄病是指蹄间皮肤和软组织具有恶臭、腐败、真皮化脓与坏死，疼痛，跛行，角质溶解的运动障碍性疾病。腐蹄病也被称为蹄间腐烂、指（趾）间腐烂、传染性真皮炎、蹄间蜂窝织炎或坏死性蹄间真皮炎。在饲料中过量增加精饲料致使饲料精粗比例不当或者缺乏必要的矿物质、维生素、氨基酸等，圈舍过小，运动场地不足，饲养密度过大，奶牛长时间缺乏运动，造成蹄部组织血液回流不畅而瘀积，卫生条件差、圈舍通风不畅和不清洁、粪尿清扫不及时，导致口蹄疫病毒侵袭，管理不完善，奶牛发生子宫内膜炎、乳房炎及产科病时可引起代谢紊乱而在机体的末梢部位血管形成微血栓，导致末梢器官部分血液循环障碍，造成奶牛蹄角质部角化不全，从而引起蹄变形而继发腐蹄病。

患病奶牛初期频频提举病肢，或用患蹄频频敲打地而，站立时间较短，喜卧而不愿站立。通常患牛的体温升高到 40～41 ℃，食欲减退，体重下降。突然发生轻微逐渐到严重的跛行，走路病蹄不愿触地有疼痛感，触之避让，局部检查可见指（趾）间皮肤和蹄冠呈红色、暗紫色，肿胀，敏感。叩诊、触诊按压蹄部有明显的疼痛感，指（趾）间皮肤常发生坏死和纤维化，伴随着特殊的恶臭味，但是只有少量渗出物。当深部组织腱、指（趾）间韧带、冠关节和蹄关节受到感染时，形成坏死组织的脓肿或瘘管，向外流出微黄或灰白色具有恶臭味的脓汁。检查时可见，蹄部肿胀、腐烂，或嵌满粪污的黑洞，个别奶牛蹄趾间腐肉增生，暗红色，突出蹄趾间沟，易出血，并且有灰色或污黑色脓汁流出，恶臭。此时全身症状明显，食欲废绝，消瘦明显，跛行加重，产奶量骤降，生产能力丧失，蹄壳脱落，腐烂变形。病原菌在牛趾间皮肤入侵处生长、繁殖，并引起炎症的发生，细菌毒素使病变组织发生凝固性坏死。病变组织继发其他细菌（如化脓菌、腐败菌等）感染，则出现湿性坏疽或气性坏疽，在病变组织与健康组织交界处，可见到放射状排列的菌体。在坏死过程的同时，中性粒细胞、巨噬细胞及浆细胞进入坏死组织中及其周围，进而形成肉芽组织，坏死组织被排出或被结缔组织包围、机化或钙化；坏死组织周围皆被上皮样细胞所包围。多数死于趾间腐烂病的牛，除在体外有病变外，一般在内脏也有蔓延性或转移性坏死灶，多在肺内形成大小和数量不等的灰黄色结节，圆而坚硬、切面干燥，其他器官也可能有坏死灶。

据患病奶牛一肢或多肢跛行，蹄间和蹄冠皮肤充血、水肿，蹄间皮肤和蹄冠呈暗紫红色、肿胀，发热，蹄底枕部流出脓性、恶臭的分泌物等症状等即可做出确诊。

【预防】奶牛腐蹄病重在预防，恰当的预防措施可以显著的降低甚至杜绝本病的发生。疫苗预防，腐蹄病灭活苗（拟杆菌强毒力菌株），免疫保护率可达80%，免疫期为6个月。据奶牛泌乳不同的阶段进行分群饲养，饲料精粗比例搭配要合理。保证饲料中常量元素钙、磷、钠、镁、钾和硫的量，特别是钙和磷的添加量和比例。制订常规的预防性修蹄计划和牛群趾蹄状况监控记录，成年奶牛每年春秋两季集中修蹄。牛舍应建在高燥的地方，运动场地面保持一定坡度，有利于排出雨水和污物，运动场土质具有良好的渗水性，保持清洁，防止大的洼地或有坑。运动场应保持干燥，及时清除场内的铁丝、炉渣、石块、异物等。做好奶牛子宫内膜炎、乳房炎、瘤胃酸中毒、酮病、胎衣不下、锥虫病、霉变饲料中毒等诱发疾病的防控工作。

【治疗】首先将病牛隔离至清洁、干燥、铺有垫草的圈舍单独饲养，然后依病情用消炎抗菌、解热镇痛作用的药物和其他方法进行治疗。

1. 局部疗法：对不严重的腐蹄病奶牛用局部疗法进行治疗。先用清水清洗，用20%硫酸铜溶液消毒，将腐烂组织清除干净，深处用双氧水清洗，清洗后再用碘酊消毒，然后均匀撒上高锰酸钾粉，创面敷上一小块脱脂纱布，包扎后隔离饲养，2 d换药1次，直到痊愈。如蹄趾间有增生物，用外科法割除或烧烙法烙去增生物，再将高锰酸钾粉撒于增生物创面上，填脱脂纱布、包扎隔离饲养、用药，直到痊愈。

2. 全身疗法：急性或严重性腐蹄病患牛应该局部治疗后进行全身治疗。严重病例还需改善微循环、解除酸中毒、补充水及电解质。将5%碳酸氢钠溶液500~1 000 mL，25%葡萄糖500~1 000 mL，维生素C 5 g混合后静脉注射，同时肌内注射青霉素240万单位、链霉素100万单位，每日2次，连用3~5 d。

3. 中药疗法：以活血、祛湿、壮筋骨为主进行治疗，方用青黛散，清洗除掉坏死组织，消毒后直接将粉剂撒在创内，包扎后隔离饲养，2 d换药1次，直到痊愈。

4. 其他疗法：（1）封口疗法，保定病牛，清洗除掉病蹄坏死组织，涂5%碘酊，再撒布血竭粉，然后用烧红的烙铁在药粉表面轻烙之，血竭粉遇热即熔化成一层保护膜，与周围的蹄角质比较牢固的黏合在一起，最后用绷带包扎病蹄，疗效可达85%以上。（2）冷冻疗法，用棉球蘸取液氮，迅速放在增生物上，连续5～7次，每次2～4 s，使整个病变部接触液氮连续几次，直至病变发生冻结为止，再涂以少量消炎粉，然后包扎蹄部，治疗该病也取得良好的效果。

四、营养代谢病

奶 牛 酮 病

奶牛酮病是碳水化合物和脂肪代谢紊乱引起的一种全身功能失调的代谢性疾病。特征是酮血、酮尿、酮乳、低血糖，消化机能紊乱，产乳量下降，间有神经症状。根本原因是营养供给不足，致使母牛能量负平衡。碳水化合物饲料不足、糖类缺乏，导致体蛋白分解和脂肪动员，引起酮体生成和增加。在生产中主要是饲料供应过少，饲料品质低劣、饲料单纯，日粮处于低蛋白、低能量的水平。继发性酮病多见于奶牛真胃变位、前胃弛缓、创伤性网胃炎、产后瘫痪和饲料中毒等。

临床型的，病牛食欲降低，反刍减少，瘤胃蠕动减弱。异食，对好的草料不爱吃，喜欢吃褥草、粪土和粗饲料。粪便恶臭，酸度增高，外覆黏液，便秘与拉稀交替。皮肤无光泽，弹性降低，体重减轻。可视黏膜贫血或黄染。体温正常或偏低（37.8 ℃），呼吸增快，心搏增数（80 次/min 以上），心音减弱，节律不整。乳量骤减，并有特异的丙酮气味。神经肌肉紧张度降低，但也有过度兴奋者，表现惊恐，眼球转动，磨牙，不认其食槽，横冲直撞，有时呈半睡状态，低头奋耳，眼闭合，对外界反应淡漠。

据病牛皮肤、呼出气、尿及乳中有酮味，结合患牛尿、乳中酮体检验呈阳性，血酮含量升高，血糖下降特征即可确诊。

【预防】加强饲养管理，临产前应给予丰富的蛋白质和碳水化合物饲料，产后保证有充足的优质干草，促进产后瘤胃功能尽快恢复。提高采食量，并逐渐提高饲料浓度，使能量负平衡的时间缩短。泌乳旺盛阶段，严禁为追求产奶量而过度加喂精料，精、粗比最多不能超过 3∶2；防止奶牛产前过肥。保证奶牛有足够的运动，增进食欲，减少产后子宫弛缓、胎衣不下的发生。建立酮病监测制度，重点对高产奶牛进行监测。

【治疗】补糖和含糖物质，促进糖源异生，解除酸中毒，调整胃肠机能。

1. 提高血糖浓度，抑制酮体生成：50% 葡萄糖溶液 500～1 000 mL，静脉注射，可反复注射；丙二醇 125～250 mL，1 次口服，每日服 2 次；丙三醇 500 mL，每日服 2 次，连服 7 d；促肾上腺皮质激素 1 g 或可的松 1.5 g，1 次肌内注射，每日 1 次，连续注射 3～5 d。

2. 解除酸中毒，保肝，健胃强心：5% 碳酸氢钠溶液 500～1 000 mL，1 次静脉注射；人工盐 200～300 g，盐酸硫胺素 100 mg，1 次口服；维生素 B_1 20 mg，1 次肌内注射；每千克体重用维生素 A 500 IU，内服；维生素 C 2～3 g，内服。

3. 葡萄糖胰岛素（GI）疗法：患牛的胰岛素分泌机能严重低下，用葡萄糖、木糖醇疗法无效果时，可用葡萄糖胰岛素（GI）疗法。标准胰岛素 0.1 单位/kg 静脉注射，同时用 25% 葡萄糖 500 mL 静脉点滴（45 min 以上）。此法可以维持血液中胰岛素高浓度，在用葡萄糖疗法连用 3 d 没有治愈时，改用此疗法，90% 的患病牛可以治愈。

4. 激素疗法：促肾上腺皮质激素（ACTH）200～600 IU，肌内注射，每日 1 次。此法简便易行，不需要同时应用葡萄糖，单独应用即能促进糖原异生，但过程中要消耗奶牛体内的其他组织，所以只可用于体质较好的病牛，此法疗效也很好。

瘤 胃 酸 中 毒

奶牛瘤胃酸中毒是由于奶牛食入大量易发酵的精料，并以其在瘤胃中乳酸的蓄积吸收而引起的全身代谢紊乱的疾病。在奶牛饲养过程中，饲喂精料量过高，精、粗料搭配比例失衡，突然更换饲料等都会引起瘤胃内 pH 下降，导致瘤胃酸中毒的发生。处于围产期的奶牛机体免疫水平较低，为了满足母牛日后产犊的营养需要并达到提高产后泌乳量的目的，通常会提高日粮中精料所占比例，如果日粮中精料所占比例过大或不加限制饲喂精料，就会破坏瘤胃微生物菌群，消化机能下降，产生大量的挥发性脂肪酸和乳酸在瘤胃内蓄积，导致瘤胃内 pH 下降。

最急性型，该型多见偷食大量谷物精料后，尤其是粉末状谷物饲料，常在采食后 3～5 h 内突然发病死亡，病牛精神高度沉郁，身体极度虚弱，侧卧不能站立，双目失明，瞳孔散大，体温下降到36.5～38.0℃，重度脱水，腹部显著膨胀，瘤胃蠕动停滞，最后因内毒素性休克导致死亡。急性型，病牛精神萎靡，步态不稳，蹒跚而行，中度脱水，眼球凹陷，对光反射减弱或消失，对外界刺激反应迟钝，磨牙虚嚼不反刍，瘤胃胀满，瘤胃蠕动音减弱或消失。还有病牛表现狂躁不安，四处狂奔或转圈，无法控制。随着病情的发展，呼吸困难，后肢麻痹、卧地不起，最后角弓反张，甚至出现昏迷，若不及时治疗，多在数小时后死亡。亚急性型，该型临床症状较轻，主要表现消化不良的症状。病牛表现精神沉郁，食欲下降，反刍减弱，皮肤干燥，弹性降低，流涎，磨牙，尿少或无尿，伴有持续性腹泻，排出酸臭稀软或呈水样状粪便。瘤胃蠕动音减弱或消失，触诊瘤胃内容物呈捏粉样硬度，叩诊瘤胃可听见明显的钢管音，病程后期常继发或伴发蹄叶炎和瘤胃炎而使病情恶化。

据病牛表现脱水，瘤胃胀满，卧地不起，具有蹄叶炎和神经症状，有过食豆类、谷类或含丰富碳水化合物饲料的病史，结合实验室检查的结果，瘤胃液 pH 下降，血液 pH 降至 6.9 以下，血液乳酸升高等，进行综合分析与论证可做出诊断。

【预防】加强围产期奶牛的饲养管理，注意日粮成分的科学合理搭配，营养物质均衡；据奶牛不同生理阶段调整精料喂量；合理调配饲料，每天保证饲喂一定量的干草和青草，并给予充足饮水和适当运动；向奶牛日粮中加入一定剂量的碳酸盐、碳酸钙等缓冲剂，用以中和瘤胃内的有机酸，防止瘤胃 pH 的急剧下降，维持瘤胃正常内环境，从而预防和降低急、慢性瘤胃酸中毒的发生率；控制谷物精料的饲喂量，加工处理谷物饲料时，应对谷物饲料进行压片或粉碎处理，颗粒大小要均匀。

【治疗】矫正瘤胃和全身酸中毒，防止乳酸的进一步产生；恢复损失的液体和电解质，并维持循环血量；恢复前胃和肠管运动。

1. 采用石灰水洗胃的方法制止乳酸的产出，将 1 000 g 生石灰溶于 5 000 mL 水中，配制成石灰水，充分混合静置数分钟后，取上层清液 3 000 mL，将胃管插入瘤胃内，将瘤胃内液状内容物排除，再将稀释后的石灰水灌入瘤胃内，再将瘤胃液排出，如此方法反复进行几次，直到排出的瘤胃液 pH 呈中性或弱碱性为止。用浓度为 5% 的碳酸氢钠溶液 1 500~2 000 mL 每日进行 2 次静脉注射，重症者连续用药 2 d，可以有效缓解酸中毒，疗效显著。

2. 用生理盐水 3 000~5 000 mL、复方氯化钠 10 mL、安钠咖溶液、乌洛托品溶液 40 mL，每日 2 次混合静脉注射，有良好的强心作用；酸中毒时颅内压升高，病牛表现狂躁不安，可用 20% 甘露醇或山梨醇 500~1 000 mL 静脉注射，降低颅压。对于血钙低的病牛，可用 5% 氯化钙溶液 200~300 mL 或 10% 葡萄糖酸钙溶液 400~500 mL 静脉注射。

3. 病情缓解后可应用前胃兴奋药、健胃药及胃肠道消炎药，达到促进瘤胃蠕动，恢复消化机能，并防止胃肠道感染的作用。可用新斯的明溶液 4～20 mg，进行皮下注射；或用促反刍灵注射液 10～20 mL，进行肌内注射。

（1）用 5％碳酸氢钠注射液 1 000～1 500 mL 静脉注射，12 h 再注一次进行解毒。当尿液 pH 在 6.6 时，即停止注射。（2）补充水和电解质，常用 5％葡萄糖生理盐水，每次 2 000～2 500 mL。病初量可稍大。（3）防止继发感染可用庆大霉素 100 万单位，或四环素 200万～250 万单位，一次静脉注射，每日 2 次。（4）降低颅内压，解除休克，当病牛兴奋不安或甩头时用山梨醇或甘露醇，每次 250～300 mL，静脉注射，每日 2 次。（5）洗胃，用内径 25～30 mm 的塑料管经鼻洗胃，管头连接双口球，用以抽出胃内容物和向胃内打水，应用大量水洗出谷物及酸性产物。即便昏迷的病牛，加强抢救也可使之康复。对呼吸困难有窒息先兆者，应静脉注射 3％双氧水 200 mL 和 25％葡萄糖溶液 2 000 mL，注射后继续洗胃。

产 后 瘫 痪

产后瘫痪又叫乳热症，是奶牛分娩后 1～3 d 发生的一种急性低血钙症。该病发生在产后 3 d 内，5 胎以上的高产牛发病多。病初，患牛精神沉郁，不愿走动，后肢交替踏步，站立不稳，或轻度兴奋不安。随后，所有严重病例均鼻镜变干，身体末端变冷，皮温下降；后肢颤抖，不能站立，卧地不起；四肢伸直置于躯干之下，头向后置于胸部一侧，不易矫正；意识和知觉丧失，呈昏睡状；胃肠蠕动停止，瘤胃鼓气；心搏快而弱，达 80～120 次/min；体温下降至 35～36 ℃，安静死亡；病情发展迅速，整个过程不超过 12 h。病情轻者，病程较缓，精神极度沉郁，但不昏睡；食欲废绝，卧地头颈呈 S 形弯曲；体温一般正常或偏低，不低于 37 ℃。

【治疗】1. 静脉滴注钙制剂（如葡萄糖酸钙注射液或氯化钙注射

液）及葡萄糖注射液，每日 2～3 次，直到能站立为止。

2. 如多次使用钙制剂仍不能站立，可用 15％磷酸二氢钠注射液、硫酸镁注射液与钙制剂交替静脉滴注。

佝 偻 病

奶牛佝偻病是指犊牛在生长过程中，由于矿物质钙、磷和维生素 D 缺乏所致的成骨细胞钙化不全所致的一种骨发育不良性的代谢病，临床上以消化紊乱、异嗜、跛行和骨骼变形为主要特征。先天性佝偻病主要原因大多是奶牛饲养管理水平过低引起，由于饲料搭配不当或者饲喂不好而造成妊娠奶牛维生素 D 或钙、磷供给不足，胎儿在母牛体内无法获取足够的钙，进而影响胎儿骨组织的正常发育，最终在出生时即出现佝偻病。后天性佝偻病，母乳中维生素 D 不足，代乳品中未添加足够的维生素 D，导致钙、磷吸收障碍。犊牛断奶后饲喂的日粮中维生素 D 缺乏、钙或磷含量不足或比例失衡。不合理饲养、缺乏运动、阳光照射不足，故圈养的犊牛发病率较高。患胃肠疾病、肝胆疾病，长期拉稀，影响钙、磷和维生素 D 的吸收、利用，慢性肝、肾疾病或肾功能衰竭，可影响维生素 D 活化。日粮中蛋白（或脂肪）性饲料过多，代谢过程中形成大量酸类，与钙形成不溶性钙盐大量排出体外，导致缺钙。甲状旁腺机能代偿性亢进，甲状旁腺激素大量分泌，磷经肾脏排泄增加，引起低磷血症。

精神沉郁，喜卧，异嗜，常有消化不良症状，有时出现痉挛。站立时，四肢频频交替负重。运步时，步样强拘。骨骼、关节和牙齿发生变形。肋骨和肋软骨结合部呈串珠状肿胀。四肢关节肿胀、骨端增粗、骨骼弯曲，呈 O 形或 X 形姿势。肋骨扁平，胸廓狭窄，胸骨呈舟状突起而形成鸡胸。牙齿发育不良，排列不整，易形成波状齿。生长发育延迟，营养不良，贫血，被毛粗刚、无光泽，换毛迟等。X 线检查。骨质密度降低，骨端变宽和不规则，出现虫蚀或毛刺状。血清碱性磷酸酶升高，血清钙或磷浓度降低等。剖检可见骨端、关节肿大、变形，质度软，骨钙化不全。

据牛的年龄，饲养管理条件，呈慢性经过、生长迟缓、异嗜癖、运动困难及牙齿和骨骼变化等特征，可做出诊断。血清钙、磷水平及碱性磷酸酶活性的测定可作为诊断的依据。

【预防】对妊娠和分娩奶牛，调制全价营养日粮，要保证足够的青草和充足的阳光照射。扩大犊牛的活动范围，并经常让其晒太阳。犊牛断乳后要多喂青干草和多汁鲜嫩的青草，补充饲料中要有豆科及禾本科籽实，并添加骨粉、含硒生长素、多种维生素等。

【治疗】补充钙、磷和维生素 D，促进钙、磷吸收，加强运动，恢复机能。

1. 补充维生素：浓缩维生素 AD（浓缩鱼肝油），犊牛 2～4 mL，肌内注射，或维生素 D_2，犊牛 80 万～100 万 IU，皮下注射或肌内注射，每日 1 次，连用 10～15 d，或维生素 D_3，5 000～10 000 IU，每日 1 次，连用 1 个月或 8 万～20 万 IU，2～3 d 一次，连用 2～3 周即可。

2. 补充磷：补充含磷多的饲料，犊牛，磷 0.02～0.05 g 溶于 15 mL 鱼肝油中，1 次内服，或 20% 磷酸氢二钠 300～500 mL 静脉注射，每日 1 次，连用 3～5 d。

3. 补充钙：轻症，维生素 D_2 40 万～80 万 IU，肌内注射，每周 1 次，同时，内服钙剂，碳酸钙 5～20 g，或乳酸钙 5～10 g，或磷酸钙 2～5 g，每日 1 次；内服维生素 D_2 磷酸氢钙片，或维生素 D_2 胶性钙液 5～10 mL，皮下注射或肌内注射。重症，维生素 D_2，采用突击剂量，400 万 IU 分 2～3 点肌内注射，每周 1 次，连用 2～3 周，或葡萄糖酸钙溶液 10～20 mL，静脉注射。

4. 矫正：四肢弯曲严重的犊牛，可装固定的夹板绷带，辅助负重，以利矫正。

第四章

兽药残留与食品安全

第一节　兽药残留产生原因与危害

　　兽药残留是指食品动物在应用兽药后残存在动物产品的任何食用部分（包括动物的细胞、组织或器官，泌乳动物的乳或产蛋家禽的蛋）中与所用药物有关的物质的残留，包括药物原形或/和其代谢产物。食品中兽药残留问题在国内外影响广泛和颇受关注，与公众的健康息息相关，也直接关系到养殖业的经济利益和可持续发展，影响国家的对外经贸往来和国际形象。兽药残留是动物用药后普遍存在的问题，又是一个特殊的问题。

一、兽药残留的来源

　　兽药残留主要是指化学药物的残留，生物制品一般不存在残留问题。中兽药在我国已经有几千年的应用历史，一般毒性较低，有的可以药食同源；虽然对中兽药一些活性成分的主要作用包括药理毒理作用尚不明晰，但因其有效成分含量较低，所以，中兽药的残留问题一般暂不考虑。

　　食品动物用药途径一般包括饲料、饮水、口服、喷雾、注射等方式，常常因为用药不规范而导致兽药残留。此外，环境污染或其他途径进入动物体内的药物或其他化学物质也可能导致残留。

二、兽药残留的主要原因

发生兽药残留的原因较多，但主要是因为不规范使用导致的。常见的原因主要是：

（1）不按照兽医师处方、兽药标签和说明书用药。兽药的适应证、给药途径、使用剂量、疗程都有明确规定，也都在标签和说明书载明。但有的养殖场（户）没有执业兽医师服务，或者有执业兽医师但不执行处方药制度，或不在执业兽医师监管下用药，或者不按照兽药标签和说明书用药。

（2）不遵守休药期规定。休药期（Withdrawal Period）是指食品动物最后一次使用兽药后到动物可以屠宰或其产品（蛋、奶）可以供人消费的间隔时间。这是兽药制剂产品的一项重要规定，食品动物在使用兽药后，需要有足够的时间让兽药从动物体内尽量排出，最终动物性产品（肉、蛋、奶）中兽药残留量不会超过法定标准。不遵守休药期，动物组织中的兽药残留极易超标。

（3）使用未批准在该食品动物使用的药物。未经批准的药物，一般都没有明确的用法、用量、疗程和休药期等规定，使用后难以避免残留超标。

（4）饲料中添加药物且不标明。有的饲料中可能已经添加了药物，但却不在标签中标明药物品种和浓度，养殖者在不知情时重复用药，造成残留超标。

（5）非法使用国家禁止使用的物质。如使用违禁物质克伦特罗作为促生长剂，运输动物时使用镇静药物防止动物斗殴等。这些也是造成动物性食品中有害物质残留的原因，属国家严厉打击的范围。

三、兽药残留的危害

概括起来，兽药残留对人体健康和公共卫生的危害主要有如下几方面：

（1）一般毒性作用。一些兽药或添加剂都有一定的毒性作用，如氨基糖苷类抗生素有较强的肾毒性和耳毒性等。人若长期摄入含有该类药物残留的动物性食品，随着药物在体内的蓄积，可能产生急性或（和）慢性毒性作用。

（2）特殊毒性作用。一般指致畸作用、致突变作用、致癌作用和生殖毒性作用等。农业部撤销的兽药中如硝基咪唑类、喹乙醇、卡巴氧、砷制剂等有致癌作用，苯并咪唑类、氯羟吡啶等有致畸和致突变作用。特殊毒性作用对人体健康危害极大。

（3）过敏反应。如青霉素等在牛奶中的残留可引起人体过敏反应，严重者可出现过敏性休克并危及生命。

（4）激素样作用。使用雌激素、同化激素等作为动物的促生长剂，其残留物除有致癌作用外，还对人体产生其他有害作用，超量残留可能干扰人的内分泌功能，破坏人体正常激素平衡，甚至致畸、引起儿童性早熟等。

（5）对人胃肠道菌群的影响。含有抗菌药物残留的动物性食品可能对人胃肠道的正常菌群产生不良的影响，致使平衡被破坏，病原菌大量繁殖，损害人体健康。另外，胃肠道菌群在残留抗菌药的选择压力下可能产生耐药性，使胃肠道成为细菌耐药基因的重要贮藏库。

第二节　兽药残留的控制与避免

兽药残留是现代养殖业中普遍存在的问题，但是残留的发生并非不可控制与避免。实际上，只要在养殖生产中严格按照标签或说明书规定的用法与用量使用，不随意加大剂量，不随意延长用药时间，不使用未批准的药物等，兽药残留的超标是可以避免的。然而，就目前我国养殖条件下，把兽药残留降低到最低限度还需要下很大力气。保证动物性产品的食品安全，是一项长期而艰巨的任务，关系到各方面的工作。

一、规范兽药使用

在养殖生产中规范使用兽药方面，严格遵守相关规范：

（1）严格禁用违禁物质。为了保证动物源性食品的安全，我国兽医行政管理部门制定发布了《食品动物禁用的兽药及其他化合物单》，兽医师和食品动物饲养场均应严格执行这些规定。出口企业，还应当熟知进口国对食品动物禁用药物的规定，并遵照执行。

（2）严格执行处方药管理制度。所谓兽用处方药，是指凭兽医师开写处方才可购买和使用的兽药。处方药管理的一个最基本的原则就是兽药要凭兽医的处方方可购买和使用。因此，未经兽医开具处方，任何人不得销售、购买和使用处方药。通过兽医开具处方后购买和使用兽药，可防止滥用兽药尤其抗菌药，避免或减少动物产品中发生兽药残留等问题。

（3）严格依病用药。就是要在动物发生疾病并诊断准确的前提下才使用药物。与过去相比，我国养殖业在养殖规模、养殖条件、管理水平、人员素质方面都有很大的进步。但是规模小、条件差、管理落后的小型养殖场（户）仍然占较大的比例。这些养殖场依靠使用药物来维持动物的健康，存在过度用药，滥用药物严重问题，发生兽药残留的风险极大，也带来较大的药物费用，应当摒弃这种思维和做法。

（4）严格用药记录制度。要避免兽药残留必须从源头抓起，严格执行兽药使用记录制度。兽医及养殖人员必须对使用的兽药品种、剂型、剂量、给药途径、疗程或给药时间等进行登记，以备检查与溯源。

二、兽药残留避免

兽药残留是动物用药后普遍存在的问题，要想避免动物性产品中兽药残留，需要做好以下工作：

（1）加强对饲料加药的管控。现代养殖业的动物养殖数量都比较大，因此用药途径多为群体给药，饲料和饮水给药是最为方便、简捷、实用、有效的方法。然而，通过饲料添加方式给药的兽药品种需要经过政府主管部门的审批，饲料厂和养殖场都不得私自在饲料中添加未经批准的兽药。其次，某些饲料生产厂生产的商品饲料中不标明添加的药物，因而可能导致养殖场的重复用药，从而带来兽药残留超标的风险。

（2）加强对非法添加物的检测。目前兽药行业仍然存在良莠不齐、同质化严重的现象，兽药产品在销售竞争中仍然以价格低而取胜，因此兽药产品中处方外添加药物的现象仍然较为多见。此外，一些兽药企业非法生产未经批准的复方产品也属于非法添加产品。这些产品因为没有经过临床疗效、残留消除试验获得正式批准，所以其休药期是不确定的，增加了发生残留的风险。

（3）严格执行休药期规定。兽药残留产生的主要原因是没有遵守休药期规定，因此严格执行休药期规定是减少兽药残留发生的关键措施。药物的休药期受剂型、剂量和给药途径的影响。此外，联合用药由于药动学的相互作用会影响药物在体内的消除时间，兽医师和其他用药者对此要有足够的认识，必要时要适当延长休药期，以保证动物性食品的安全。

（4）杜绝不合理用药。不合理用药的情形包括不按标签或说明书的规定用药以及盲目超剂量、超疗程用药等，其极易导致兽药残留超标的发生。因为动物代谢药物的能力有限，加大剂量可能会延长药物在动物体内的消除时间，出现残留超标。

三、实施残留监控

为保障动物性食品安全，我国农业部 1999 年启动动物及动物性产品兽药残留监控计划，自 2004 年起建立了残留超标样品追溯制度，建立了 4 个国家兽药残留基准实验室。至今，我国残留监控计划逐步完善，检测能力和检测水平不断提高，残留监控工作取得长足进步。实践证明，全面实施残留监控计划是提高我国动物性食品质量、保证消费者安全的重要手段和有效措施。

做好我国兽药残留监控工作，一是要强化兽药使用监管，严格执行处方药制度，执业兽医师要正确使用兽药。二是要加强兽药残留检测实验室的能力建设，完善实验室质量保证体系。三是要以风险分析结果为依据，准确掌握兽药使用动态和残留趋势，确定合理的抽检范围和数量，科学制定残留监控年度计划。四是要系统开展残留标准制定和修订工作，为残留监控提供有力的技术支撑。

政府发布的动物性产品中允许的最高残留限量标准，是一个法定的标准，其限量是不允许超过的。科学上来讲，这个最高残留限量标准是经过对兽药测定未观察到副作用的剂量（No Observed Effect Level，NOEL），依此评价推断出每日允许摄入量（Acceptable Daily Intake，ADI），再根据每人每日消费的食物系数，计算出动物性产品中最高残留限量（Maximum Residue Limits，MRL）。每日允许摄入量是指人一生每天都摄入后也不产生任何危害的量，是科学评判兽药残留是否危害健康的量。

第五章

合理用药与耐药性控制

　　自青霉素被发现以来，抗菌药物已经成为减少人和动物感染性疾病发病率和死亡率不可缺少的药物。抗菌药物引入兽医后，显著地提高了动物的健康和生产力。但是，随着细菌耐药性在许多病原菌的出现、传播和持久存在，使抗菌药物的疗效降低，这已成为一个普遍的医学难题，严重威胁到医学临床和兽医临床对感染性疾病的治疗。细菌对抗菌药物耐药性的出现并不意外，青霉素发明者 Alexander Fleming 在 1945 年获诺贝尔奖的演讲中就警告人们不要滥用青霉素。

　　目前应用于医学和兽医临床的所有抗生素的耐药机制都有报道。由耐药菌导致的感染会比敏感菌导致的感染更加频繁地引起高发病率和高死亡率。耐药菌的存在导致治疗时间延长、治疗费用增加，特殊情况下会导致感染无法治愈。尽管在过去不断有新型或者旧药的改进型药物被研发出来，但耐药机制的系统出现增加了新药的研发难度，增加了研发费用和时间。因此，做好对现有抗菌药物的可持续管理以及新抗菌药物的研发，对保护人类和动物抵御传染性病原微生物感染非常重要。

第一节　细菌耐药性产生原因及危害

一、耐药机制与耐药类型

　　已经发现和确定的耐药机制，主要分为四类：①通过减少药物渗透到细菌内而阻止抗菌药物到达作用靶点；②药物被特异或普通的外排泵驱出细胞外；③药物在细胞外或进入细胞后，被降解或者通过修饰作用改变药物结构，使其失去活性；④抗菌药物的作用位点被改变或者被其他小分子所保护，从而阻止抗菌药物与作用靶点的结合，抗菌药物因此不能发挥作用。或者抗菌药物的作用位点被微生物以其他方式捕获和激活。

细菌对抗生素的耐药性主要有三个基本类型：分别是敏感型、固有耐药型和获得性耐药型。

固有耐药型是与生俱来的对抗菌药物的耐药性，一个特定细菌组（如属、种、亚种）内的所有细菌都是天然耐药，主要是因为细菌固有的结构或者生化特征而产生的耐药作用。例如：革兰氏阴性菌对大环内酯类药物具有固有耐药性，因为大环内酯类药物太大，不能到达细胞质内的作用位点。厌氧菌对氨基糖苷类具有固有耐药性，因为在厌氧环境下氨基糖苷类不能渗透到细胞内。革兰氏阳性菌的细胞质膜中缺乏胆胺磷脂，从而对多黏菌素类药物具有固有耐药性。

获得性耐药型可以显示从只针对某一种药物、同一类药物中的几种、对同类药物的全部，到甚至对多种不同类别药物的耐药。通常一个耐药决定簇只编码对一类药物（如氨基糖苷类、β-内酰胺类、氟喹诺酮类药物）中的一种或者几种药物的耐药性或者编码几类相关药物（如大环内酯类-林可胺类-链阳菌素类药物）的耐药性。但是也有一些耐药决定簇编码对多类药物的耐药性。

二、耐药性的获得

细菌对抗生素产生耐药性主要有以下三种方式：与生理过程和细胞结构相关的基因发生突变、外源耐药基因的获得以及这两种方式的共同作用。通常情况下，细菌以低频率持续发生内在突变，由此导致偶然的耐药性突变。但是当微生物受到压力（比如病原微生物受到宿主免疫防御和抗菌药物的胁迫）时，细菌群体突变的频率就会增大。

细菌可以通过三种不同方式获得外源 DNA。①转化作用：天然的感受态细胞摄取外界环境中的游离的 DNA 片段；②转导作用：通过噬菌体将遗传物质从一个细菌转移到另一个细菌中；③接合作用：像交配一样通过质粒实现细菌间遗传物质的转移。

能够在细胞内或细胞间的基因组内转移的遗传元件，可以分为四类：①质粒；②转座子；③噬菌体；④可自我剪接的小分子寄生虫。

三、耐药性的传播和稳定性

耐药性的流行和传播是自然选择的结果。在大量细菌中，只有具有抵抗有毒物质特性的少量细菌才能存活；而那些不含有这一优势特征的敏感菌株则会被淘汰，留下来的都是耐药性群体。在一个特定环境中，随着抗菌药物的长期使用，细菌的生态平衡会发生剧烈的变化，不太敏感的菌株会成为主体。当上述情况发生的时候，在多种宿主体内，耐药性共生菌和条件致病菌会快速替代原有敏感菌群定植成为优势菌群。当新的抗菌药物上市或对现有抗菌药物使用实施限制时，细菌的耐药性发生频率就会出现改变。

当细菌暴露于一种抗生素时，会共同选择产生对其他不相关的药物也产生耐药性。在细菌对抗生素产生耐药性的过程中可能还会存在非抗生素的选择压力。越来越多的证据表明，消毒剂和杀虫剂也可以促进细菌耐药性的产生。以上不仅可以导致细菌对多种抗生素的耐药决定簇的聚集，还可能形成对重金属及消毒剂等非抗生素物质的抗性基因丛，甚至还会产生毒力基因。

当细菌不需要携带的抗生素耐药基因时，对其而言就是一种负担。所以当细菌菌群不面对抗生素选择压力时，无耐药基因的敏感菌会成为优势菌群，那么整个菌群就会慢慢地逆转回到一个对抗生素敏感的状态。

四、耐药性对公共卫生的影响

20世纪60年代英国发布的报告中就提出，在兽医临床和食用动物生产过程中使用抗生素是造成食源性致病菌耐药性的重要原因。在农业生产中，抗生素的使用可能会帮助筛选耐药菌株，这些耐药菌株可能通过直接接触或摄入被耐药菌污染的食物及水传播给人。关于耐药菌在动物和处于风险之中的人（农民、屠宰工人和兽医）之间传播的例子有许多。除了养殖场的动物，还有人与其密切接触的宠物，也会成为耐药菌及耐药基因传播的重要来源。因为人们认为动物性食品是具有耐药性的人肠道外致病性大肠杆菌的储库，导致人发生疾病甚至难以治愈的风险。因此，动物性食品生产中使用抗菌药物，特别是作促生长使用受到极大关注。

随着抗菌药物在动物中使用及人畜共患病病原菌耐药性的增强，抗菌药物耐药性问题已经成为一个全球性公共卫生和动物卫生焦点。因为耐药性的发生、传播和持续存在，细菌中普遍存在的耐药性，让人觉得抗菌药物的益处将会消失，人们怀疑在未来几年里临床是否还有可以使用的抗菌药物。虽然耐药性的产生是一个不可避免的生物学现象，我们面对的挑战就是如何阻止耐药性的进一步发展和持续存在，并防止它成为现代医学发展的障碍。

在动物上使用抗生素会对人类病原菌耐药性产生负面影响，是有确切的数据的。因为动物性食品如沙门氏菌、弯曲杆菌的污染导致人们消费这些产品而发生腹泻的病例时有发生，甚至有这些细菌的耐药菌株感染病例发生。因此，需要加强在动物上使用抗生素对人类致病菌产生耐药性的风险管控，并制订相应的预防措施。

第二节 遏制抗菌药物耐药性

一、抗菌药物耐药性监测

为了遏制细菌耐药性的进一步发展与蔓延,世界卫生组织(WHO)、联合国粮农组织(FAO)和世界动物卫生组织(OIE)都要求成员国开展耐药性监测,涉及三个领域:人医临床耐药性监测、食品动物细菌耐药性监测和食源性细菌耐药性监测。涵盖了从动物、动物产品到人的食品链过程。动物源细菌耐药性监测主要针对公共卫生菌,包括大肠杆菌、肠球菌、金黄色葡萄球菌、沙门氏菌和弯曲杆菌开展,也可以针对动物病原菌开展。其中大肠杆菌和肠球菌为指示菌,分别代表 G^- 菌指示菌和 G^+ 菌指示菌。金黄色葡萄球菌、沙门氏菌和弯曲杆菌则为食源性公共卫生菌。通常在养殖场(生产环节)采集动物肛拭子获得大肠杆菌、肠球菌,以及在屠宰厂采集动物胴体、盲肠分离沙门氏菌和弯曲杆菌,经过加有标准菌株作为对照的药物敏感性测试系统,获得动物性食品生产、屠宰加工环节的动物源细菌的耐药性变化情况。

目前耐药性判定标准有欧盟抗菌药物敏感性检测委员会(EU-CAST)制订的流行病学折点(Ecoff)和美国临床化验所(CLSI)制订的临床折点。细菌获得耐药性,常使最小抑菌浓度(Minimum inhibitory concentration,MIC)值发生改变,但它并不能导致临床相关的耐药性水平。作为耐药性监测,反映的是药物与细菌之间的关系,采用流行病学折点作为判定标准更加科学。而作为用药指导,则应采用临床折点。由于细菌获得性耐药机制的存在,导致对抗菌药物的敏感性和临床疗效降低。因此,应确定感染动物的每种细菌针对每一个抗菌药物的流行病学临界值、PK/PD 临界值和临床折点。

二、抗菌药物使用监测

当细菌暴露于抗菌药物时，因为面临抗菌药物的压力就会选择产生耐药性。那么，人们自然而然地就会认为如果不使用抗菌药物，也就自然地不会发生耐药性！道理是这样的。但是养殖实际中完全不使用抗菌药物是不现实的，也是不可能的，关键是合理使用抗菌药物。只在动物发生感染性疾病时才使用抗菌药物，尽可能地减少抗菌药物的使用量，或者以其他替代办法如加强生物安全、疫苗免疫、卫生消毒等基本措施。

近年来，许多国家都制定了抗菌药物谨慎使用的指导原则。总结起来，关于抗菌药物的谨慎负责任使用，也可以用以下 5R 原则予以概括。

负责任（Responsibility）：处方兽医要承担决定使用抗菌药物的责任，并且要充分认识到这种使用可能会产生超出预期的不良后果。处方兽医要知道这种使用所带来的利益，以及推荐的风险管理措施，以减少发生任何即时或长期不利影响的可能性。

减少（Reduction）：任何可能情况下都应实施减少抗菌药物使用的措施，包括加强感染控制、生物安全、免疫接种、动物个体的精准治疗或减少治疗持续时间。

优化（Refinement）：每次使用抗菌药物都应考虑给药方案的设计，利用所有关于病畜、病原菌、流行病学、抗菌药物（特别是动物特异性药代动力学和药效动力学特性）的信息，确保选用的抗菌药物产生耐药性的可能性最小化。负责任地使用就是正确选用药物、正确的给药时间、正确的给药剂量和正确的给药持续时间。

替代（Replacement）：任何时候有证据支持替代物安全有效，处方兽医经过评价权衡利弊后认为，替代物比抗菌药物有优势，就应该使用替代物。

评估（Review）：对抗菌药物管理的举措必须定期予以评估，并持续改进，以保证抗菌药物的使用规范适用并反映目前的最佳选择。

许多国家特别是欧盟国家，根据动物产品的产量，规定每生产1t肉使用抗菌药物50g，甚至北欧国家已经达到20g。我国关于抗菌药物的实际使用情况还不明了。根据对兽药企业的生产调查情况来看，抗菌药物使用总量和每吨肉使用量均居世界首位。需要尽快建立抗菌药物使用的监测网络和体系。

使用监测数据一般包括两个方面：抗菌药物使用总量和各种类药物的使用量。抗菌药物使用总量可以了解每生产1t肉使用的抗菌药物量。按抗菌药物类别进行划分归属，统计每个药物的使用量，可以帮助了解与耐药性发生之间的关系。通常统计养殖场年度采购后库房中抗菌药物制剂的进货（或出货）总量，根据制剂的含量（抗生素以效价单位标示时需要转换成重量含量）和规格计算出药物成分的总量，从而可以获得抗菌药物使用总量。再以年度动物生产量为基数，统计出每1t肉使用抗菌药物的量。

三、抗菌药物耐药性风险评估

兽药风险评估是一个现代意义上对上市前后兽药进行的评价、再评价工作。它是系统地采用科学技术及信息，在特定条件下，对动植物和人或环境暴露于新兽药后产生或将产生不良效应的可能性和严重性的科学评价。风险评估一般有定性评估和定量评估之分。包括四个步骤：危害识别、危害特征描述、暴露评估、风险特征描述。抗菌药物耐药性风险评估属于上市之后兽药的再评价工作。

过去几十年里，使用低浓度的抗菌药物可以有效地提高饲料转化率、促进动物增重，而且还减少了食品动物在运输过程中的应激反应。大多数用于动物的抗菌药物在人类医学上都有相应的类似物，并能为人医用抗生素选择耐药性。欧盟于20世纪90年代取消了抗菌药物用于动物促生长，但并未开展风险评估。欧盟于 1999 年开展了氟喹诺酮类药物对伤寒沙门氏菌的定性风险评估。美国首先于 2004 年开展了动物使用链阳菌素类药物（维吉尼亚霉素）在屎肠球菌耐药性的定量风险评估。依据风险评估于 2007 年撤销了在家禽使用恩诺沙星。

为防止动物源细菌耐药性进一步恶化，全球性禁止抗菌促长剂的使用已经势在必行。然而，截至目前我国仍然允许土霉素钙、金霉素、吉他霉素、杆菌肽、那西肽、阿维拉霉素、恩拉霉素、维吉尼亚霉素、黄霉素 9 种抗生素作为动物促生长使用。其中，前 3 种属于人兽共用抗生素，后 6 种为动物专用抗生素。兽药主管部门认识到抗菌药物作动物促生长使用带来的耐药性恶化的风险，已经安排进行耐药性监测，并根据耐药性变化趋势经过风险评估后做出是否退出的决定。

四、抗菌药物耐药性风险管理

为了延缓动物源细菌的耐药性恶化，促进养殖业健康发展，避免出现无抗菌药物可选择的窘境，需要有区别地针对促生长使用的抗菌药物做出不同的限制措施。作为控制抗生素耐药性措施的一部分，2012 年美国 FDA 颁布了 209 号制药工业指南，即"医疗重要的抗生素在食品动物的谨慎使用"；主要集中于两个方面：①限制医学上重要的抗生素在食品动物使用，除非保证食品动物健康有必要；②抗生素在食品动物中的限制使用需要兽医的监督和指导。过去 10 多年来，我国兽药主管部门采取了一系列控制措施，早在 2001 年就以 168 号公告发布《饲料药物添加剂使用规范》。将通过饲料添加的药物分为不需要兽医处方可自行添加的和需要兽医处方才可添加的。2013 年，以 1997 号公告发布了第一批兽用处方药品种目录，目前兽医临床允许使用的各种抗菌药物都收录其中。2015 年，以 2292 号公告发布规定，禁止在食品动物中使用洛美沙星、培氟沙星、氧氟沙星、诺氟沙星4种抗菌药。2015年7月发布了《全国兽药（抗菌药）综合治理五年行动方案》，计划用五年时间开展系统、全面的兽用抗菌药滥用及非法兽药综合治理活动，以进一步加强兽用抗菌药（包括水产用抗菌药）的监管，提高兽用抗菌药科学规范使用水平。2016年7月，以2428号公告发布规定，停止硫酸黏菌素用于动物促生长，只允许作治疗使用。2016年7月起，农业部实施兽药产品电子追溯码（二维码）标识，我国生产、进口的所有兽药产品需加施"二维码"上市销售，实现全程追溯。2017年5月成立了"全国兽药残留与耐药性控制专家委员会"，为推进兽药残留控制、动物源细菌耐药性防控工作提供技术支撑。

对抗菌药物作动物促生长使用，通过风险评估后要分别采取不同的风险管理措施。如果属于人类医疗极为重要的抗菌药物，则需要停止作动物的促生长使用；属于动物专用的抗菌药物促生长剂，如果极易产生耐药性甚至与其他抗菌药物交叉耐药，也需停止作动物的促生长使用；属于动物专用的抗球虫抗生素，由于与人类健康没有太大关系，可以继续作动物的促生长使用。

总体来讲，遏制细菌耐药性的进一步恶化，需要采取多种综合措施。包括生物安全、环境卫生消毒、厩舍通风、动物福利、加强营养、防止饲料霉变与酸化处理等，保障养殖的动物舒适健康。从动物使用抗菌药物方面来讲，动物诊疗机构、养殖场需要严格执行处方药管理制度，加强对抗菌药物遴选、采购、处方、兽医临床应用和效果评价的管理，并根据细菌培养及药物敏感试验结果选择使用抗菌药物。

附录 1　奶牛的生理参数

体温 (℃)	呼吸频次 (躺卧状态) (次/min)	心率 (成年猪) (次/min)	血压（不麻醉状态） (mmHg)		红细胞数量 (10^12/L)	白细胞数量 (10^9/L)	血小板数量 (10^9/L)	血红蛋白含量 (g/dL)	红细胞压积 (%)
			收缩压	舒张压					
38.6 (37.5~39.5)	29 (26~35)	60~80	134 (124~166)	88 (80~120)	6~9	5~13	260~710	8~15	26~46

排便量 (成年猪) (kg/d)	血液 pH	尿液 pH	乳脂率 (%)	饲料量 (成年猪) (kg/d)	饮水量 (成年猪) (L/d)
27.0~60.8	7.38 (7.27~7.49)	7.0~8.7	3~5	7.0~12.7	38~83

注：1 mmHg=133.322 Pa。

我国禁止使用的兽药及化合物清单

一、禁止在饲料和动物饮用水中使用的药物品种目录（农业部公告第 176 号，2002 年）

（一）肾上腺素受体激动剂

1. 盐酸克仑特罗（Clenbuterol Hydrochloride）：中华人民共和国药典（以下简称药典）2000 年二部 P605。β_2 肾上腺素受体激动药。

2. 沙丁胺醇（Salbutamol）：药典 2000 年二部 P316。β_2 肾上腺素受体激动药。

3. 硫酸沙丁胺醇（Salbutamol Sulfate）：药典 2000 年二部 P870。β_2 肾上腺素受体激动药。

4. 莱克多巴胺（Ractopamine）：一种 β 兴奋剂，美国食品和药物管理局（FDA）已批准，中国未批准。

5. 盐酸多巴胺（Dopamine Hydrochloride）：药典 2000 年二部 P591。多巴胺受体激动药。

6. 西巴特罗（Cimaterol）：美国氰胺公司开发的产品，一种 β 兴奋剂，FDA 未批准。

7. 硫酸特布他林（Terbutaline Sulfate）：药典 2000 年二部 P890。β_2 肾上腺受体激动药。

(二) 性激素

8. 己烯雌酚 (Diethylstibestrol)：药典 2000 年二部 P42。雌激素类药。

9. 雌二醇 (Estradiol)：药典 2000 年二部 P1005。雌激素类药。

10. 戊酸雌二醇 (Estradiol Valerate)：药典 2000 年二部 P124。雌激素类药。

11. 苯甲酸雌二醇 (Estradiol Benzoate)：药典 2000 年二部 P369。雌激素类药。中华人民共和国兽药典 (以下简称兽药典) 2000 年版一部 P109。雌激素类药。用于发情不明显动物的催情及胎衣滞留、死胎的排出。

12. 氯烯雌醚 (Chlorotrianisene)：药典 2000 年二部 P919。

13. 炔诺醇 (Ethinylestradiol)：药典 2000 年二部 P422。

14. 炔诺醚 (Quinestrol)：药典 2000 年二部 P424。

15. 醋酸氯地孕酮 (Chlormadinone acetate)：药典 2000 年二部 P1037。

16. 左炔诺孕酮 (Levonorgestrel)：药典 2000 年二部 P107。

17. 炔诺酮 (Norethisterone)：药典 2000 年二部 P420。

18. 绒毛膜促性腺激素 (绒促性素) (Chorionic Gonadotrophin)：药典 2000 年二部 P534。促性腺激素药。兽药典 2000 年版一部 P146。激素类药。用于性功能障碍、习惯性流产及卵巢囊肿等。

19. 促卵泡生长激素 (尿促性素主要含卵泡刺激 FSHT 和黄体生成素 LH) (Menotropins)：药典 2000 年二部 P321。促性腺激素类药。

(三) 蛋白同化激素

20. 碘化酪蛋白 (Iodinated Casein)：蛋白同化激素类，为甲状腺素的前驱物质，具有类似甲状腺素的生理作用。

21. 苯丙酸诺龙及苯丙酸诺龙注射液（Nandrolone phenylpropionate）：药典 2000 年二部 P365。

（四）精神药品

22.（盐酸）氯丙嗪（Chlorpromazine Hydrochloride）：药典 2000 年二部 P676。抗精神病药。兽药典 2000 年版一部 P177。镇静药。用于强化麻醉以及使动物安静等。

23. 盐酸异丙嗪（Promethazine Hydrochloride）：药典 2000 年二部 P602。抗组胺药。兽药典 2000 年版一部 P164。抗组胺药。用于变态反应性疾病，如荨麻疹、血清病等。

24. 安定（地西泮）（Diazepam）：药典 2000 年二部 P214。抗焦虑药、抗惊厥药。兽药典 2000 年版一部 P61。镇静药、抗惊厥药。

25. 苯巴比妥（Phenobarbital）：药典 2000 年二部 P362。镇静催眠药、抗惊厥药。兽药典 2000 年版一部 P103。巴比妥类药。缓解脑炎、破伤风、士的宁中毒所致的惊厥。

26. 苯巴比妥钠（Phenobarbital Sodium）：兽药典 2000 年版一部 P105。巴比妥类药。缓解脑炎、破伤风、士的宁中毒所致的惊厥。

27. 巴比妥（Barbital）：兽药典 2000 年版二部 P27。中枢抑制和增强解热镇痛。

28. 异戊巴比妥（Amobarbital）：药典 2000 年二部 P252。催眠药、抗惊厥药。

29. 异戊巴比妥钠（Amobarbital Sodium）：兽药典 2000 年版一部 P82。巴比妥类药。用于小动物的镇静、抗惊厥和麻醉。

30. 利血平（Reserpine）：药典 2000 年二部 P304。抗高血压药。

31. 艾司唑仑（Estazolam）。

32. 甲丙氨脂（Meprobamate）。

33. 咪达唑仑（Midazolam）。

34. 硝西泮（Nitrazepam）。

35. 奥沙西泮（Oxazepam）。

36. 匹莫林（Pemoline）。

37. 三唑仑（Triazolam）。

38. 唑吡旦（Zolpidem）。

39. 其他国家管制的精神药品。

（五）各种抗生素滤渣

40. 抗生素滤渣：该类物质是抗生素类产品生产过程中产生的工业三废，因含有微量抗生素成分，在饲料和饲养过程中使用后对动物有一定的促生长作用。但对养殖业的危害很大，一是容易引起耐药性，二是由于未做安全性试验，存在各种安全隐患。

二、食品动物禁用的兽药及其他化合物清单（农业部公告第 193 号，2002 年）

序号	兽药及其他化合物名称	禁止用途	禁用动物
1	β-兴奋剂类：克仑特罗 Clenbuterol、沙丁胺醇 Salbutamol、西马特罗 Cimaterol 及其盐、酯及制剂	所有用途	所有食品动物
2	性激素类：己烯雌酚 Diethylstilbestrol 及其盐、酯及制剂	所有用途	所有食品动物
3	具有雌激素样作用的物质：玉米赤霉醇 Zeranol、去甲雄三烯醇酮 Trenbolone、醋酸甲孕酮 Mengestrol Acetate 及制剂	所有用途	所有食品动物
4	氯霉素 Chloramphenicol 及其盐、酯（包括：琥珀氯霉素 Chloramphenicol Succinate）及制剂	所有用途	所有食品动物
5	氨苯砜 Dapsone 及制剂	所有用途	所有食品动物

（续）

序号	兽药及其他化合物名称	禁止用途	禁用动物
6	硝基呋喃类：呋喃唑酮 Furazolidone、呋喃它酮 Furaltadone、呋喃苯烯酸钠 Nifurstyrenate sodium 及制剂	所有用途	所有食品动物
7	硝基化合物：硝基酚钠 Sodium nitrophenolate、硝呋烯腙 Nitrovin 及制剂	所有用途	所有食品动物
8	催眠、镇静类：安眠酮 Methaqualone 及制剂	所有用途	所有食品动物
9	林丹（丙体六六六）Lindane	杀虫剂	所有食品动物
10	毒杀芬（氯化烯）Camahechlor	杀虫剂、清塘剂	所有食品动物
11	呋喃丹（克百威）Carbofuran	杀虫剂	所有食品动物
12	杀虫脒（克死螨）Chlordimeform	杀虫剂	所有食品动物
13	双甲脒 Amitraz	杀虫剂	水生食品动物
14	酒石酸锑钾 Antimonypotassiumtartrate	杀虫剂	所有食品动物
15	锥虫胂胺 Tryparsamide	杀虫剂	所有食品动物
16	孔雀石绿 Malachitegreen	抗菌、杀虫剂	所有食品动物
17	五氯酚酸钠 Pentachlorophenolsodium	杀螺剂	所有食品动物
18	各种汞制剂。包括氯化亚汞（甘汞）Calomel，硝酸亚汞 Mercurous nitrate、醋酸汞 Mercurous acetate、吡啶基醋酸汞 Pyridyl mercurous acetate	杀虫剂	所有食品动物
19	性激素类：甲基睾丸酮 Methyltestosterone、丙酸睾酮 Testosterone Propionate、苯丙酸诺龙 Nandrolone Phenylpropionate、苯甲酸雌二醇 Estradiol Benzoate 及其盐、酯及制剂	促生长	所有食品动物
20	催眠、镇静类：氯丙嗪 Chlorpromazine、地西泮（安定）Diazepam 及其盐、酯及制剂	促生长	所有食品动物
21	硝基咪唑类：甲硝唑 Metronidazole、地美硝唑 Dimetronidazole 及其盐、酯及制剂	促生长	所有食品动物

三、兽药地方标准废止目录公布的食品动物禁用兽药（农业部公告第 560 号，2005 年）

类别	名称/组方
禁用兽药	β-兴奋剂类：沙丁胺醇及其盐、酯及制剂
	硝基呋喃类：呋喃西林、呋喃妥因及其盐、酯及制剂
	硝基咪唑类：替硝唑及其盐、酯及制剂
	喹噁啉类：卡巴氧及其盐、酯及制剂
	抗生素类：万古霉素及其盐、酯及制剂

四、禁止在饲料和动物饮水中使用的物质（农业部公告第 1519 号，2010 年）

1. 苯乙醇胺 A（Phenylethanolamine A）：β-肾上腺素受体激动剂。

2. 班布特罗（Bambuterol）：β-肾上腺素受体激动剂。

3. 盐酸齐帕特罗（Zilpaterol Hydrochloride）：β-肾上腺素受体激动剂。

4. 盐酸氯丙那林（Clorprenaline Hydrochloride）：药典 2010 版二部 P783。β-肾上腺素受体激动剂。

5. 马布特罗（Mabuterol）：β-肾上腺素受体激动剂。

6. 西布特罗（Cimbuterol）：β-肾上腺素受体激动剂。

7. 溴布特罗（Brombuterol）：β-肾上腺素受体激动剂。

8. 酒石酸阿福特罗（Arformoterol Tartrate）：长效型 β-肾上腺素受体激动剂。

9. 富马酸福莫特罗（Formoterol Fumatrate）：长效型 β-肾上腺素受体激动剂。

10. 盐酸可乐定（Clonidine Hydrochloride）：药典 2010 版二部 P645。抗高血压药。

11. 盐酸赛庚啶（Cyproheptadine Hydrochloride）：药典 2010 版二部 P803。抗组胺药。

五、禁止用于食品动物的其他兽药

兽用药物及其他化合物名称	禁用动物	公告号
非泼罗尼及相关制剂	所有食品动物	农业部公告第 2583 号（2017 年 9 月 15 日颁布）
洛美沙星、培氟沙星、氧氟沙星、诺氟沙星 4 种原料药的各种盐、酯及其各种制剂	所有食品动物	农业部公告第 2292 号（2015 年 9 月 1 日颁布）
喹乙醇、氨苯胂酸、洛克沙胂等 3 种兽药的原料药及各种制剂	所有食品动物	农业部公告第 2638 号（2018 年 1 月 12 日颁布）

动物性食品中兽药最高残留限量

一、动物性食品允许使用，但不需要制定残留限量的药物

药物名称	动物种类	其他规定
Acetylsalicylic acid 乙酰水杨酸	牛、猪、鸡	产奶牛禁用 产蛋鸡禁用
Aluminium hydroxide 氢氧化铝	所有食品动物	
Amitraz 双甲脒	牛/羊/猪	仅指肌肉中不需要限量
Amprolium 氨丙啉	家禽	仅作口服用
Apramycin 安普霉素	猪、兔 山羊 鸡	仅作口服用 产奶羊禁用 产蛋鸡禁用
Atropine 阿托品	所有食品动物	
Azamethiphos 甲基吡啶磷	鱼	
Betaine 甜菜碱	所有食品动物	
Bismuth subcarbonate 碱式碳酸铋	所有食品动物	仅作口服用
Bismuth subnitrate 碱式硝酸铋	所有食品动物	仅作口服用
Bismuth subnitrate 碱式硝酸铋	牛	仅乳房内注射用
Boric acid and borates 硼酸及其盐	所有食品动物	
Caffeine 咖啡因	所有食品动物	
Calcium borogluconate 硼葡萄糖酸钙	所有食品动物	
Calcium carbonate 碳酸钙	所有食品动物	

（续）

药物名称	动物种类	其他规定
Calcium chloride 氯化钙	所有食品动物	
Calcium gluconate 葡萄糖酸钙	所有食品动物	
Calcium phosphate 磷酸钙	所有食品动物	
Calcium sulphate 硫酸钙	所有食品动物	
Calcium pantothenate 泛酸钙	所有食品动物	
Camphor 樟脑	所有食品动物	仅作外用
Chlorhexidine 氯己定	所有食品动物	仅作外用
Choline 胆碱	所有食品动物	
Cloprostenol 氯前列醇	牛、猪、马	
Decoquinate 癸氧喹酯	牛、山羊	仅口服用，产奶动物禁用
Diclazuril 地克珠利	山羊	羔羊口服用
Epinephrine 肾上腺素	所有食品动物	
Ergometrine maleata 马来酸麦角新碱	所有哺乳类食品动物	仅用于临产动物
Ethanol 乙醇	所有食品动物	仅作赋型剂用
Ferrous sulphate 硫酸亚铁	所有食品动物	
Flumethrin 氟氯苯氰菊酯	蜜蜂	蜂蜜
Folic acid 叶酸	所有食品动物	
Follicle stimulating hormone（natural FSH from all species and their synthetic analogues）促卵泡激素（各种动物天然 FSH 及其化学合成类似物）	所有食品动物	
Formaldehyde 甲醛	所有食品动物	
Glutaraldehyde 戊二醛	所有食品动物	
Gonadotrophin releasing hormone 垂体促性腺激素释放激素	所有食品动物	
Human chorion gonadotrophin 绒促性素	所有食品动物	
Hydrochloric acid 盐酸	所有食品动物	仅作赋型剂用

（续）

药物名称	动物种类	其他规定
Hydrocortisone 氢化可的松	所有食品动物	仅作外用
Hydrogen peroxide 过氧化氢	所有食品动物	
Iodine and iodine inorganic compounds including 碘和碘无机化合物包括： ——Sodium and potassium-iodide 碘化钠和钾	所有食品动物	
——Sodium and potassium-iodate 碘酸钠和钾	所有食品动物	
Iodophors including 碘附包括： ——polyvinylpyrrolidone-iodine 聚乙烯吡咯烷酮碘	所有食品动物	
Iodine organic compounds 碘有机化合物： ——Iodoform 碘仿	所有食品动物	
Iron dextran 右旋糖酐铁	所有食品动物	
Ketamine 氯胺酮	所有食品动物	
Lactic acid 乳酸	所有食品动物	
Lidocaine 利多卡因	马	仅作局部麻醉用
Luteinising hormone （natural LH from all species and their synthetic analogues）促黄体激素（各种动物天然 FSH 及其化学合成类似物）	所有食品动物	
Magnesium chloride 氯化镁	所有食品动物	
Mannitol 甘露醇	所有食品动物	
Menadione 甲萘醌	所有食品动物	
Neostigmine 新斯的明	所有食品动物	
Oxytocin 缩宫素	所有食品动物	
Paracetamol 对乙酰氨基酚	猪	仅作口服用
Pepsin 胃蛋白酶	所有食品动物	
Phenol 苯酚	所有食品动物	
Piperazine 哌嗪	鸡	除蛋外所有组织

（续）

药物名称	动物种类	其他规定
Polyethylene glycols（molecular weight ranging from 200 to 10 000）聚乙二醇（分子量范围 200～10 000）	所有食品动物	
Polysorbate 80 吐温-80	所有食品动物	
Praziquantel 吡喹酮	绵羊、马、山羊	仅用于非泌乳绵羊
Procaine 普鲁卡因	所有食品动物	
Pyrantel embonate 双羟萘酸噻嘧啶	马	
Salicylic acid 水杨酸	除鱼外所有食品动物	仅作外用
Sodium Bromide 溴化钠	所有哺乳类食品动物	仅作外用
Sodium chloride 氯化钠	所有食品动物	
Sodium pyrosulphite 焦亚硫酸钠	所有食品动物	
Sodium salicylate 水杨酸钠	除鱼外所有食品动物	仅作外用
Sodium selenite 亚硒酸钠	所有食品动物	
Sodium stearate 硬脂酸钠	所有食品动物	
Sodium thiosulphate 硫代硫酸钠	所有食品动物	
Sorbitan trioleate 脱水山梨醇三油酸酯（司盘-85）	所有食品动物	
Strychnine 士的宁	牛	仅作口服用，剂量最大每千克体重 0.1mg
Sulfogaiacol 愈创木酚磺酸钾	所有食品动物	
Sulphur 硫黄	牛、猪、山羊、绵羊、马	
Tetracaine 丁卡因	所有食品动物	仅作麻醉剂用
Thiomersal 硫柳汞	所有食品动物	多剂量疫苗中作防腐剂使用，浓度最大不得超过 0.02%

（续）

药物名称	动物种类	其他规定
Thiopental sodium 硫喷妥钠	所有食品动物	仅作静脉注射用
Vitamin A 维生素 A	所有食品动物	
Vitamin B_1 维生素 B_1	所有食品动物	
Vitamin B_{12} 维生素 B_{12}	所有食品动物	
Vitamin B_2 维生素 B_2	所有食品动物	
Vitamin B_6 维生素 B_6	所有食品动物	
Vitamin D 维生素 D	所有食品动物	
Vitamin E 维生素 E	所有食品动物	
Xylazine hydrochloride 盐酸塞拉嗪	牛、马	产奶动物禁用
Zinc oxide 氧化锌	所有食品动物	
Zinc sulphate 硫酸锌	所有食品动物	

二、已批准的动物性食品中最高残留限量规定

药物名	标志残留物	动物种类	靶组织	残留限量
阿灭丁（阿维菌素）Abamectin ADI：0～2	Avermectin B_{1a}	牛（泌乳期禁用）	脂肪	100
			肝	100
			肾	50
		羊（泌乳期禁用）	肌肉	25
			脂肪	50
			肝	25
			肾	20
乙酰异戊酰泰乐菌素 Acetylisovaleryltylosin ADI：0～1.02	总 Acetylisovaleryltylosin 和 3-O-乙酰泰乐菌素	猪	肌肉	50
			皮＋脂肪	50
			肝	50
			肾	50

（续）

药物名	标志残留物	动物种类	靶组织	残留限量
阿苯达唑 Albendazole ADI：0～50	Albendazole＋ABZSO$_2$＋ABZSO＋ABZNH$_2$	牛/羊	肌肉	100
			脂肪	100
			肝	5 000
			肾	5 000
			奶	100
双甲脒 Amitraz ADI：0～3	Amitraz＋2，4 - DMA 的总量	牛	脂肪	200
			肝	200
			肾	200
			奶	10
		羊	脂肪	400
			肝	100
			肾	200
			奶	10
		猪	皮＋脂	400
			肝	200
			肾	200
		禽	肌肉	10
			脂肪	10
			副产品	50
		蜜蜂	蜂蜜	200
阿莫西林 Amoxicillin	Amoxicillin	所有食品动物	肌肉	50
			脂肪	50
			肝	50
			肾	50
			奶	10
氨苄西林 Ampicillin	Ampicillin	所有食品动物	肌肉	50
			脂肪	50
			肝	50
			肾	50
			奶	10

（续）

药物名	标志残留物	动物种类	靶组织	残留限量
氨丙啉 Amprolium ADI：0～100	Amprolium	牛	肌肉	500
			脂肪	2 000
			肝	500
			肾	500
安普霉素 Apramycin ADI：0～40	Apramycin	猪	肾	100
阿散酸/洛克沙胂 Arsanilic acid/ Roxarsone	总砷计 Arsenic	猪	肌肉	500
			肝	2 000
			肾	2 000
			副产品	500
		鸡/火鸡	肌肉	500
			副产品	500
			蛋	500
氮哌酮 Azaperone ADI：0～0.8	Azaperone＋Azaperol	猪	肌肉	60
			皮＋脂肪	60
			肝	100
			肾	100
杆菌肽 Bacitracin ADI：0～3.9	Bacitracin	牛/猪/禽	可食组织	500
		牛（乳房注射）	奶	500
		禽	蛋	500
苄星青霉素/ 普鲁卡因青霉素 Benzylpenicillin/ Procaine benzylpenicillin ADI： 0～30μg/（人·d）	Benzylpenicillin	所有食品动物	肌肉	50
			脂肪	50
			肝	50
			肾	50
			奶	4
倍他米松 Betamethasone ADI：0～0.015	Betamethasone	牛/猪	肌肉	0.75
			肝	2.0
			肾	0.75
		牛	奶	0.3

（续）

药物名	标志残留物	动物种类	靶组织	残留限量
头孢氨苄 Cefalexin ADI：0～54.4	Cefalexin	牛	肌肉	200
			脂肪	200
			肝	200
			肾	1 000
			奶	100
头孢喹肟 Cefquinome ADI：0～3.8	Cefquinome	牛	肌肉	50
			脂肪	50
			肝	100
			肾	200
			奶	20
		猪	肌肉	50
			皮＋脂	50
			肝	100
			肾	200
头孢噻呋 Ceftiofur ADI：0～50	Desfuroylceftiofur	牛/猪	肌肉	1 000
			脂肪	2 000
			肝	2 000
			肾	6 000
		牛	奶	100
克拉维酸 Clavulanic acid ADI：0～16	Clavulanic acid	牛/羊	奶	200
		牛/羊/猪	肌肉	100
			脂肪	100
			肝	200
			肾	400
氯羟吡啶 Clopidol	Clopidol	牛/羊	肌肉	200
			肝	1 500
			肾	3 000
			奶	20
		猪	可食组织	200

（续）

药物名	标志残留物	动物种类	靶组织	残留限量
氯羟吡啶 Clopidol	Clopidol	鸡/火鸡	肌肉	5 000
			肝	15 000
			肾	15 000
氯氰碘柳胺 Closantel ADI：0～30	Closantel	牛	肌肉	1 000
			脂肪	3 000
			肝	1 000
			肾	3 000
		羊	肌肉	1 500
			脂肪	2 000
			肝	1 500
			肾	5 000
氯唑西林 Cloxacillin	Cloxacillin	所有食品动物	肌肉	300
			脂肪	300
			肝	300
			肾	300
			奶	30
黏菌素 Colistin ADI：0～5	Colistin	牛/羊	奶	50
		牛/羊/猪/鸡/兔	肌肉	150
			脂肪	150
			肝	150
			肾	200
		鸡	蛋	300
蝇毒磷 Coumaphos ADI：0～0.25	Coumaphos 和氧化物	蜜蜂	蜂蜜	100
环丙氨嗪 Cyromazine ADI：0～20	Cyromazine	羊	肌肉	300
			脂肪	300
			肝	300
			肾	300

（续）

药物名	标志残留物	动物种类	靶组织	残留限量
环丙氨嗪 Cyromazine ADI：0～20	Cyromazine	禽	肌肉	50
			脂肪	50
			副产品	50
达氟沙星 Danofloxacin ADI：0～20	Danofloxacin	牛/绵羊/山羊	肌肉	200
			脂肪	100
			肝	400
			肾	400
			奶	30
		家禽	肌肉	200
			皮＋脂	100
			肝	400
			肾	400
		其他动物	肌肉	100
			脂肪	50
			肝	200
			肾	200
癸氧喹酯 Decoquinate ADI：0～75	Decoquinate	鸡	皮＋肉	1 000
			可食组织	2 000
溴氰菊酯 Deltamethrin ADI：0～10	Deltamethrin	牛/羊	肌肉	30
			脂肪	500
			肝	50
			肾	50
		牛	奶	30
		鸡	肌肉	30
			皮＋脂	500
			肝	50
			肾	50
			蛋	30
		鱼	肌肉	30

（续）

药物名	标志残留物	动物种类	靶组织	残留限量
越霉素 A Destomycin A	Destomycin A	猪/鸡	可食组织	2 000
地塞米松 Dexamethasone ADI：0～0.015	Dexamethasone	牛/猪/马	肌肉	0.75
			肝	2
			肾	0.75
		牛	奶	0.3
二嗪农 Diazinon ADI：0～2	Diazinon	牛/羊	奶	20
		牛/猪/羊	肌肉	20
			脂肪	700
			肝	20
			肾	20
敌敌畏 Dichlorvos ADI：0～4	Dichlorvos	牛/羊/马	肌肉	20
			脂肪	20
			副产品	20
		猪	肌肉	100
			脂肪	100
			副产品	200
		鸡	肌肉	50
			脂肪	50
			副产品	50
地克珠利 Diclazuril ADI：0～30	Diclazuril	绵羊/禽/兔	肌肉	500
			脂肪	1 000
			肝	3 000
			肾	2 000
二氟沙星 Difloxacin ADI：0～10	Difloxacin	牛/羊	肌肉	400
			脂	100
			肝	1 400
			肾	800

（续）

药物名	标志残留物	动物种类	靶组织	残留限量
二氟沙星 Difloxacin ADI：0～10	Difloxacin	猪	肌肉	400
			皮＋脂	100
			肝	800
			肾	800
		家禽	肌肉	300
			皮＋脂	400
			肝	1 900
			肾	600
		其他	肌肉	300
			脂肪	100
			肝	800
			肾	600
三氮脒 Diminazine ADI：0～100	Diminazine	牛	肌肉	500
			肝	12 000
			肾	6 000
			奶	150
多拉菌素 Doramectin ADI：0～0.5	Doramectin	牛（泌乳牛禁用）	肌肉	10
			脂肪	150
			肝	100
			肾	30
		猪/羊/鹿	肌肉	20
			脂肪	100
			肝	50
			肾	30
多西环素 Doxycycline ADI：0～3	Doxycycline	牛（泌乳牛禁用）	肌肉	100
			肝	300
			肾	600
		猪	肌肉	100
			皮＋脂	300
			肝	300
			肾	600

（续）

药物名	标志残留物	动物种类	靶组织	残留限量
多西环素 Doxycycline ADI: 0~3	Doxycycline	禽（产蛋鸡禁用）	肌肉	100
			皮+脂	300
			肝	300
			肾	600
恩诺沙星 Enrofloxacin ADI: 0~2	Enrofloxacin+ Ciprofloxacin	牛/羊	肌肉	100
			脂肪	100
			肝	300
			肾	200
		牛/羊	奶	100
		猪/兔	肌肉	100
			脂肪	100
			肝	200
			肾	300
		禽（产蛋鸡禁用）	肌肉	100
			皮+脂	100
			肝	200
			肾	300
		其他动物	肌肉	100
			脂肪	100
			肝	200
			肾	200
红霉素 Erythromycin ADI: 0~5	Erythromycin	所有食品动物	肌肉	200
			脂肪	200
			肝	200
			肾	200
			奶	40
			蛋	150
乙氧酰胺苯甲酯 Ethopabate	Ethopabate	禽	肌肉	500
			肝	1 500
			肾	1 500

（续）

药物名	标志残留物	动物种类	靶组织	残留限量
苯硫氨酯 Fenbantel 芬苯达唑 Fenbendazole 奥芬达唑 Oxfendazole ADI：0～7	可提取的 Oxfendazole sulphone	牛/马/猪/羊	肌肉	100
			脂肪	100
			肝	500
			肾	100
		牛/羊	奶	100
倍硫磷 Fenthion	Fenthion & metabolites	牛/猪/禽	肌肉	100
			脂肪	100
			副产品	100
氰戊菊酯 Fenvalerate ADI：0～20	Fenvalerate	牛/羊/猪	肌肉	1 000
			脂肪	1 000
			副产品	20
		牛	奶	100
氟苯尼考 Florfenicol ADI：0～3	Florfenicol-amine	牛/羊 （泌乳期禁用）	肌肉	200
			肝	3 000
			肾	300
		猪	肌肉	300
			皮+脂	500
			肝	2 000
			肾	500
		家禽（产蛋禁用）	肌肉	100
			皮+脂	200
			肝	2 500
			肾	750
		鱼	肌肉+皮	1 000
		其他动物	肌肉	100
			脂肪	200
			肝	2 000
			肾	300

（续）

药物名	标志残留物	动物种类	靶组织	残留限量
氟苯咪唑 Flubendazole ADI：0～12	Flubendazole＋2－ amino 1H－benzimidazol－ 5－yl－（4－fluorophenyl） methanone	猪	肌肉	10
			肝	10
		禽	肌肉	200
			肝	500
			蛋	400
醋酸氟孕酮 Flugestone Acetate ADI：0～0.03	Flugestone Acetate	羊	奶	1
氟甲喹 Flumequine ADI：0～30	Flumequine	牛/羊/猪	肌肉	500
			脂肪	1 000
			肝	500
			肾	3 000
			奶	50
		鱼	肌肉＋皮	500
		鸡	肌肉	500
			皮＋脂	1 000
			肝	500
			肾	3 000
氟氯苯氰菊酯 Flumethrin ADI：0～1.8	Flumethrin （sum of trans-Z-isomers）	牛	肌肉	10
			脂肪	150
			肝	20
			肾	10
			奶	30
		羊（产奶期禁用）	肌肉	10
			脂肪	150
			肝	20
			肾	10
氟胺氰菊酯 Fluvalinate	Fluvalinate	所有动物	肌肉	10
			脂肪	10
			副产品	10

（续）

药物名	标志残留物	动物种类	靶组织	残留限量
氟胺氰菊酯 Fluvalinate	Fluvalinate	蜜蜂	蜂蜜	50
庆大霉素 Gentamycin ADI: 0～20	Gentamycin	牛/猪	肌肉	100
			脂肪	100
			肝	2 000
			肾	5 000
		牛	奶	200
		鸡/火鸡	可食组织	100
氢溴酸常山酮 Halofuginone hydrobromide ADI: 0～0.3	Halofuginone	牛	肌肉	10
			脂肪	25
			肝	30
			肾	30
		鸡/火鸡	肌肉	100
			皮+脂	200
			肝	130
氮氨菲啶 Isometamidium ADI: 0～100	Isometamidium	牛	肌肉	100
			脂肪	100
			肝	500
			肾	1 000
			奶	100
伊维菌素 Ivermectin ADI: 0～1	22, 23 - Dihydro-avermectin B_{1a}	牛	肌肉	10
			脂肪	40
			肝	100
			奶	10
		猪/羊	肌肉	20
			脂肪	20
			肝	15
吉他霉素 Kitasamycin	Kitasamycin	猪/禽	肌肉	200
			肝	200
			肾	200

（续）

药物名	标志残留物	动物种类	靶组织	残留限量
拉沙洛菌素 Lasalocid	Lasalocid	牛	肝	700
		鸡	皮＋脂	1 200
			肝	400
		火鸡	皮＋脂	400
			肝	400
		羊	肝	1 000
		兔	肝	700
左旋咪唑 Levamisole ADI：0～6	Levamisole	牛/羊/猪/禽	肌肉	10
			脂肪	10
			肝	100
			肾	10
林可霉素 Lincomycin ADI：0～30	Lincomycin	牛/羊/猪/禽	肌肉	100
			脂肪	100
			肝	500
			肾	1 500
		牛/羊	奶	150
		鸡	蛋	50
马杜霉素 Maduramicin	Maduramicin	鸡	肌肉	240
			脂肪	480
			皮	480
			肝	720
马拉硫磷 Malathion	Malathion	牛/羊/猪/禽/马	肌肉	4 000
			脂肪	4 000
			副产品	4 000
甲苯咪唑 Mebendazole ADI：0～12.5	Mebendazole 等效物	羊/马 （产奶期禁用）	肌肉	60
			脂肪	60
			肝	400
			肾	60

（续）

药物名	标志残留物	动物种类	靶组织	残留限量
安乃近 Metamizole ADI：0～10	4-氨甲基-安替比林	牛/猪/马	肌肉	200
			脂肪	200
			肝	200
			肾	200
莫能菌素 Monensin	Monensin	牛/羊	可食组织	50
		鸡/火鸡	肌肉	1 500
			皮+脂	3 000
			肝	4 500
甲基盐霉素 Narasin	Narasin	鸡	肌肉	600
			皮+脂	1 200
			肝	1 800
新霉素 Neomycin ADI：0～60	Neomycin B	牛/羊/猪/鸡/火鸡/鸭	肌肉	500
			脂肪	500
			肝	500
			肾	10 000
		牛/羊	奶	500
		鸡	蛋	500
尼卡巴嗪 Nicarbazin ADI：0～400	N，N'-bis-(4-nitrophenyl) urea	鸡	肌肉	200
			皮/脂	200
			肝	200
			肾	200
硝碘酚腈 Nitroxinil ADI：0～5	Nitroxinil	牛/羊	肌肉	400
			脂肪	200
			肝	20
			肾	400
喹乙醇 Olaquindox	［3-甲基喹啉-2-羧酸］（MQCA）	猪	肌肉	4
			肝	50

（续）

药物名	标志残留物	动物种类	靶组织	残留限量
苯唑西林 Oxacillin	Oxacillin	所有食品动物	肌肉	300
			脂肪	300
			肝	300
			肾	300
			奶	30
丙氧苯咪唑 Oxibendazole ADI：0～60	Oxibendazole	猪	肌肉	100
			皮＋脂	500
			肝	200
			肾	100
噁喹酸 Oxolinic acid ADI：0～2.5	Oxolinic acid	牛/猪/鸡	肌肉	100
			脂肪	50
			肝	150
			肾	150
		鸡	蛋	50
		鱼	肌肉＋皮	300
土霉素/金霉素/四环素 Oxytetracycline/ Chlortetracycline/ Tetracycline ADI：0～30	Parent drug，单个或复合物	所有食品动物	肌肉	100
			肝	300
			肾	600
		牛/羊	奶	100
		禽	蛋	200
		鱼/虾	肉	100
辛硫磷 Phoxim ADI：0～4	Phoxim	牛/猪/羊	肌肉	50
			脂肪	400
			肝	50
			肾	50
		牛	奶	10
哌嗪 Piperazine ADI：0～250	Piperazine	猪	肌肉	400
			皮＋脂	800
			肝	2 000
			肾	1 000

（续）

药物名	标志残留物	动物种类	靶组织	残留限量
哌嗪 Piperazine ADI：0～250	Piperazine	鸡	蛋	2 000
巴胺磷 Propetamphos ADI：0～0.5	Propetamphos	羊	脂肪	90
			肾	90
碘醚柳胺 Rafoxanide ADI：0～2	Rafoxanide	牛	肌肉	30
			脂肪	30
			肝	10
			肾	40
		羊	肌肉	100
			脂肪	250
			肝	150
			肾	150
氯苯胍 Robenidine	Robenidine	鸡	脂肪	200
			皮	200
			可食组织	100
盐霉素 Salinomycin	Salinomycin	鸡	肌肉	600
			皮/脂	1 200
			肝	1 800
沙拉沙星 Sarafloxacin ADI：0～0.3	Sarafloxacin	鸡/火鸡	肌肉	10
			脂肪	20
			肝	80
			肾	80
		鱼	肌肉＋皮	30
赛杜霉素 Semduramicin ADI：0～180	Semduramicin	鸡	肌肉	130
			肝	400
大观霉素 Spectinomycin ADI：0～40	Spectinomycin	牛/羊/猪/鸡	肌肉	500
			脂肪	2 000
			肝	2 000
			肾	5 000

（续）

药物名	标志残留物	动物种类	靶组织	残留限量
大观霉素 Spectinomycin ADI：0~40	Spectinomycin	牛	奶	200
		鸡	蛋	2 000
链霉素/双氢链霉素 Streptomycin/ Dihydrostreptomycin ADI：0~50	Sum of Streptomycin+ Dihydrostreptomycin	牛	奶	200
		牛/绵羊/猪/鸡	肌肉	600
			脂肪	600
			肝	600
			肾	1 000
磺胺类 Sulfonamides	Parent drug（总量）	所有食品动物	肌肉	100
			脂肪	100
			肝	100
			肾	100
		牛/羊	奶	100
磺胺二甲嘧啶 Sulfadimidine ADI：0~50	Sulfadimidine	牛	奶	25
噻苯咪唑 Thiabendazole ADI：0~100	[噻苯咪唑和 5- 羟基噻苯咪唑]	牛/猪/绵羊/山羊	肌肉	100
			脂肪	100
			肝	100
			肾	100
		牛/山羊	奶	100
甲砜霉素 Thiamphenicol ADI：0~5	Thiamphenicol	牛/羊	肌肉	50
			脂肪	50
			肝	50
			肾	50
		牛	奶	50
		猪	肌肉	50
			脂肪	50
			肝	50
			肾	50

（续）

药物名	标志残留物	动物种类	靶组织	残留限量
甲砜霉素 Thiamphenicol ADI：0～5	Thiamphenicol	鸡	肌肉	50
			皮＋脂	50
			肝	50
			肾	50
		鱼	肌肉＋皮	50
泰妙菌素 Tiamulin ADI：0～30	Tiamulin＋8-α- Hydroxymutilin 总量	猪/兔	肌肉	100
			肝	500
		鸡	肌肉	100
			皮＋脂	100
			肝	1 000
			蛋	1 000
		火鸡	肌肉	100
			皮＋脂	100
			肝	300
替米考星 Tilmicosin ADI：0～40	Tilmicosin	牛/绵羊	肌肉	100
			脂肪	100
			肝	1 000
			肾	300
		绵羊	奶	50
		猪	肌肉	100
			脂肪	100
			肝	1 500
			肾	1 000
		鸡	肌肉	75
			皮＋脂	75
			肝	1 000
			肾	250
甲基三嗪酮 （托曲珠利） Toltrazuril ADI：0～2	Toltrazuril Sulfone	鸡/火鸡	肌肉	100
			皮＋脂	200
			肝	600
			肾	400

（续）

药物名	标志残留物	动物种类	靶组织	残留限量
甲基三嗪酮（托曲珠利）Toltrazuril ADI：0～2	Toltrazuril Sulfone	猪	肌肉	100
			皮＋脂	150
			肝	500
			肾	250
敌百虫 Trichlorfon ADI：0～20	Trichlorfon	牛	肌肉	50
			脂肪	50
			肝	50
			肾	50
			奶	50
三氯苯唑 Triclabendazole ADI：0～3	Ketotriclabendazole	牛	肌肉	200
			脂肪	100
			肝	300
			肾	300
		羊	肌肉	100
			脂肪	100
			肝	100
			肾	100
甲氧苄啶 Trimethoprim ADI：0～4.2	Trimethoprim	牛	肌肉	50
			脂肪	50
			肝	50
			肾	50
			奶	50
		猪/禽	肌肉	50
			皮＋脂	50
			肝	50
			肾	50
		马	肌肉	100
			脂肪	100
			肝	100
			肾	100
		鱼	肌肉＋皮	50

（续）

药物名	标志残留物	动物种类	靶组织	残留限量
泰乐菌素 Tylosin ADI：0～6	Tylosin A	鸡/火鸡/猪/牛	肌肉	200
			脂肪	200
			肝	200
			肾	200
		牛	奶	50
		鸡	蛋	200
维吉尼霉素 Virginiamycin ADI：0～250	Virginiamycin	猪	肌肉	100
			脂肪	400
			肝	300
			肾	400
			皮	400
		禽	肌肉	100
			脂肪	200
			肝	300
			肾	500
			皮	200
二硝托胺 Zoalene	Zoalene＋Metabolite 总量	鸡	肌肉	3 000
			脂肪	2 000
			肝	6 000
			肾	6 000
		火鸡	肌肉	3 000
			肝	3 000

三、允许作治疗用，但不得在动物性食品中检出的药物

药物名称	标志残留物	动物种类	靶组织
氯丙嗪 Chlorpromazine	Chlorpromazine	所有食品动物	所有可食组织
地西泮（安定）Diazepam	Diazepam	所有食品动物	所有可食组织
地美硝唑 Dimetridazole	Dimetridazole	所有食品动物	所有可食组织

（续）

药物名称	标志残留物	动物种类	靶组织
苯甲酸雌二醇 Estradiol Benzoate	Estradiol	所有食品动物	所有可食组织
潮霉素 B Hygromycin B	Hygromycin B	猪/鸡 鸡	可食组织 蛋
甲硝唑 Metronidazole	Metronidazole	所有食品动物	所有可食组织
苯丙酸诺龙 Nadrolone Phenylpropionate	Nadrolone	所有食品动物	所有可食组织
丙酸睾酮 Testosterone propinate	Testosterone	所有食品动物	所有可食组织
塞拉嗪 Xylzaine	Xylazine	产奶动物	奶

四、禁止使用的药物，在动物性食品中不得检出

药物名称	禁用动物种类	靶组织
氯霉素 Chloramphenicol 及其盐、酯（包括琥珀氯霉素 Chloramphenicol Succinate）	所有食品动物	所有可食组织
克仑特罗 Clenbuterol 及其盐、酯	所有食品动物	所有可食组织
沙丁胺醇 Salbutamol 及其盐、酯	所有食品动物	所有可食组织
西马特罗 Cimaterol 及其盐、酯	所有食品动物	所有可食组织
氨苯砜 Dapsone	所有食品动物	所有可食组织
己烯雌酚 Diethylstilbestrol 及其盐、酯	所有食品动物	所有可食组织
呋喃它酮 Furaltadone	所有食品动物	所有可食组织
呋喃唑酮 Furazolidone	所有食品动物	所有可食组织
林丹 Lindane	所有食品动物	所有可食组织
呋喃苯烯酸钠 Nifurstyrenate sodium	所有食品动物	所有可食组织
安眠酮 Methaqualone	所有食品动物	所有可食组织
洛硝达唑 Ronidazole	所有食品动物	所有可食组织
玉米赤霉醇 Zeranol	所有食品动物	所有可食组织
去甲雄三烯醇酮 Trenbolone	所有食品动物	所有可食组织
醋酸甲孕酮 Mengestrol Acetate	所有食品动物	所有可食组织
硝基酚钠 Sodium nitrophenolate	所有食品动物	所有可食组织
硝呋烯腙 Nitrovin	所有食品动物	所有可食组织

（续）

药物名称	禁用动物种类	靶组织
毒杀芬（氯化烯）Camahechlor	所有食品动物	所有可食组织
呋喃丹（克百威）Carbofuran	所有食品动物	所有可食组织
杀虫脒（克死螨）Chlordimeform	所有食品动物	所有可食组织
双甲脒 Amitraz	水生食品动物	所有可食组织
酒石酸锑钾 Antimony potassium tartrate	所有食品动物	所有可食组织
锥虫砷胺 Tryparsamile	所有食品动物	所有可食组织
孔雀石绿 Malachite green	所有食品动物	所有可食组织
五氯酚酸钠 Pentachlorophenol sodium	所有食品动物	所有可食组织
氯化亚汞（甘汞）Calomel	所有食品动物	所有可食组织
硝酸亚汞 Mercurous nitrate	所有食品动物	所有可食组织
醋酸汞 Mercurous acetate	所有食品动物	所有可食组织
吡啶基醋酸汞 Pyridyl mercurous acetate	所有食品动物	所有可食组织
甲基睾丸酮 Methyltestosterone	所有食品动物	所有可食组织
群勃龙 Trenbolone	所有食品动物	所有可食组织

注：引自农业部公告第 235 号，2002 年。

名词定义：

1. 兽药残留［Residues of Veterinary Drugs］：指食品动物用药后，动物产品的任何食用部分中与所用药物有关的物质的残留，包括原型药物或/和其代谢产物。

2. 总残留［Total Residue］：指对食品动物用药后，动物产品的任何食用部分中药物原型或/和其所有代谢产物的总和。

3. 日允许摄入量［ADI：Acceptable Daily Intake］：是指人一生中每日从食物或饮水中摄取某种物质而对健康没有明显危害的量，以人体重为基础计算，单位：微克每千克体重每天［μg/（kg·d）］。

4. 最高残留限量［MRL：Maximum Residue Limit］：对食品动物用药后产生的允许存在于食物表面或内部的该兽药残留的最高量/

浓度（以鲜重计，表示为 μg/kg）。

5. 食品动物 [Food-Producing Animal]：指各种供人食用或其产品供人食用的动物。

6. 鱼 [Fish]：指众所周知的任一种水生冷血动物。包括鱼纲（Pisces）、软骨鱼（Elasmobranchs）和圆口鱼（Cyclostomes），不包括水生哺乳动物、无脊椎动物和两栖动物。但应注意，此定义可适用于某些无脊椎动物，特别是头足动物（Cephalopods）。

7. 家禽 [Poultry]：包括鸡、火鸡、鸭、鹅、珍珠鸡和鸽在内的家养的禽。

8. 动物性食品 [Animal Derived Food]：全部可食用的动物组织以及蛋和奶。

9. 可食组织 [Edible Tissues]：全部可食用的动物组织，包括肌肉和脏器。

10. 皮＋脂 [Skin with fat]：指带脂肪的可食皮肤。

11. 皮＋肉 [Muscle with skin]：一般特指鱼的带皮肌肉组织。

12. 副产品 [Byproducts]：除肌肉、脂肪以外的所有可食组织，包括肝、肾等。

13. 肌肉 [Muscle]：仅指肌肉组织。

14. 蛋 [Egg]：指家养母鸡的带壳蛋。

15. 奶 [Milk]：指由正常乳房分泌而得，经一次或多次挤奶，既无加入也未经提取的奶。此术语也可用于处理过但未改变其组分的奶，或根据国家立法已将脂肪含量标准化处理过的奶。

一、二、三类牛的疫病病种名录

摘自：中华人民共和国农业部公告（第 1125 号）《一、二、三类动物疫病病种名录》，2008 年 12 月 21 日

一类牛的疫病（5 种）

口蹄疫、牛瘟、牛传染性胸膜肺炎、牛海绵状脑病、蓝舌病。

二类牛的疫病（17 种）

多种动物共患病（9 种）：狂犬病、布鲁氏菌病、炭疽、伪狂犬病、魏氏梭菌病、副结核病、弓形虫病、棘球蚴病、钩端螺旋体病

牛病（8 种）：牛结核病、牛传染性鼻气管炎、牛恶性卡他热、牛白血病、牛出血性败血病、牛梨形虫病（牛焦虫病）、牛锥虫病、日本血吸虫病

三类动物疫病（13 种）

多种动物共患病（8 种）：大肠埃希氏菌病、李氏杆菌病、类鼻疽、放线菌病、肝片吸虫病、丝虫病、附红细胞体病、Q 热

牛病（5 种）：牛流行热、牛病毒性腹泻/黏膜病、牛生殖器弯曲杆菌病、毛滴虫病、牛皮蝇蛆病

附录 5

兽药使用相关政策法规目录

1. 中华人民共和国动物防疫法（1997 年 7 月 3 日第八届全国人民代表大会常务委员会第二十六次会议通过，1997 年 7 月 3 日中华人民共和国主席令第八十七号公布；2007 年 8 月 30 日第十届全国人民代表大会常务委员会第二十九次会议修订，2007 年 8 月 30 日中华人民共和国主席令第七十一号修订公布）

2. 兽药管理条例（2004 年 4 月 9 日国务院 404 号公布，2014 年 7 月 29 日国务院令第 653 号部分修订，2016 年 2 月 6 日国务院令第 666 号部分修订）

3. 动物性食品中兽药最高残留限量标准（中华人民共和国农业部公告第 235 号）

4. 农业部关于印发《饲料药物添加剂使用规范》的通知（农牧发 [2001] 20 号）

5. 禁止在饲料和动物饮水中使用的药物品种目录（农业部、卫生部、国家药品监督管理局公告 2002 年第 176 号）

6. 食品动物禁用的兽药及其他化合物清单（中华人民共和国农业部公告第 193 号）

7. 部分兽药品种的休药期规定（中华人民共和国农业部公告第 278 号）

8. 农业部关于清查金刚烷胺等抗病毒药物的紧急通知（农医发

［2005］33 号）

9. 淘汰兽药品种目录（中华人民共和国农业部公告第 839 号）

10. 禁止在饲料和动物饮水中使用的物质（中华人民共和国农业部第 1519 号）

11. 兽用处方药品种目录（第一批）（中华人民共和国农业部公告第 1997 号）

12. 兽用处方药品种目录（第二批）（中华人民共和国农业部公告第 2471 号）

13. 乡村兽医基本用药目录（中华人民共和国农业部公告第 2069 号）

14. 关于禁止在食品动物中使用洛美沙星等 4 种原料药的各种盐、脂及各种制剂的公告（中华人民共和国农业部公告第 2292 号）

15. 禁止非泼罗尼及相关制剂用于食品动物（中华人民共和国农业部公告第 2583 号）

16. 关于停止喹乙醇、氨苯胂酸、洛克沙胂用于食品动物的公告（中华人民共和国农业部公告第 2638 号）

17. 农业部关于印发《2018 年国家动物疫病强制免疫计划》的通知（2018 年 1 月 16 日）

附录 6

牛常用的疫苗

牛常用疫苗的种类及用法用量

疫苗名称	作用与用途	用法用量
牛副伤寒病天活疫苗	预防牛副伤寒病	肌内注射，1 岁以下牛，每头 1.0 mL，1 岁以上牛，每头 2.0 mL
牛多杀性巴氏杆菌病灭活疫苗	预防多杀性巴氏杆病，免疫期期为 9 个月	皮下注射或肌内注射，100 kg 以下的牛，每头 4.0 mL；100 kg 以上的牛，每头 6.0 mL
布鲁氏菌病活疫苗（A19 株）	预防布鲁氏菌病，免疫期为 72 个月	皮下注射，一般仅对 3～8 月龄牛接种，每头接种 1 头份，必要时，可在 18～20 月龄再接种 1/60 头份，以后可根据牛群布鲁氏菌病流行情况决定是否再进行接种
布鲁氏菌病活疫苗（S2 株）	预防牛布鲁氏菌病，免疫期为 24 个月	口服、皮下或肌内注射接种，口服，每头 5 头份
口蹄疫（A 型）灭活疫苗（AF/72 株）	预防牛 A 型口蹄疫，免疫期为 6 个月	肌内注射，6 月龄以上成年牛每头 2.0 mL，6 月龄以下犊牛每头 1.0 mL
口蹄疫（O 型、亚洲 I 型）二价灭活疫苗	预防牛 O 型、亚洲 I 型口蹄疫，免疫期 4～6 个月	肌内注射，每头 2.0 mL

（续）

疫苗名称	作用与用途	用法用量
牛口蹄疫 O 型灭活疫苗（os99 株）	预防牛口蹄疫，大小牛均可使用，免疫期 6 个月	肌内注射，1 岁以下犊牛每头注射 1 mL，成年牛注射 2 mL
口蹄疫 O 型、亚洲 I 型、A 型三价灭活疫苗	预防牛 O 型、亚洲 I 型、A 型口蹄疫，免疫期为 6 个月	肌内注射，每头牛 1 mL
无荚膜炭疽芽孢苗	预防牛的炭疽，免疫期为 1 年	1 岁以上皮下注射 1 mL；1 岁以下皮下注射 0.5 mL
Ⅱ 号炭疽芽孢疫苗	预防大动物的炭疽，免疫期 12 个月	不论大小牛一律皮下注射 1.0 mL 或皮内注射 0.2 mL
气肿疽灭活疫苗	预防牛气肿疽	不论年龄大小，皮下注射 5 mL。犊牛至 6 月龄时应再注射一次
牛流行热灭活疫苗	预防牛流行热，免疫期为 4 个月	预部皮下注射，成年牛第 1 次注射 4.0 mL，间隔 21 d，再注射 4.0 mL